suhrkamp taschenbuch
wissenschaft 755

Der Band bringt sechs Versuche einer theoretischen Selbstverständigung zu einem Thema zusammen, das wenig Tradition hat. Eine seit nunmehr beinahe einem Jahrzehnt wiedererwachte sozialwissenschaftliche Technikforschung führt unter dem Begriffskürzel »Technik und Alltag« eine Vielzahl technischer Phänomene außerhalb von Industrie und Verwaltung: Technik in Küche, Bad und Wohnzimmer, im Heizungskeller und im Supermarkt, Dinge wie Bankomat, Minitel oder Synthesizer, Technik in Sport und Spiel, auf der Straße, im Kino und im Krankenhaus; aber auch die alltägliche »Verwendung« und das Betroffensein von Stromerzeugungs- und Telekommunikationssystemen, Kanalisation oder Flugüberwachung.

Ein residualer Gegenstand also? Offenbar nicht, wenn man den Argumentationen der Beiträge folgt. Alle zeigen sich an dem Problem einer allgemeinen Grundlegung unverbundener techniksoziologischer Fragestellungen in allerlei Bindestrichsoziologien interessiert. Industriesoziologie und Wissenschaftssoziologie, Stadtsoziologie oder Entwicklungssoziologie, ja selbst eine familiensoziologisch orientierte Konsumsoziologie befassen sich ja mit verschiedenen Techniktypen und »Technikfolgen«, ohne viel miteinander zu korrespondieren. Aus einer »Alltagsperspektive« zu argumentieren bedeutet immer auch, bei den einzelnen Autoren mehr oder weniger dezidiert, für einen »Perspektivenwechsel« in einer industriesoziologisch verengten Techniksoziologie zu plädieren.

Technik im Alltag

Herausgegeben von
Bernward Joerges

Suhrkamp

CIP-Titelaufnahme der Deutschen Bibliothek
Technik im Alltag
hrsg. von Bernward Joerges.
1. Aufl. – Frankfurt am Main : Suhrkamp, 1988
(Suhrkamp-Taschenbuch Wissenschaft ; 755)
ISBN 3-518-28355-3
NE: Joerges, Bernward [Hrsg.]; GT

suhrkamp taschenbuch wissenschaft 755
Erste Auflage 1988
© Suhrkamp Verlag Frankfurt am Main 1988
Suhrkamp Taschenbuch Verlag
Satz und Druck: Wagner GmbH, Nördlingen
Printed in Germany
Umschlag nach Entwürfen von
Willy Fleckhaus und Rolf Staudt

1 2 3 4 5 6 – 93 92 91 90 89 88

Inhalt

Bernward Joerges
Technik im Alltag
Annäherungen an ein schwieriges Thema

Der Band bringt sechs Versuche einer theoretischen Selbstverständigung zu einem Thema zusammen, das wenig Tradition hat.[1]
Eine seit nunmehr beinahe einem Jahrzehnt wiedererwachte sozialwissenschaftliche Technikforschung führt unter dem Begriffskürzel »Technik und Alltag« eine Vielzahl technischer Phänomene außerhalb von Industrie und Verwaltung: Technik in Küche, Bad und Wohnzimmer, im Heizungskeller und im Supermarkt, Dinge wie Bankomat, Minitel oder Synthesizer, Technik
in Sport und Spiel, auf der Straße, im Kino und im Krankenhaus;
aber auch die alltägliche »Verwendung« und das Betroffensein
von Stromerzeugungs- und Telekommunikationssystemen, Kanalisation oder Flugüberwachung.
Ein residualer Gegenstand also? Offenbar nicht, wenn man den
Argumentationen der Beiträge folgt. Alle zeigen sich an dem Problem einer allgemeineren Grundlegung unverbundener techniksoziologischer Fragestellungen in allerlei Bindestrichsoziologien
interessiert. Industriesoziologie und Wissenschaftssoziologie,
Stadtsoziologie oder Entwicklungssoziologie, ja selbst eine familiensoziologisch orientierte Konsumsoziologie befassen sich ja
mit verschiedenen Techniktypen und »Technikfolgen«, ohne viel
miteinander zu korrespondieren. Aus einer »Alltagsperspektive«
zu argumentieren bedeutet immer auch, bei den einzelnen Autoren mehr oder weniger dezidiert, für einen »Perspektivenwechsel« in einer industriesoziologisch verengten Techniksoziologie
zu plädieren.
In Form eines vorgezogenen Epilogs wird auf den folgenden Seiten der Versuch gemacht, einige zentrale Argumente und Positionen der Beiträge aufeinander zu beziehen – ohne damit Urteile
einer kritischen Leserschaft vorwegnehmen zu wollen. Ich werde
dabei von mehr begrifflichen Kontroversen ausgehen: was ist mit
Alltag gemeint, was ist mit *Technik* gemeint? Anschließend werden inhaltliche Auseinandersetzungen unter zwei Gesichtspunkten aufgegriffen: unter einem eher theoretischen die Frage, inwie-

fern in Diskussionen technischer Entwicklungen im Alltag Prozesse der *Genese* von (Laien-)Technik zu berücksichtigen sind, und unter einem eher angewandten Gesichtspunkt die Frage der Bewertung *sozialer und ökologischer Verträglichkeiten* alltagstechnischer Entwicklungen.

Alltag

Die Einigkeit, die darüber herrscht, die Kategorie *Alltag* sei für den Kontext alltäglicher Technisierungsprozesse wenig tragfähig, ist bemerkenswert. Zwar wird gelegentlich von einer Gleichsetzung von Alltag und »Lebenswelt«, etwa im Habermasschen Sinn, ausgegangen (Biervert und Monse; Rammert). Dennoch ist eine Art Absetzbewegung von der Lebenswelt-System-Diskussion (vgl. Bergmann 1981) festzustellen. Angesichts einer inflationären oder mißbräuchlichen Verwendung des Begriffs, wie er in einer »Phänomenologie des Alltags« entwickelt worden ist, wäre das zu begrüßen (vgl. Weltinger 1986). Die Gegenüberstellung alltäglicher Handlungsweisen, die als weniger »rational gesteuert« gelten, zu den Zweckorganisationen beruflicher Arbeit wird ebenfalls stark relativiert (Hörning, Rammert). In diesem Sinn stellen sich auch in alltäglichen Situationen vielerlei Kontrollprobleme, und entsprechende Problemlösungen haben ihre eigene Rationalität. Dem entspricht, daß auf industrie- und organisationssoziologischer Seite betriebliche Strategien und Problemlösungen weniger schroff von »alltäglichen« abgegrenzt werden, als das in der Vergangenheit der Fall war (Hörning; vgl. auch Malsch 1987).

Ein emphatischer, aus phänomenologischen Ansätzen oder einer Konfrontation von Organisationsprinzipien und »Logiken« industrieller Kernsysteme einerseits und »ganz anderen« Handlungsformen andererseits gewonnener Alltagsbegriff wird also deutlich zurückgenommen. Dennoch wird mit dem Ausdruck »Alltag« etwas anvisiert, das weder analytisch residual noch inhaltlich ein bloßer Reflex industrieller Verhältnisse ist.

Dabei lassen sich zwei Intentionen einer weiteren Präzisierung unterscheiden. Auf der einen Seite werden Alltagsbegriffe vor dem Hintergrund bestimmter soziologischer Theorietraditionen so präpariert, daß sie besser auf Probleme der Technisierung anwendbar werden (Biervert und Monse, Hörning, Rammert). Damit werden Bestände sozialwissenschaftlicher Konzeptionalisierung genutzt, die sich anderweitig bewährt haben. Auf der anderen Seite liegt der Versuch, den Alltagsbegriff unter speziell techniksoziologischen Aspekten neu zu bestimmen. Alltag fällt dann zusammen mit bestimmten, zum Beispiel laienhaften oder häuslichen Verwendungszusammenhängen von Technik und mit Handlungsformen, die speziell auf Laientechnik, Verbrauchertechnik oder Gebrauchstechnik bezogen sind (Joerges, Ropohl, Weingart). Damit wird die Schwierigkeit umgangen, daß gerade jene Soziologietraditionen, in denen die Kategorie Alltag eine wichtige Rolle spielt, über keinen ausgearbeiteten Technikbegriff verfügen.

In der ersten Perspektive erscheint alltägliches Handeln als eigensinniges, vielsinniges und widerständiges Handeln, gerade auch im Umgang mit Technik und dinglicher Umwelt allgemein. In der zweiten Perspektive wird alltägliches Handeln eher als spezifisch außerbetriebliche Form der Technikverwendung und des Umgangs mit dinglichen Umwelten gefaßt. In beiden Versionen ist dann der Versuch zu beobachten, »Alltag« auf drei Ebenen näher zu bestimmen: einmal als besondere *Wissens- und Handlungsform,* zum Beispiel laienhaft versus professionell; dann als besondere Form der *Institutionalisierung* des Handelns, zum Beispiel als Vorherrschen »kultureller Orientierungen« oder gemeinschaftsartiger Orientierung; und als *sozial-räumlich* umschriebene Lebens- und Tätigkeitsbereiche, zum Beispiel Haushalt, Freizeit, Öffentlichkeit.

Sozial-räumliche Abgrenzungen werden dabei pragmatisch gerechtfertigt, also als begrifflich am wenigsten begründet betrachtet. Aber die Diskussion konzentriert sich dennoch ziemlich weitgehend auf derartig abgegrenzte Bereiche (vgl. auch Glatzer und Ostner 1987). Es läßt sich denn auch argumentieren, daß gerade hier jene Wissens-, Handlungs-, und Institutionalisierungsformen prototypisch ausgeprägt sind, auf die unterschiedliche Alltagsbegriffe abzielen. Vielleicht sollte man sagen, daß mit dem Alltagsbegriff durchgängig auf jene Momente gesellschaftlicher Realität abgehoben wird, die gegenüber kognitiven und handlungsorganisatorischen Zumutungen ausdifferenzierter Funktionssysteme zugleich unterkomplex und überkomplex sind (Hörning; vgl. auch Beck 1986). Offen bleibt dabei die Frage der

Wertigkeit und Resilienz dieser Elemente gegenüber solchen Zumutungen, zu denen insbesondere auch fortschreitend undurchschaubare und im Horizont laienhafter Erfahrung nicht mehr kontrollierbare Zumutungen aus einer industriell gestörten materiell-organismischen Umwelt gehören.

Technik

Die Begrifflichkeiten für *Technik* sind nicht weniger uneinheitlich als die Alltagsbegriffe. Insgesamt wird der Technikbegriff aber doch weniger reflektiert verwendet, offenbar schon deshalb, weil auf der Ebene einer allgemeinen Soziologie ausgearbeitete Konzepte für technische Phänomene gar nicht existieren. So wird analog zu einer pragmatischen Bestimmung von Alltag als Konsum, Haushalt, Freizeit oder »Reproduktionssphäre« in diesem Zusammenhang unter Technik undiskutiert »kleine« Haushalts- und Verbrauchertechnik verstanden (vgl. auch Hausen 1987, Zapf u. a. 1987). Wo Technikbegriffe problematisiert werden, richtet sich die Diskussion auf zwei Fragen: die Bindung des Technikbegriffs an materielle Artefakte und die Frage, inwiefern in den Technikbegriff bereits bestimmte Annahmen hinsichtlich inhärenter Anpassungszwänge oder umgekehrt Gestaltungsspielräume eingehen.

Dabei sind diese Fragen natürlich nicht spezifisch für die Diskussion »Technik im Alltag«, sie stellen sich hier nur besonders prägnant. Wie erwähnt, hebt der Alltagsbegriff, ganz abgesehen von seiner spezifischen Ausgestaltung, auf organisatorisch und institutionell weniger verfestigte Handlungsmuster ab. Umgekehrt richtet sich der Technikbegriff eher auf fest installierte Strukturen, die dem individuellen Handeln augenscheinlich starr vorgegeben sind.

Dennoch ist eine gewisse Abneigung zu beobachten, Technikbegriffe auf »Realtechnik« (Ropohl) zu beziehen. Diese Tendenz erschwert eine systematische Einbeziehung ökologischer Aspekte der Technikentwicklung (Joerges). Technik wird dann zum Beispiel bestimmt als Medium der Durchsetzung dominanter ökonomischer und politischer Interessen (Biervert und Monse), als eigenständiger, vorrangig an verwissenschaftlichte Wissensbestände gebundener Orientierungskomplex, neben und in Auseinandersetzung mit ökonomischen, politischen, ästhetischen Orientierungen (Weingart, vgl. auch Krohn und Rammert 1985), oder als reflexives Projekt der Planung, Erzeugung und Nutzung technischer Mittel zur Realisierung von Interessen und Bedürfnissen im Rahmen bestimmter kultureller Modelle (Rammert).

In Gegenüberstellung dazu wird aber auch ein Technikbegriff entwickelt, der explizit und konstitutiv auf materielle Artefakte abhebt. Technik wird hier verstanden als sozio-technisches System aus realtechnischen und menschlichen Komponenten (Ropohl), als materieller Träger sowohl funktionaler wie insbesondere auch symbolischer Qualitäten (Hörning) oder als gegenständlich festgelegte formalisierte Handlungsorganisation und deren Anschlußhandlungen (Joerges). In diesen Interpretationen muß man, wenn über Technik gesprochen wird, immer auch über materielle technische Artefakte sprechen.

Nun zur zweiten Kontroverse, der Frage des Spannungsverhältnisses zwischen Anpassung und Gestaltung. Das Interesse an dieser Fragestellung zeigt sich daran, daß durchgängig auf der Folie einiger grundlegender Gegenüberstellungen argumentiert wird. Dabei steht der eine Pol für Anpassungsdruck, der andere für Gestaltungsspielräume. Gegenübergestellt werden etwa ausdifferenzierte Funktionssysteme und Bereiche lebensweltlicher Kommunikation (Biervert und Monse), industrielle Entstehungskontexte und privat-häusliche Verwendungskontexte von Technik (Ropohl), professionelle Technikkulturen/Technologien und Laienkulturen/Verbrauchertechnik (Weingart) oder formale Organisationen im industriellen Kernsystem und deren schwach-formalisierte gesellschaftliche wie natürliche Peripherien (Joerges). Auch die insbesondere von Hörning vorgetragene Forderung nach einem grundlegenden Perspektivenwechsel – von der Organisationsperspektive zur Alltagsperspektive, von funktionalen zu symbolischen Technikqualitäten – argumentiert auf dieser Folie. Es ist offensichtlich, daß damit in den jeweils gewählten Technikbegriff bereits Annahmen zur weiter unten diskutierten Problematik von Genese und Folgen eingehen.

Wiederum lassen sich zwei Positionen unterscheiden. Dort, wo ganz überwiegend aus der Sicht laienhafter, alltäglicher Techniknutzer argumentiert wird, erscheint Technik als vielfach rekombinierbares Element kultureller Projekte (Hörning, auch, wenigstens potentiell, Rammert). Die verwendeten Technikbegriffe sind, bei aller Verschiedenheit, »weich«. Zumindest im Horizont alltäglicher Erfahrung wird Technik als vielfach sozial konstruierbar betrachtet, sie dient der Inszenierung und Lösung mannigfaltiger und wechselnder Probleme.

Die Gegenposition argumentiert eher aus der Sicht der Erzeuger und Anbieter von Technik. Technik wird hier als Moment einer von mächtigen Akteuren vorangetriebenen, progressiv auch alltägliche Handlungsfelder einbeziehenden Funktionalisierung betrachtet. Biervert und Monse, zum Beispiel, lehnen sich an das Konzept einer Kolonialisierung der Lebenswelt an; Joerges besteht auf dem Beitrag der Technik zu einer Formalisierung von Handlungsprozessen. Es resultiert ein eher »harter« Technikbegriff: Technikverwendung, ob in den Organisationen des industriellen Kernsystems oder im Alltag, legt Handeln fest, und eine fortschreitende Technisierung schafft Probleme.

Eine Zwischenposition wird erreicht mit Thematisierungen von Widersprüchlichkeiten (Hörning) oder eines eher dialektischen Verhältnisses zwischen Anpassungszwängen und alltäglicher Selbstbehauptung (Rammert, Joerges). Ähnlich diskutiert Weingart das Spannungsverhältnis zwischen Tendenzen einer kulturellen Universalisierung und Standardisierung auf der Ebene professioneller Technik und Tendenzen einer kulturellen Differenzierung auf der Ebene von Laientechnik.

Verwiesen sei darauf, daß zwei Desiderate einer *ökologisch orientierten* Technikforschung schon auf der Ebene der Begriffsbildung einigermaßen unerfüllt bleiben. Zum einen riskiert die alltagssoziologische Perspektive mit einer Blickverengung auf »kleine« Laientechnik (Gebrauchstechnik, Verbrauchertechnik), den Bereich »großer« Produktionstechniken und umfassender technischer Infrastrukturen auszublenden. Zwar wird der Aspekt der technischen »Vernetzung« von Kleintechnik regelmäßig erwähnt. Seine systematische Ausarbeitung bleibt indessen noch zu leisten. Das führt zum zweiten Defizit: Es gelingt nicht recht, den von kleiner über große Gerätetechnik vermittelten Naturbezug von Lebensweisen und Institutionen in den Technikbegrifflichkeiten systematisch zu verankern. Zwar werden ökologische Implikationen des technischen Wandels mit schöner Regelmäßigkeit erwähnt. Sie bleiben aber insofern äußerlich, als sie oft nur dazu dienen, die gesellschaftliche Bedeutsamkeit des Technikthemas zu unterstreichen.

Technikgenese

Inwiefern werden in Theorien alltäglicher Technikverwendung Prozesse der Erzeugung von Technik und ihrer Durchsetzung berücksichtigt? Die bemerkenswerte Renaissance »kulturalistischer« Technikdeutungen, zumal in Forschungen zur Thematik »Technik im Alltag«, scheint Antworten auf die Frage nach dem Verhältnis von Anpassungszwang und Gestaltungsspielraum zu präjudizieren. Daneben wird in einer oft geübten schlichten Gleichsetzung von »Alltag« mit »Verwendungskontext« und von »Technisierung des Alltags« mit »Technikfolgen« die Analyse alltäglicher Technisierungsprozesse auf die Technikfolgenproblematik reduziert. Dabei ergeben sich in ähnlicher Weise Präjudizierungen aus einer – weiter unten aufgegriffenen – Einschätzung der »Verträglichkeiten« technischer Entwicklungen.

In der allgemeinen Technikforschung allerdings hat sich doch die Einsicht durchgesetzt, daß die Rhetorik von den Technikfolgen der Disziplin aufgedrängt worden ist und von einer Beschäftigung mit den Bedingungen der Technik*erzeugung* abgelenkt hat (vgl. Lutz 1983). Und auch aus dem Blickwinkel einer systemisch argumentierenden Öko-Forschung wird es unvermeidlich, den »dynamischen Kern« ins Visier zu nehmen, in dem industrielle wie Alltagstechnik produziert und von dem aus sie durchgesetzt wird. Wie also wird der Gesichtspunkt der Technikerzeugung einbezogen?

Die Art und Weise der Einführung von Technikbegrifflichkeiten scheint eine weitreichende Berücksichtigung zu begünstigen. Durchgängig wird von der Fragestellung ausgegangen, inwiefern sich alltägliche Lebensformen mit der Übernahme von im industriellen Kernsystem entwickelter Technik mehr oder weniger zwangsläufig verändern oder inwiefern umgekehrt alltägliche Lebensformen die Technikaneignung variabel prägen, ja unter Umständen sogar die weitere Richtung technischer Entwicklungen vorgeben können. Liest man aber genauer nach, dann entpuppt sich diese Frage für einige Autoren als falsch gestellt, für andere ergibt sie keinen Sinn.

Aus einem kulturalistischen Blickwinkel, in dem mit einem »weichen« Technikkonzept gearbeitet wird, das Eigensinn der Akteure und Bedeutungsvielfalt unterstreicht, erscheint die Frage falsch gestellt. Vom Industriesystem angebotene Technik wird als kulturelles Material betrachtet, das nicht nur vielseitig interpretierbar und einsetzbar, sondern auch modifizierbar erscheint. In dieser Sicht interessiert die Frage, wie es zu unterschiedlichen Stilen der Technikaneignung kommt, viel eher als die andere Frage, woher die Technik im Alltag kommt oder gar wieviel Technik verträglich sei (Hörning, in Teilen Rammert, Weingart). Je konsequenter die Kulturperspektive ausgebaut wird, desto mehr wird die Fragestellung von Erzeugung/Genese und Verwendung/Folgen transformiert in eine Analyse der sich wandelnden Kodifizierungen bestimmter technischer Entwicklungslinien im Rahmen übergreifender kultureller Deutungsmuster und Haltungen.

Andererseits ist die Suche nach den Gründen der Technikentwicklung im einen (Industriesystem) oder anderen Bereich (Alltagsleben) dort wenig sinnvoll, wo das Ergebnis über die Verwendung eines »harten«, dem Alltagskonzept gegenübergestellten Technikbegriffs tendenziell vorgegeben ist (in Teilen Joerges). Auch in systemtheoretischen Betrachtungsweisen, wie sie Ropohl vorschlägt, in denen allseitige Interdependenz quasi axiomatisch vorausgesetzt wird und Alltagstechnik dann als Aus- und Nachläufer im dynamischen Systemkern zentrierter großtechnischer Entwicklung erscheint, hat die Frage wenig Sinn.[2]

Eine solche Kontrastierung überbetont allerdings die divergierenden Herangehensweisen. Der Gedanke unterschiedlicher Strukturprinzipien und »Rationalitäten« für industriellen Kern und Alltagswelt und damit auch der Gedanke unterschiedlicher Formen und »Stile« des Technikeinsatzes ist zwar immer präsent. Ebenso werden Machtasymmetrien zwischen beiden »Lagern«, zumindest jedoch überlegene Durchsetzungschancen des technikproduzierenden Kerns unterstellt. Aber insgesamt ergibt sich eine mittlere Position. Biervert und Monse argumentieren gegen eine allzu leichte Deutung der Technisierung des Alltags als »Subsumtion« unter die Handlungsrationalitäten technikstrukturierender, ökonomischer und politischer Kernsysteme. Andere Beiträge denken sich industrielle Technikentwicklung letzten Endes als gesteuert durch »kulturelle Modelle« der Konsumenten (Rammert) – und damit im Prinzip auch steuerbar durch organisierte Widerständigkeit (Biervert und Monse).

Insgesamt wird also das Bild von »Interferenzen« zwischen zwei großen Verläufen gezeichnet. Auf der einen Seite stehen Technikangebote mit all ihren ökonomischen, rechtlichen und auch symbolischen Zumutungen samt notwendig hinzutretenden Handlungsfestlegungen bei Technikverwendern; auf der anderen Seite stehen alltägliche Problemorientierungen und Erwartungshaltungen, existentielle Sorgen und Wünsche. Leicht können aus kulturalistischer Sicht Beispiele dafür beigebracht werden, daß im hochkontingenten Wechselspiel dieser beiden Prozesse immer wieder überraschende Formen der Reinterpretation, der Umnutzung oder der Immunisierung bestimmter Techniken und »in sie eingebauter Intentionen« eintreten. Ähnlich leicht fällt es in einer systemtheoretischen Optik, Beispiele für Prozesse »technischer Sozialisation« beizubringen, in der in realtechnischen Systemen angelegte Intentionen, Zwecke und Handlungsprogramme vorhersehbar angeeignet und durch geeignete institutionelle Steuerungen stabilisiert werden. Dieser Befund ist nicht überraschend, denn ebenso wie die Vermutung einer kausalgenetischen Interpretierbarkeit sozialer Technisierungsprozesse schon im Ansatz zu ingenieurwissenschaftlich-systemtheoretischen Perspektiven gehört, gehört auch die Annahme der Interpretationsoffenheit von Technisierungsprozessen für ihre Akteure schon im Ansatz zur Kulturperspektive.

Wo die oben erwähnte »dialektische« Position eingenommen wird, werden tiefgreifendere Konflikte und mehr oder weniger krisenhafte Abläufe gesehen. Rammert erkennt in den Mechanismen einer gegenseitigen Verstärkung von »Produktionsmodellen« und »Konsummodellen« eine »Modernisierungsfalle«, die zu Monokulturen, zur weiteren Einebnung kulturell vielfältiger kommunikativer Praxis führen könnte. Wo das Moment der Kopplung von Verbrauchertechnik an großtechnische Infrastrukturen und Gewährleistungssysteme stärker ins Blickfeld rückt (Biervert und Monse, Joerges), gilt ähnliches. Die auf der Ebene überschaubarer häuslicher Kleintechnik subjektiv durchaus problemlos vollzogene Technisierung wird hier dennoch als problematisch diagnostiziert, nicht zuletzt weil über ökologisch vermittelte Rückwirkungen industrieller Prozesse auf die körperliche und soziale Befindlichkeit eine »Enteignung« der Kontrollmöglichkeiten einzelner stattfindet (siehe auch Beck 1986).

Es stellt sich dann die Frage nach den *Verlaufsformen* solcher Konflikte und nach den möglichen Formen eines »Rückgriffs« auf diejenigen Systeme, die große technische Infrastrukturen betreiben und Gebrauchstechnik produzieren. Dabei wird die populäre These von einer möglichen »alternativen Technik aus dem Alltag« nirgends vertreten. Allerdings werden neue soziale Bewegungen und selbstorganisierte Verbraucher- und Bürgergruppen als Träger kultureller Gegenmodelle ins Auge gefaßt (Biervert und Monse, Rammert, auch Weingart). Offen bleibt dabei, unter welchen Bedingungen und für welche Technikbereiche gegenläufige, also etwa nicht-bürokratische und nicht-ökonomische Orientierungen, die für bestimmte »Verwenderkulturen« für charakteristisch gehalten werden, einen Institutionalisierungsgrad erreichen können, der für eine Behauptung gegenüber dominierenden Entwicklungstrends erforderlich wäre.

Für die Forschungspraxis stellt sich vor allem die Frage, wie weit im Hinblick auf den Aspekt der Technikerzeugung der Kreis einzubeziehender Akteure und Arenen gezogen werden soll. Die Spirale rückgekoppelter Nutzungs-, Folgen- und Erzeugungsprozesse ist ja prinzipiell endlos. Die Forschung steht hier vor einem ähnlichen Problem wie die politische Debatte auch: gute Gründe zu finden für den Abbruch einer Suche nach relevanten Ursachen und Wirkungen problematischer Entwicklungen. Kann auch die Forschung solche Gründe aus einer Analyse ökologischer und sozialer Verträglichkeiten von Technik gewinnen?

Sozial- und Umweltverträglichkeit

Kein Zweifel, die hier versammelten Aufsätze tragen kaum neue Gesichtspunkte zur Verträglichkeitsdebatte bei. Es ergeben sich im Gegenteil Vorbehalte gegenüber diesem Konzept, das zu einem festen Bestandteil technologiepolitischer Rhetorik geworden ist. In der Forschung zur Akzeptanz bzw. Akzeptabilität weithin unterstellte stabile Ursache-Wirkungsbeziehungen zwischen technischen Entwicklungen und »sozialen Folgen« werden zumindest in kulturalistisch gewendeten Analysen fraglich. Die Möglichkeit, Folgebewertungen derart zu Indikatoren und Normen zu verdichten, daß sie zur Steuerung politischer Entscheidungsprozesse herangezogen werden können, wird damit tendenziell verneint.

Zwar wird ziemlich durchgängig mit Terminologien und Einschätzungen gearbeitet, die eine gewisse Familienähnlichkeit zu manifest normativen Verträglichkeitskonzepten aufweisen. So wird vielfach von Handlungsstörungen, Modernisierungsfallen, Vertrauenskrisen, Kontrollverlust, Konfliktpotential, Widerstand, radikalem Protest und ähnlichem gesprochen. Aber die Betonung des kontingenten Charakters und der vielfältigen und wandelbaren »sozialen Konstruktionen« von Technik verträgt sich schlecht mit den Verfestigungen und der entscheidungstheoretischen Zuspitzung, die in den Konzepten der Umwelt- und Sozialverträglichkeit angelegt sind. Verwiesen wird auch auf den statischen Charakter und die Fixierung auf die Folgenproblematik dieser Analysetradition (Ropohl) oder auf die Ausblendung krisenhaft zugespitzter Konflikte (Rammert). Diese Zurückhaltung gilt vorwiegend der Frage von Sozialverträglichkeiten, weniger von Umweltverträglichkeiten. Die Vorstellung eindeutig beschreibbarer ökologischer Risiken technischer Entwicklung wird implizit beibehalten.

Vielleicht kommt darin zum Ausdruck, daß Fragen der Umweltverträglichkeit technischer Entwicklungen nach wie vor im Zuständigkeitsbereich der Ingenieur- und Naturwissenschaften gesehen werden. Anders formuliert: Die Beiträge leisten eine Überwindung der soziologisch unfruchtbaren kategorialen Gegenübersetzung von »Technik« und »Gesellschaft« (oder Kultur), indem sie durchgängig das Augenmerk auf die spezifische Sozialität technischer Probleme und Problemlösungen lenken. Aber im Hinblick auf das Gegensatzpaar »(technische) Gesellschaft« und »Natur« wird ähnliches nicht geleistet. Gerade wenn man in den Begriff der natürlichen Umwelt die Nahumwelt des Körpers – und analog in das Konzept der Umweltgefährdung die Gesundheitsgefährdung – einbezieht, dürfte hier ein fortbestehendes Defizit theoretischer Ansätze zur Thematik Technik im Alltag liegen (siehe dazu Thurn 1978, S. 56 f.; Joerges 1981, S. 49 f.).

Deutungsmuster – Forschungsprobleme

Vor allem die Beobachtungen zur Verträglichkeitsproblematik verweisen darauf, daß begriffsstrategische Entscheidungen und inhaltliche Positionen, wie sie zuvor diskutiert wurden, an vorgängige gesellschaftspolitische und letzten Endes moralische Deutungen gebunden bleiben. Wenn auch zurückgenommen und theoretisch vielfach verklausuliert, kommen in den Beiträgen ähnliche Sichtweisen zum Ausdruck wie in politischen Technikdebatten. Ein Bezug auf diese Debatten und die »Mischrationalitäten« des politischen Alltagsverstands bleibt sichtbar. Nüchterne Analyse, Empirie, Sachverstand und leidenschaftslose Lagebeurteilung bleiben hier wie dort amalgamiert mit Befürchtungen und Prophezeiungen, Wunschträumen und Versprechungen.

Man könnte versucht sein, die Beiträge in diesem Buch so zu zerlegen, daß sie sich auf geeignet abgegrenzte Positionen in öffentlichen Debatten reduzieren lassen. Aber ich ziehe es vor, die Texte anders zu lesen: weniger als rivalisierende denn als partielle Vorschläge zur Analyse eines schwierigen Themas. Zusammengenommen mögen sie eine Differenziertheit der Analyse ergeben, die der Komplexität technisch sprunghaft erweiterter und verdichteter sozialer Prozesse einigermaßen gerecht wird.

Es ergibt sich dann so etwas wie ein methodologischer Minimalstandard für entsprechende Untersuchungen. Einmal wäre es zu vermeiden, konkrete technische Abläufe auf mehr oder weniger einseitige Funktionen zu reduzieren – etwa Arbeitsfunktionen, bestimmte Symbolisierungsfunktionen, gesellschaftliche Entlastungsfunktionen oder materielle Transformationsfunktionen. Die Dynamik der Entwicklung ließe sich nur aus einem Wechselspiel solcher Momente begreifen, und es käme darauf an, dieses Spiel zu spezifizieren. Zum zweiten wären theoretische Festlegungen bezüglich der Wirkungsrichtung technischer Entwicklung – Technik als determinierende Größe, als Resultante kultureller Modelle und ähnliches – aufzugeben. Ein eindeutiger Richtungssinn dürfte nur in trivialen Fällen auszumachen sein, und die Adäquanz kausalanalytischer Interpretationen ist je nach der ins Auge gefaßten Konfiguration von »Funktionen« unterschiedlich zu werten.

Ungelöst scheint mir in den hier vorgetragenen Ansichten das Problem der Verknüpfung von Mikro- und Makroanalysen. Ausgangspunkt ist zwar stets die »Mikrowelt des Alltags«. Aber es ist offensichtlich, daß Erklärungsinteressen sich insgesamt eher auf Fragen der Transformation struktureller Bedingungen mikrosoziologisch gefaßter Prozesse der Technikverwendung sowie deren Aggregateffekte richten. Dabei werden die Argumente sehr freizügig die Mikro-Makro-Leiter und die Leiter temporaler Größenordnungen hinauf- und hinunterbewegt. Andererseits läßt die Art, wie der »kulturalistische Blick« Prozesse der Technikaneignung interpretiert – nämlich als flüssig, situativ gebunden, paradox –, geläufige Mechanismen der Vermittlung von Mikro- und Makroebenen, von historischen Lagen und aktuellen Handlungsorientierungen als zu einfach konstruiert erscheinen. Konzepte wie Werte, Rollen, Normen, Sozialisation verlieren an Kurswert, ohne daß Konzepte wie Deutungspraxis, Technikstil, kultureller Stil, ja der Kulturbegriff selbst ähnlich traditionsreich und ausgearbeitet vorlägen.

Aber vielleicht können techniksoziologische Untersuchungen, die im Umgang mit einem schwierigen Gegenstand – *Technik* – kaum von begrifflichem Ballast behindert sind, überraschende Perspektiven auch auf traditionell verfestigte allgemeinsoziologische Frontstellungen eröffnen.

Anmerkungen

1 Es handelt sich um ausgewählte Beiträge einer Kolloquienreihe zum Thema, die mit Unterstützung der Deutschen Forschungsgemeinschaft 1984-1986 am Wissenschaftszentrum Berlin für Sozialforschung stattfand. Die Beiträge erscheinen in der Reihenfolge, in der sie im Verlauf der Kolloquien in eine ungewöhnlich sympathische Diskussion eingeführt wurden.

2 Ähnliches gilt für eine ganz andere, radikal technikkritische Literatur, die mit Annahmen über historisch fortschreitende Prozesse der Abstraktifizierung, »Algorithmisierung« und »Maschinisierung« menschlicher Subjekte arbeitet (vgl. etwa Schmutzer 1987, Bammé u. a. 1983, Volpert 1986). Technisierung des Alltags (und der Natur) wird hier fast gleichbedeutend mit einer Auflösung des Alltags (und der Natur).

Bernward Joerges
Gerätetechnik und Alltagshandeln
Vorschläge zur Analyse der Technisierung
alltäglicher Handlungsstrukturen

> Da es dem König aber wenig gefiel, daß sein
> Sohn, die kontrollierten Straßen verlassend,
> sich querfeldein herumtrieb, um sich selbst
> ein Urteil über die Welt zu bilden, schenkte
> er ihm Wagen und Pferd. »Nun brauchst Du
> nicht mehr zu Fuß gehen«, waren seine
> Worte. »Nun darfst Du es nicht mehr«, war
> deren Sinn. »Nun kannst Du es nicht mehr«,
> deren Wirkung.
>
> Günther Anders, *Kindergeschichten*

In der Parabel vom Wagen und dem Königssohn spricht Anders
ein verbreitetes Technikverständnis an: Anlässe für Technisierung sind in den Kontrollbedürfnissen mächtiger Akteure zu suchen; Technik bezieht ihre Legitimation aus dem Versprechen
von Handlungserleichterung und Handlungssteigerung; Folge
der Technisierung sind Entsinnlichung, Kompetenzverluste und
eine Verkümmerung des Urteilsvermögens. In dieser Sicht bringt
Technisierung für Bürger und Verbraucher letzten Endes keinen
kulturellen Gewinn, sondern nur Verluste.
Ähnliche Grundthesen werden auch in Teilen einer sozialwissenschaftlichen Technikforschung vertreten. Gegenwärtig gewinnt
allerdings eine postmoderne Unentschiedenheit, gelegentlich das
Versprechen vom Heraufziehen einer neuen, besseren Technik an
Boden. So kann Koslowski sagen:

»Eine andere, nicht-herausfordernde Technik deutet sich in der Entwicklung der Gegenwart an ... Die Kraftmaschine wird durch die intelligente
Maschine und die industrielle Arbeit alten Stils durch neue Formen post-
industrieller Arbeit ersetzt ... Wie die Technik mit der Natur und dem
Menschen umgeht, ist nicht in der Technik selbst festgeschrieben ... Verschiedene Technikstile können in einer Gesellschaft gepflegt, kultiviert
werden. Die Art der Technik ist kulturell bestimmt« (1987, S. 3 f.).

Solche Versuche einer kulturellen Reinszenierung arbeiten dabei ganz überwiegend mit mikroelektronischen Beispielen und einer entsprechenden Metaphorik.

»Die intelligente, informationsverarbeitende Technik drängt die alte materie- und energieverarbeitende Technik zurück. Die neuen Techniken sind informations- und geistorientiert. Sie zeigen den geistigeren, immateriellen und daher stärker kulturorientierten Charakter der Gegenwartsgesellschaft an.« Die neue Technik entspricht einem »gesteigerten Interesse an Kunst und Religion, einer neuen Beachtung des Selbst und des Leibes ... Das Bedürfnis nach kultureller Durchdringung der sozialen Wirklichkeit wird spürbar« (Koslowski 1987, S. 193).

In beiden Positionen geht es nicht (nur) um vertraute Probleme der betrieblichen Voraussetzungen und Folgewirkungen technischer Rationalisierung, sondern um die Eigenart von Technik schlechthin, insbesondere die Frage der Einschränkung oder Erweiterung alltäglicher Handlungspotentiale durch Technisierung. Alltäglich bedeutet hier zunächst: *relevant für alle,* ganz unabhängig von spezifischen Rollenzuweisungen in hochtechnisierten, arbeitsteiligen Organisationen. Ein solcher Blickwinkel wird auch im Folgenden eingenommen. Allerdings werden keine Spekulationen darüber angestellt, inwiefern es sich bei der technischen Entwicklung um eine Art Nullsummenspiel dreht, das unvermeidlich auf Kosten von Erlebnisfähigkeit und Chancen einer vernünftigen Lebensführung bei einzelnen beziehungsweise auf Kosten der Integrität natürlicher Lebensprozesse gespielt wird. Es wird auch nicht darüber diskutiert, ob nicht gerade umgekehrt die gegenwärtige Phase technischer Entwicklung Mittel für eine Rekultivierung, einen Ausweg aus den Sackgassen der Moderne bereitstellt. Meine Hauptargumente richten sich vielmehr auf Fragen eines *begrifflichen Instrumentariums* für die Analyse von Technisierungsprozessen im Alltag. Die soziologische Technikforschung hat sich in der Vergangenheit überwiegend der Analyse betrieblich organisierter beruflicher Arbeit gewidmet. Thematisierungen des Wandels alltäglicher, laienhafter Formen der Lebensführung kommen meist ohne eine Analyse technischer Veränderungen oder selbst technischer Verankerungen des Handelns aus. Insofern läßt sich hier der öffentlichen Dauerdiskussion gegenwärtig nicht viel gegenüberstellen, was sie nicht selbst leisten könnte.

Ich will dabei so vorgehen, daß ich zunächst eine kurze Skizze der *technikkritischen* öffentlichen Diskussion gebe (1), auf die bei aller »postmodernen« Euphorie hinsichtlich »neuer Technik« empirische Technikforschung bezogen bleiben dürfte. Diese Einschätzung ist nicht unabhängig von einem bestimmten *Vorverständnis* der Dynamik industriegesellschaftlicher Technikentwicklung, in dem eher auf eine spannungsreiche Kontinuität und Anfänglichkeit als auf postmoderne Phasensprünge und Höchstentwicklung abgehoben wird (2). Im weiteren werde ich den Alltagsbegriff so formulieren, daß er sich auf den später verwendeten Technikbegriff beziehen läßt: Alltagshandeln als relativ *schwach formalisiertes* Handeln (3). Anschließend werden dann Überlegungen zu einer geeigneten begrifflichen Fassung technischer Phänomene angestellt, verbunden mit dem Vorschlag, in der Rekonstruktion alltäglichen technischen Wandels dezidiert von Prozessen der Aneignung von *Gerätetechnik* auszugehen. Gerätetechnik wird als *ein* Medium der Formalisierung von Handlungsabläufen gefaßt (4). Es folgt eine erste Strukturierung von *Problemfeldern* einer Forschung über »Technik im Alltag« (5) und eine abschließende Überlegung zu den »Verträglichkeiten« fortschreitender Technisierung.

Dem Thema einer durch Geräte vermittelten Technisierung gesellschaftlicher Prozesse kann man sich mit sehr unterschiedlichen Absichten nähern. Eine mögliche Absicht wäre zum Beispiel, das *Gemeinsame* an gerätetechnisch vermittelten und symbolisch vermittelten Wandlungsprozessen herauszuarbeiten, etwa indem man zeigt, daß Gebrauchstechnik wie ein »Text« funktioniert, über den in ähnlicher Weise kommuniziert wird wie in der Sprache. Eine andere könnte sein, den Umstand zu beschreiben und zu erklären, daß bestimmte Gerätetypen und technische Systeme im Alltag außerordentlich *vielfältig* genutzt und gedeutet werden, etwa am Beispiel der Bedeutungs- und Verwendungsvarianten von PKWs oder PCs. Wieder eine andere Absicht wäre die Bestimmung unterschiedlicher Nutzungsvoraussetzungen und -wirkungen *verschiedener* Gerätetechniken, zum Beispiel im kontrastierenden Vergleich von »Arbeitsgeräten« wie Waschmaschinen und Kühlschränken mit »nicht-utilitaristischen« Geräten wie Hi-Fi-Anlagen und TV-Sets.

Demgegenüber verfolgt die Diskussion hier eine andere Absicht. Zunächst wird versucht, eine Reihe von *Differenzen* zu betonen, nämlich die zwischen sprachlich vermitteltem Handeln und dinglich vermitteltem Handeln, zwischen den Handlungsbezügen technischer Dinge (Geräte) und nichttechnischer Dinge (etwa Schmuck) und zwischen gerätetechnisch vermittelten Prozessen einer Formalisierung von Handlungsstrukturen und anderen Formalisierungsprozessen. Sodann wird nach *allgemeinen* Charakteristika jener dinglich vermittelten Prozesse einer Technisierung laienhaften Handelns gefragt, die aus einem Einsatz fortschreitend raffinierterer Gerätetechnik *besteht*. Die Absicht ist also *differentiell* im Hinblick auf die Bedeutung von Dingen für alltägliches Handeln – in Gegenüberstellung zu anderen kulturellen Artefakten wie Recht und Geld – und im Hinblick auf die Bedeutung von Gerätetechnik – in Entgegensetzung zu anderen Dingen wie Pflanzen und Kunstwerken; sie ist *verallgemeinernd* im Hinblick auf die Bedeutung von Gerätetechnik ganz unterschiedlicher Art.

Indem ich versuche, den Technikbegriff über eine soziologische Explikation des Begriffs Gerätetechnik zu erschließen, hoffe ich einige Schwierigkeiten aufzulösen, die aus einer ungenauen Technikfolgenrhetorik resultieren. Von technischen Gegenständen als etwas Vorgegebenem zu sprechen, so als ob es sich dabei nicht um einen soziologischen Gegenstand handelte, der dann auf seine sozialen Folgen hin zu untersuchen wäre, trägt immer den Verdacht eines impliziten »Technikdeterminismus« ein. Aber der effektive Gebrauch von Gerätetechnik besteht im Aufbau bestimmter, eben technischer Handlungsorganisationen, er hat diese nicht zur Folge. Das gilt für Alltag und Nicht-Alltag gleichermaßen. Man kann dann fragen, ob alltägliche Technisierung ähnliche oder andere Voraussetzungen und weitergehende Folgen hat als eine Technisierung nicht-alltäglicher Handlungsfelder.

Die Verwendung von Geräten *als* Geräte, also ihre *technische* Handlungsintegration, schließt – das sei von vornherein unterstrichen – ihre nichttechnischen Handlungsintegrationen nicht aus, sondern hat diese im Gegenteil immer zur Bedingung und zur Folge (vgl. Joerges 1979, 1985a). Auch das wird keineswegs für alltägliches Handeln in besonderer Weise vorausgesetzt. Ähnlich wie im *fin de siècle* und im Jugendstil die Schockwellen erster Explosionen der Welt technischer Dinge mit tausendfachen Allegorisierungen und Ornamentierungen beantwortet wurden (vgl. Asendorf 1984), versorgt uns ja heute eine blühende Forschung zur »Organisationskultur« in den Spitzenunternehmen des derzeitigen kapitalistischen Systems mit vielfachen Belegen und Angeboten für Resymbolisierungen technisch-organisatorischer Schübe.

1. Öffentliche Debatten

Öffentliche und sozialphilosophische Technikdebatten kreisen um das Thema der *Störungen,* die aus der Entstehung und Verbreitung großer und schneller technischer Systeme im Verlauf der Industrialisierung für »Mensch« und »Natur« resultieren. An Hand dreier Leitmotive solcher Diskussionen will ich das kurz erläutern: dem einer *Fragmentierung* von Lebenszusammenhängen, dem einer *krisenhaften Zuspitzung* von Problemen und dem einer *Verletzung von Grenzen.*

Die These einer *Fragmentierung von Lebenszusammenhängen* im Zuge der industriell-technischen Entwicklung tritt in vielerlei Form auf und ist in der einen oder anderen Version auch Bestandteil praktisch aller Modernisierungstheorien. Auf der gesellschaftlichen Seite kommt es demnach zur Herausbildung bestimmter spezialisierter Kernsysteme und zu einer Abspaltung oder Abkapselung verbleibender, organisatorisch-technisch nicht oder wenig überformter Handlungsbereiche. Man verweist etwa auf die strukturelle Ausdifferenzierung von Produktion und Konsum, von Arbeitswelt und Privatsphäre im Frühstadium der Industrialisierung und auf eine Fortsetzung dieser Bewegung in der Ausdifferenzierung neuer Freizeitstrukturen und »alternativer« Lebensformen in der gegenwärtigen Phase. Derartige Fragmentierungs- und Abspaltungseffekte erschweren, so die These, Austausch und Vermittlung zwischen expandierenden soziotechnischen Kernsystemen und weniger durchorganisierten Sozialbeziehungen.

Für die Naturseite wird ganz entsprechend auf eine selektive Vereinnahmung materiell-organismischer Ressourcen und eine Zertrennung gewachsener ökologischer Gebilde verwiesen, die lediglich vorindustriell vereinnahmt sind und relativ zu verfügbarer Technik keine ökonomische Ressource darstellen. Übermäßige Ausbeutung, Zerreißen natürlicher Zusammenhänge und Verschwinden vorindustrieller Kultivierungsformen führen, so die Diagnose, zum Niedergang jener Teile des Ökosystems, die als

Nachschub für industrielle Transformationsprozesse uninteressant sind, es sei denn, sie würden durch eigens eingerichtete Reservate und ihrerseits oft hochtechnisierte Abschirmungen geschützt.

Deutlich dramatischer werden problematische Konsequenzen der Expansion großer und schneller sozio-technischer Systeme dann auch als *Krisen* beschrieben. Die Krisenmetapher bezieht sich dabei mindestens auf drei verschiedene Phänomene: zum einen den Verlust an Beherrschbarkeit und Kontrolle spezifischer Einrichtungen des industriellen Kernsystems, meist im Zusammenhang mit technischen Katastrophen oder auf die Zerstörung großtechnischer Anlagen gerichteten Anschlägen; »industrielles Krisenmanagement« verspricht in diesem Sinn ein prominentes Thema der Organisationsforschung zu werden. Zum anderen auf generalisierte Verluste von Funktionstüchtigkeit und gegenseitiger Anschließbarkeit gesellschaftlicher Teilsysteme in Wissenschaft, Wirtschaft, Politik, Bildung, Gesundheit und so fort. Schließlich auf einen traumatischen Verlust an Integrität und Überlebensfähigkeit vom industriellen System (noch) nicht erfaßter Lebensweisen.

In dieser letzten Bedeutung vor allem sind jene weniger überformten sozialen und natürlichen Lebenszusammenhänge angesprochen, auf die sich unbestimmt auch der Alltagsbegriff bezieht. Die Rede vom Unbehagen in der Moderne, vom Zwang zur Häresie, von Entrationalisierung oder neuem Irrationalismus, von Flucht in die Innerlichkeit, Realitäts- und Sinnverlust diagnostiziert Krisen in der persönlichen Lebensführung jenseits der Erfüllung spezialisierter Funktionserfordernisse. Allerlei anomische, eskapistische, pseudoreligiöse, exotisierende oder präindustriell-retrograde Formen der Lebensbewältigung werden in diesem Kontext gedeutet, insbesondere im Hinblick auf Gruppen, die ökonomisch nur schwach in die Kernsysteme eingebunden sind, aber auch im Sinn personal abgekapselter Handlungsorientierungen tragender Gruppen dieser Systeme.

Wiederum kommt auf der anderen, der Naturseite der industriellen Entwicklung in ähnlicher Weise eine Krisenmetaphorik zur Anwendung. Nicht abschirmbare Störungen und Überforderungen »naturbelassener« Lebenszusammenhänge durch industrielle Systeme haben katastrophale Auswirkungen auf deren Fähigkeit zur Selbstregulation und Selbstorganisation.

Ein guter Teil der Industrialisierungskritik sieht so mehr oder weniger widerständige, nicht mit den Verhältnissen im Kernbereich vereinbare oder von ihm abgespaltene soziale und natürliche Abläufe als lebensgefährlich bedroht oder zumindest in einen Randbereich prekärer Lebensfähigkeit ausgegrenzt. Nur wenige Kritiker mögen daran glauben, daß es im weiteren Verlauf zur Herausbildung einer stabilen »dualen Struktur« kommt. Auch daß eine Eskalation sozialer und ökologischer Unverträglichkeiten im Zuge einer sich abzeichnenden »Substitution« alter Industrietechnik und ihrer Organisationsformen durch neue Technik, neue Organisationsprinzipien und andere kulturelle Orientierungen rückgängig zu machen sei, wird nur selten ernsthaft vertreten. Im Fluchtpunkt der Debatte steht entsprechend die Frage nach den *Grenzen* der dem industriellen System zugrundliegenden Projekte.

Diese Diskussion geht über das Thema »Grenzen des Wachstums« weit hinaus. Sie bezieht sich auf die Möglichkeit, ökologische Krisen auf dem Weg einer jeweils weitergehenden wissenschaftlich-technischen Kontrolle industriell ausgelöster Störungen natürlicher Systeme, also durch eine erweiterte Industrialisierung der Natur beizulegen. Sie bezieht sich andererseits auf die begrenzten Möglichkeiten industrieller Systeme, jene Sinngrundlagen aus sich heraus zu produzieren und zu reproduzieren, deren wesentlicher Quellbereich in sozio-technisch nicht radikal überformten Handlungsorientierungen und Institutionen gesehen wird.

Derartige Thesen zum fragmentarischen und fragmentierenden, krisenhaften und krisenauslösenden, an Grenzen stoßenden und Grenzen verletzenden Charakter industrieller Entwicklung – oder wie immer man die Debatte resümieren möchte – führen nicht unmittelbar zu fruchtbaren techniksoziologischen Fragestellungen. Auf der einen Seite fließen zu viele Deutungen in sie ein, die empirisch offenbar, wenn überhaupt, nur in einen äußerst vermittelten Zusammenhang mit Technik gebracht werden können. Andererseits wird Technik tendenziell mit Prozessen funktionsspezifischer Ausdifferenzierung schlechthin identifiziert; daneben wird ökologische Unverträglichkeit mit sozialer gleichgesetzt und umgekehrt.

In dieser Situation kann man nicht umstandslos von öffentlichen Debatten zu einer Analyse spezieller (alltäglicher) Formen der

Aneignung spezieller (zum laienhaften Gebrauch bestimmter) Technik übergehen. Man wird öffentliche Debatten und Deutungen der technischen Entwicklung zwar als Bezugsrahmen im Auge behalten müssen. Aber bevor empirische Forschungen zur Schließung oder jedenfalls Kultivierung solcher Debatten beitragen können, dürften einige konzeptionelle Zwischenschritte erforderlich sein.

2. Zur Eigenart industrieller Technik

Die Perspektive auf Technisierungsprozesse im Alltag, die hier vorgeschlagen wird, basiert auf einer Reihe von Vorstellungen über den historischen Prozeß der Entfaltung industrieller Technik. Ich möchte diesen Hintergrund kurz skizzieren, ausgehend von der These, daß die geläufige Gegenüberstellung von Mensch und Natur, Gesellschaft und dinglicher Umwelt das Verständnis technischer Phänomene außerordentlich erschwert.

Solche Gegenüberstellungen prägen in tiefgreifender Weise das Alltagsverständnis, die gesellschaftliche Arbeits- und institutionelle Funktionsteilung und das Wissenschaftssystem samt seiner philosophischen Rechtfertigungslehren. Einer Welt der Handlungssubjekte, »dem Menschen«, werden materiell-organismische Außenwelten, »die Natur«, gegenübergestellt, wobei offenbar ein sehr enger Zusammenhang zwischen diesem ontologischen Grundmuster und der Überzeugung von der prinzipiellen Verfügbarkeit von Natur sowie Machbarkeit der Dinge existiert. Die Geschichte, die soziokulturelle Verankerung und philosophische Legitimierung oder Kritik derartiger Realitätsdeutungen können hier nicht weiter verfolgt werden. Wichtig erscheint aber der Hinweis, daß die Alltagswelt »der Technik« – also der Werkzeuge, Apparate, Maschinen, Bauwerke, Netzwerke, automatischen Anlagen und der Aggregate solcher Gebilde – aus diesem Grund in sozialwissenschaftlichen Theorien ein seltsames Zwischendasein führt: Entweder wird sie der gegenständlichen Außenwelt oder der Welt intentionaler Gebilde zugeschlagen, oder sie bleibt in Anbetracht der Schwierigkeiten beider Deutungen mehrdeutig und unverstanden. Dem entspricht der ungewisse epistemische und gesellschaftliche Status der Ingenieurwissenschaften und Ingenieurprofessionen.

Vor allem bei Marx (wenn auch in der marxistischen Soziologie und Ökonomie nicht fortgeführt) ist ein Technikbegriff angelegt, nach dem Maschinerien nicht nur den »Stoffwechsel« zwischen Natur und Gesellschaft besorgen, sondern gleichzeitig Natur und Gesellschaft sind. Die formalisierten Organisationen im Kernbereich des Industriesystems basieren in diesem Sinn auf einer fortgeschrittenen Vergesellschaftung der dinglichen Welt und einer fortgeschrittenen Verdinglichung ihrer Handlungsstrukturen. Die Vervielfältigung und Vergrößerung dieser Organisationen bedeutet immer in irgendeiner Form, daß weitere Anteile der materiell-organismischen Welt vergesellschaftet und weitere Anteile des Handelns einer größeren Anzahl von Akteuren verdinglicht werden. Das trifft in besonderem Maß auch auf mikroelektronisch basierte Systeme zu.

Vergesellschaftung und Verdinglichung sind natürlich beladene Begriffe. Die Rede von einer *Vergesellschaftung der Natur* soll hier nur auf ihre technische, natur- und ingenieurwissenschaftlich unterstützte Dienstbarmachung, ihre Zerlegung und Transformation zu zweckerfüllenden Produkten und Produktionsmitteln verweisen. Dinge bekommen damit, in soziologischer Betrachtungsweise, den Charakter ganz spezieller Institutionen und Kompetenzstrukturen (vgl. ausführlicher Joerges 1977). Umgekehrt soll der Ausdruck *Verdinglichung des Handelns* lediglich die damit einhergehende Bindung von Handlungsverläufen an künstliche, in Geräten angelegte materiell-organismische Abläufe bezeichnen.[1]

Wie immer Industriesysteme sonst zu charakterisieren sein mögen, sie stellen in dieser Sicht das vorläufige Ergebnis großangelegter, progressiver Integrationen materiell-organismischer Gegebenheiten in ganz spezielle Handlungssysteme und ebenso großangelegter progressiver Bindungen damit erst ermöglichter Handlungssyteme an ganz spezielle dingliche Gegebenheiten dar. Die Trennung von Mensch und Natur in derartigen Systemen ist natürlich immer noch möglich, hat aber analytisch wenig Sinn, selbst wenn diese Trennung den Wissenschaftsauffassungen zugrundeliegt, denen wir diese Systeme mitverdanken (vgl. etwa Böhme 1984). Das Ergebnis dieser Prozesse, eben industrielle Technik, wird oft als »geronnenes Wissen« apostrophiert. Ebenso wichtig ist die Einsicht, daß Technik »geronnene Normen«, auf die Erfüllung von Zwecken festgelegte Systeme repräsentiert.

Die historisch beispiellose Vergrößerung sozialer Systeme und Beschleunigung sozialer Prozesse seit Beginn der Industrialisierung wäre nicht möglich ohne diese Vergesellschaftung der Dinge, in der Naturgegebenheiten zu Geräten gemacht werden, und diese Verdinglichung des Handelns, in der Akteure, Sozialbeziehungen und Tätigkeiten an gerätemäßige Vorgaben angeschlossen werden. Selbstverständlich sind an der industriegesellschaftlichen Dynamik vielfache andere Faktoren beteiligt. Aber die erreichten oder erreichbaren Größenordnungen und Entwicklungsgeschwindigkeiten haben diese Prozesse einer schrittweisen Entmaterialisierung der Natur und Materialisierung des Handelns an vielen Fronten zur Voraussetzung und zum Inhalt.

Insgesamt liegt den weiteren Ausführungen die Vermutung zugrunde, daß die Dynamik und die Expansion großer formaler Organisationen in den Kernbereichen des Industriesystems (dazu Geser 1982) in einem Zusammenhang mit komplementären, zeitlich verschobenen Veränderungen in schwach formalisierten Bereichen der Lebensführung steht: Sie kann nur in dem Maße ungehindert verlaufen, als auch eine Technisierung alltäglicher Handlungsfelder »gelingt«; und technikinduzierte Störungen alltäglichen Handelns, ebenso wie ökologische Störungen, erschweren Entwicklungen in den Kernbereichen.

3. Alltägliches Handeln

Die Untersuchung von Zusammenhängen zwischen gerätetechnischen Veränderungen, Modifikationen von Handlungsorientierungen und institutionellen Veränderungen im Alltag ist deshalb besonders reizvoll, weil hier sozial sehr unterschiedlich normierte Prozesse aufeinandertreffen und ineinandergreifen – mit nachhaltigen Folgen für alle drei Ebenen, im Fall des Gelingens ebenso wie dem des Mißlingens: für die innere und die Oberflächenstruktur der Geräte selbst, für die Handlungsorientierung und -organisation von Techniknutzern und für den institutionellen Rahmen der Technikverwendung. Zur Explizierung dieser Unterschiede möchte ich mich eines Formalisierungsbegriffs bedienen, der sich auf eine bestimmte Art der Institutionalisierung und Regulierung sozialer Abläufe richtet. Der Terminus Alltagshandeln wird damit auf relativ schwach formalisierte Handlungsfelder, der Begriff Technisierung auf eine spezielle Dimension der Formalisierung von Handlungsgebilden angewendet.[2]

Der Vorschlag, Alltagshandeln als schwach formalisiertes Handeln und Gerätetechnik als Medium der Formalisierung von Handlungsstrukturen zu konzipieren, liegt quer zum Weberschen Begriff des Alltags bzw. der Veralltäglichung. Bei Weber bedeutet Alltag ja, in Gegenüberstellung zur charismatischen Erfahrung, das *rationalen,* aber auch *traditionalen* Regeln gehorchende, unpersönliche, versachlichte Handeln und die Orientierung an Leistungsnormen (vgl. Seyfarth 1979). Im Unterschied dazu hebt der Formalisierungsbegriff alltägliches oder laienhaftes Handeln gerade von Handlungsorganisationen ab, die in einem näher zu bestimmenden Sinn anders normiert, nämlich formalisiert sind. Die Vorstellung eines Kontinuums von »wenig formalisiert« zu »hochformalisiert« ist im übrigen historisch zu relativieren. Die Pole dieses Kontinuums verschieben sich im Lauf gesellschaftlicher Entwicklungen. Entsprechend bleibt die Charakterisierung bestimmter Handlungsformen als laienhaft rückbezogen auf jeweils erreichte Niveaus funktionsspezifischer Formalisierung (oder auch Entformalisierung).

Was ist unter Formalisierung zu verstehen, und inwieweit läßt sich Gerätetechnik als Medium der Formalisierung von Handlungen begreifen? Oben wurde argumentiert, daß die formalen Organisationen in der Produktion, im tertiären Sektor der Industrie, in der öffentlichen Verwaltung, in der Wissenschaft usw. ihre Entstehung, ihre Steigerungsfähigkeit, ihre Expansionskraft und ihre – wie man sagen könnte – primäre Stabilität der sozial verbindlichen Durchsetzung einer Reihe formalisierter Orientierungssysteme verdanken. In großer Vereinfachung sehe ich die wichtigsten dieser Regelsysteme im modernen *Geld*, im modernen *Vertragsrecht* und in der modernen *gerätetechnischen Normierung*. Alle drei basieren auf formalen Kalkülen und relativ eindeutigen Vorschriften zur Ermittlung derjenigen Tatbestände, die zur Interpretation dieser Kalküle herangezogen werden sollen und es damit ermöglichen, relativ beliebige Ereignisse im jeweiligen Handlungsfeld einer relativ einheitlichen Behandlung und Bewertung zu unterziehen.

Die effektive Bindung bestimmter Handlungsabläufe an solche Regelsysteme ermöglicht darüber hinaus zweierlei: Entsprechende Handlungen werden vorhersagbar und damit planbar; und sie können als »rational« gerechtfertigt werden. Formalisierte Regelsysteme sind also unpersönliche Medien der entscheidungskontingenten Organisation von Tauschprozessen, von gegenseitigen Verpflichtungen und Rechten und – so die These – auch von Leistungen, die über Geräte zu erbringen sind. Ihre Geltung basiert weitgehend auf speziellen Rationalitätsansprüchen, die mit der Einwilligung in Mitgliedsrollen und auch der Rolle von Geräten vorab anerkannt werden.

Während eine solche Betrachtungsweise für rechtliche und monetäre Regelungen auf wenig Widerspruch treffen dürfte, mag sie manchem für Geräte und Maschinen Unbehagen bereiten.[3] Dazu mehr im nächsten Abschnitt; an dieser Stelle lediglich eine allgemeine Überlegung zur Steuerung und Kontrolle von Handlungsprozessen über formalisierte Regelsysteme, ob technischer oder anderer Art.

Die Bindung des Handelns an derartige Regelsysteme kann als Voraussetzung für die Verkettung und Beschleunigung sehr ausgedehnter Handlungsabläufe sehr umfangreicher Kollektive gelten. Bindung bedeutet Disziplinierung, also ein Außerkraftsetzen von Normen, die nicht in der Sprache derartiger Regelsysteme formuliert und formulierbar sind. Solche Normen werden im Geltungsbereich formalisierter Regelsysteme zurückgedrängt bzw. in andere, weniger formalisierte Bereiche verwiesen. Im Binnenbereich formalisierter Institutionen kommt es zur Ausdifferenzierung spezialisierter Wissensbestände, insbesondere im Hinblick auf Regelwissen und Handlungskompetenzen: Arbeitsteilung und Professionalisierung führen dazu, daß funktionswichtige Tätigkeiten immer weniger allen beteiligten Akteuren gleichermaßen zugemutet werden. Differenzen zwischen professionellem und laienhaftem Handeln vervielfältigen sich und wachsen.

Demgegenüber unterliegt wenig formalisiertes Handeln – prototypisch ausgeprägt in Lebensbereichen, die vielfach begrifflich als informelle Organisation, Konsumsphäre, Privatsphäre, Intimbereiche, Freizeit und Geselligkeit, auch Öffentlichkeit abgegrenzt werden – einem anderen Typ von Regelung. Handlungsnormen sind hier verhältnismäßig vielsinnig, implizit, interpretationsoffen und verhandlungsfähig von Person zu Person, von Gruppe zu Gruppe, von Situation zu Situation. Statt Geld sind vielerlei

Tauschmittel und Wertsymbolisierungen im Umlauf; statt einklagbarem Recht und einheitlichen Bestrafungen viele an konkrete Gruppen, Personen oder Dinge gebundene Obligationen und Sanktionsmittel: man schenkt oder nimmt sich etwas, man hilft sich gegenseitig oder nützt sich aus; wer wem etwas schuldet oder schuldig bleibt, ist nicht so genau und allgemein zu sagen.

Ähnlich bei den Dingen: Anstelle von gerätetechnisch vorgegebenen Standards und Leistungskriterien sind die unterschiedlichsten Gütekriterien für die Herstellung und Verwendung von Werkzeugen und die unterschiedlichsten Werkzeuge (oder was dafür genommen wird) in Gebrauch. Was alltägliche Beziehungen zu den Dingen, *auch* zu technischen Geräten, angeht, behalten insbesondere vielfältige Symbolisierungsfunktionen den Vorrang vor instrumentellen Funktionen und prägen die Problemwahrnehmung. Autos, Heimcomputer und Photoapparate dienen im Normalfall selbstverständlich dem Transport und der Textverarbeitung sowie dem Dingfestmachen von Erinnerungen, und sie werden gebrauchanweisungsgemäß eingesetzt. Aber die Werbesprache verrät, daß nicht nur ästhetische, sondern gerade auch funktionelle Merkmale, welche die technische Überlegenheit dieser Dinge anzeigen, im Alltag vor allem expressive Bedeutung haben.

Es ist schwer, einen einigermaßen generellen Begriff für diesen Modus der Handlungsregulierung zu finden. Er konstituiert, in Gegenübersetzung zu formalisierten Organisationen, sowohl »gemeinschaftsartige« wie »traditionalistische« wie »informell-spontane« Sozialgebilde (vgl. dazu Geser 1982). Unterstellt man, daß es auch auf der Seite formalisierter Handlungsorganisationen sehr unterschiedliche Grade der Institutionalisierung, also der Sanktionierung regelwidrigen Verhaltens geben kann, scheint mir der Begriff der *Ritualisierung* ein brauchbarer Gegenbegriff zur Formalisierung. Auch Rituale können mehr oder weniger Verbindlichkeit haben. Mit anderen Worten, alltägliches Handeln unterscheidet sich von formalisiertem Handeln nicht etwa im Hinblick auf den Grad der Verbindlichkeit relevanter Normen oder gar durch eine besondere »Spontaneität«, sondern im Hinblick auf seine Bindung an *Normen anderer Art.* Davon im Prinzip unabhängig und zu unterscheiden wäre die *Institutionalisierungshöhe* formalisierter ebenso wie ritualisierter Regelungen.[4]

Schon Schmalenbach hat in seiner *Soziologie der Sachverhältnisse* argumentiert, daß sozialen Gebilden vom Typ »Gemeinschaft«, »Bund« usw. je verschiedene Dingwelten entsprechen (»die Hobelbank des Tischlers«, »der Nähtisch der verstorbenen Mutter«, »die Fahne des Begeisterungsfähigen«). Die Regeln für den Umgang mit derartig ritualisierten Dingwelten können mehr oder weniger stark institutionalisiert sein. Wann wertvoller Schmuck zu tragen ist, wie Kirchen eingerichtet sein sollen, was zu einem Weihnachtsessen gehört, ist für die Mitglieder eines Gesellschaftszirkels, einer Pfarrgemeinde, einer bestimmten Familie meist verbindlicher geregelt, als das bei Freizeitaccessoires, Kneipenausstattungen oder der täglichen Speisekarte der Fall ist.

Charakteristisch für ritualisierte Sozialgebilde ist dann in zweiter Linie, daß in großem Umfang entsprechende Handlungskompetenzen, insbesondere entsprechendes Regelwissen, im Prinzip *allen* Teilnehmern zugemutet werden. Differenzen zwischen laienhaftem und professionellem Handeln bleiben gering, laienhaftes Handeln und Urteilen behält Vorrang; hierarchische Beziehungen, also Chancen zur Durchsetzung von Sanktionen, können nicht unter Berufung auf die spezielle Rationalität formaler Regeln begründet werden.

Auch das läßt sich wiederum auf der Ebene des Umgangs mit Dingen und Geräten aufzeigen. Selbst wenn sich in Familienhaushalten eine ziemlich strikte Arbeitsteilung hartnäckig hält, wird von jedem Familienmitglied ein kompetenter Umgang mit der häuslichen Einrichtung erwartet. Der Ausschluß von bestimmten Nutzungen (kein Video für Kinder), die Zuteilung von Arbeit (Kochen und Waschen ist Sache der Hausfrau), das Privileg auf bestimmte Tätigkeiten (das Auto kauft und repariert der Mann) können nicht im selben Maße mit technischen Besonderheiten und Spezialkompetenzen gerechtfertigt werden, wie das in einem Produktionsbetrieb geschieht.[5] Allerdings: die Beispiele Waschen und Auto deuten an, daß es mit der Technisierung der Haushalte, wenn auch durchaus entlang ritualisierter Rollenverteilungen, zur Herausbildung von quasi-professionellen Spezialisierungen kommt.

4. Technik, technische Normen, technisches Handeln

Autoren wie Linde (1972), Graumann (1974) und Boesch (1980, 1983) haben die Exkommunikation gegenständlicher Artefakte aus sozialwissenschaftlichen Begrifflichkeiten diagnostiziert und kritisiert. Zwar kann man ein wachsendes Interesse an »technischen Artefakten« konstatieren, insbesondere in sozialhistorisch und sozialkonstruktivistisch orientierten Arbeiten (vgl. MacKenzie und Wajcman 1985, manches in Lutz 1987). Aber theoretische Versuche zur Technikentwicklung beginnen doch immer noch regelmäßig mit der fast rituellen Ankündigung, unter Technik seien nicht die stofflichen Gebilde zu verstehen, auf die sich der Alltagsverstand richte (siehe dazu auch Rammert 1987a).

Wo, wie in anwendungsorientierten Teilen der Industrie- und Organisationsforschung, gegenständliche Technik nicht durch ein konzeptionelles *fiat* entfernt werden kann, bleibt sie mit methodologischen Argumenten ausgeblendet. Als Sachtechnik wird sie bestenfalls in einer den sozialen Charakter von Maschinerien verschleiernden ingenieurwissenschaftlichen Sprache eingeführt, und selbst dann selten als variable Größe. Fragen zum Beispiel nach dem Zusammenhang von Produktionstechnik und Organisationsstruktur haben deshalb auch keine schlüssigen, empirisch gestützten Antworten gefunden (siehe Gerwin 1981, Lutz 1983). Konsistente Ergebnisse scheinen oft mit mehr oder weniger tautologischen Manövern erreicht zu werden, in denen Technologien und Organisationen ähnliche Attribute zugeschrieben werden (Perrow 1967, 1972). Ein fortbestehender Gegensatz zwischen vulgärmaterialistisch-deterministischen Deutungen, in denen Technik ausgeschlossen bleibt, und voluntaristisch-idealistischen Deutungen, in denen sie zum Epiphänomen von »sozialen« Gegebenheiten (zum Beispiel Managemententscheidungen bei Child 1972) verdünnt wird, scheint mir aber unfruchtbar. Ich möchte dem folgende Argumentation entgegenstellen.

Indem der Technikbegriff auf Geräte oder ganz allgemein auf Sachtechnik (Ropohl 1979) zugespitzt wird, zeigen sich die beiden Seiten der Technik, ihre gesellschaftliche und natürliche Formbestimmtheit. Geräte sind »sozial normierte Geschehensabläufe mit regelmäßig wiederkehrenden Ablaufmustern«, »von Menschen verarbeitete Naturabläufe« (Elias 1984 über Uhren).

Das ist die Naturseite von Technik. Geräte sind auch, so etwa Freyer (1923, und darauf aufbauend vor allem Linde 1972), »vergegenständlichte Teilstücke aus einem zwecktätig gerichteten Handlungszusammenhang«. Das ist die gesellschaftliche Seite der Technik. In Geräten sind also Normen *und* Handlungen »natural« oder »gegenständlich« repräsentiert.

Gerätetechnik endet nicht bei Geräten, sondern setzt Handlungsanschlüsse voraus, die ähnlich normiert sind. Schon ein einigermaßen kompetentes maschinelles Waschen im Haushalt setzt die routinierte Abstimmung von Waschgängen, Waschmitteldosierungen, Wäschecharakteristiken und Füllmengen voraus. Unter Umständen muß auf die Strom- und Wasserversorgung sowie auf die Verfügbarkeit und Art von Anschlußgeräten (Trockner, Bügeleisen, Fleckenmittel) Rücksicht genommen werden, und so fort. Solche Tätigkeiten spiegeln einerseits die Struktur der Geräte und müssen sich mit ihnen ändern; sie folgen andererseits, wenn auch eben nicht so starr, ähnlichen unpersönlich-formalisierten Ablaufprogrammen wie die Operationen der Geräte auch (vgl. Braun 1988).

Andere, zum Beispiel bestimmte symbolische oder rituelle Bezugnahmen auf Technik werden mit dieser Bestimmung dabei in keiner Weise ausgeschlossen und bleiben begrifflich ganz unproblematisch: Wie jedes Ding können auch technische Dinge alle nur denkbaren Bedeutungen annehmen, die in den formalisierten Regelsystemen, denen sie gehorchen, überhaupt nicht vorkommen. Sie müssen das in der Tat, denn andernfalls würde der Bezug zu übergreifenden Handlungsorientierungen abreißen, sie würden sinnlos. Man wird in keiner Bedienungsanleitung eines Autos oder eines Videorecorders oder eines Arzneimittels Anweisungen dazu finden, welche Namen man Autos geben könnte, welchen Nutzen Pornofilme haben oder wie man mit einer chronischen Krankheit fertig wird. Anders verhält es sich schon in der Werbung für solche Geräte. Und wenn man sich ihre literarische Behandlung ansieht oder sich mit Menschen über solche Dinge unterhält, dann wird man selten Details aus den Anleitungen zu hören bekommen, obschon deren Berücksichtigung Voraussetzung für alles weitere ist.

Der Vorteil dieses Zugangs liegt darin, daß Technisierungen sozialer Prozesse präziser von anderen, ähnlich strukturierten Prozessen, wie Monetarisierung oder Verrechtlichung, abgegrenzt werden können. Er liegt ferner darin, daß eine konsistentere Einbeziehung historischer Veränderungen in den »natürlichen« Grundlagen menschlicher Lebensführung möglich wird, als das gemeinhin in sozialwissenschaftlichen Analysen gelingt. Es geht nun darum, die Eigenart gerätetechnischer Normen als eines speziellen Typs sozialer Normen genauer zu bestimmen.

Normen sind *Verhaltensanweisungen mit Legitimationshintergrund*. Soziale Normen sind zunächst Normen, an denen sich soziales Handeln (im strengen Weberschen Sinn) orientiert, aber auch in einem weiteren Sinn alle Normen, die durch soziales Handeln konstituiert werden, einschließlich der Normen für Verhaltensanweisungen gegenüber »Naturabläufen«. Letztere sind *technische* Normen. In technischen Geräten liegen nicht-triviale Systeme solcher Verhaltensanweisungen vor, auf systematischen Kalkülen und Metriken basierende Arrangements von vorgeschriebenen, meist wiederkehrenden Ablaufmustern. Der allgemeine Zweck solcher Arrangements ist die teilweise Realisierung zweckgerichteter Handlungen.

Zur Klärung des Begriffs technischer Normen ist der Rückgriff auf die soziologische Normendiskussion eigenartig unergiebig. In extensionalen Aufzählungen, exemplarischen Belegen oder Versuchen der Systematisierung tauchen technische Normen kaum je auf. Umgekehrt wird die Diskussion technischer Normen nicht auf soziologische Theorie bezogen (vgl. etwa Bolenz 1987, Marburger 1979, Ropohl u. a. 1984). Wichtig scheint mir zunächst die Frage des besonderen Legitimationshintergrunds technischer Normen und davon ausgehend dann die Rekonstruktion von Prozessen der Legitimationsbeschaffung in Kontexten der Erzeugung und der Verwendung technischer Geräte. Im Zusammenhang der Alltagsdiskussion stellt sich dann die Frage nach typischen Unterschieden zwischen der Technisierung professioneller und laienhafter Handlungskontexte: ihrer je spezifischen Normierungsstruktur, ihren speziellen Legitimationshintergründen und charakteristischen Prozessen der Legitimationsbeschaffung oder des Legitimationsentzugs.

Legitimationshintergründe der »Normierung natürlicher Abläufe« in Gestalt von Geräten sind wohl auf zwei Ebenen gegeben. Einmal in der Evokation und im *Vertrauen* auf die Geltung natur- und ingenieurwissenschaftlicher oder zumindest professioneller, »überlegener« Wissensbestände. Wie Bunge (1966, in

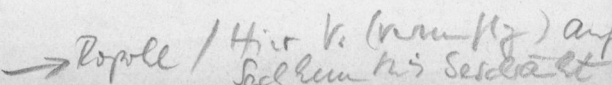

einem oft mißverstandenen Aufsatz) gezeigt hat, handelt es sich dabei keineswegs nur um – meist veraltetes – naturwissenschaftliches »Gesetzeswissen«, sondern insbesondere auch um einen bestimmten Typ von »Regelwissen« über die erfolgversprechende Verknüpfung von Operationen. Dieser konstruktive und praxeologische Legitimationshintergrund ist gewissermaßen »strukturell« begründet, er ist in jeder Beschreibung der Struktur und des adäquaten Umgangs mit Geräten immer schon mitenthalten, und seien diese Beschreibungen noch so laienhaft.

Die zweite Ebene ist die des *Werthorizonts* technischer Normen, bis hin zur Frage nach Motivationen der Erzeugung und Aneignung technischer Geräte. Relativ unproblematisch scheinen mir hier noch Thesen von der Legitimierung technischer Normen auf dem Hintergrund allgemeiner Maximen wie Zuverlässigkeit, Sicherheit, Vermeidung schädlicher Nebenfolgen, Eindeutigkeit der Wirkung, Leistungssteigerung, Bedienbarkeit und so fort. Holz (1975) zum Beispiel hat solche Wertformeln des *guten Funktionierens* als »autonome« technische Orientierungen ökonomischen Verwertungsinteressen (und damit implizit Wertorientierungen des *Guten Lebens*) gegenübergestellt.

Aber auch schon auf diesem Niveau stellt sich die empirische Frage nach dem tatsächlichen Gewicht und der kulturellen Bedeutung solcher Orientierungen. Historisch ist die Konstruktion und der Gebrauch von Maschinen und Automaten zum Beispiel in hohem Maß ästhetisch legitimiert worden. Sie waren oft Kunstgegenstände. Fragwürdiger sind dann aber Theorien über die Wertbindung der Technik, in denen pauschal bestimmte kulturelle oder gesellschaftliche Formationen für die Dynamik technischer Entwicklung und die Durchsetzung technischer Normen verantwortlich gemacht werden. Das gilt ebenso für Thesen von einer *Affinität* oder Strukturgleichheit von »Kapitallogiken« und »Technologiken« wie für Thesen, in denen *Differenzen* zwischen dem Wertbezug ökonomischer und technischer Entwicklungen postuliert werden. So ist zum Beispiel die Entstehung der Marktgesellschaft oft auf Unwerte wie Machtlust, Besitzgier und pekuniäres Interesse, umgekehrt die der Industriegesellschaft auf Friedfertigkeit, Gemeinschaftsorientierung, Ehrlichkeit, Sorgfältigkeit usw. zurückgeführt worden (vgl. Hirschmann 1982 und Veblen 1899/1979). Es gilt aber auch für modische Thesen zur Affinität etwa computertechnischer Entwicklungen und »neuer kultureller Orientierungen«. Die Frage der Wertorientierung oder, auf der Mikroebene, der Motive und Ziele des Einsatzes von Technik sollte also tunlichst analytisch getrennt behandelt werden von der Frage nach der sozialen Eigenart gerätetechnisch vermittelten Handelns.

Gerätetechnische Normen können dann auf verschiedenen *Ebenen* beschrieben werden: als Sammlungen von Verhaltensregeln für Maschinen, wie sie in ingenieurwissenschaftlichen Lehrbüchern, DIN-Normensammlungen oder VDI-Richtlinien vorliegen; als mehr oder weniger implizites Wissen über Maschinenverhalten bei Ingenieuren, Technikern, Laien; oder als empirische Beschreibung effektiv geltender Regeln in der Überprüfung (Messung, Wahrnehmung) maschineller Leistungen, zum Beispiel in Kompressions- oder Abgastests bei Automotoren, oder der Feststellung des Wirkungsgrads und der Sicherheit atomarer Stromerzeugung. Auch Rechtsnormen, zum Beispiel zum Schutz des Eigentums gegen Diebstahl, können ja auf den Ebenen von Gesetzessammlungen, Rechtstheorie, Regelwissen juristischer Praktiker oder auf der Handlungsebene (etwa Diebstahlhäufigkeit, bürgerliches Rechtsbewußtsein) betrachtet werden. Auf all diesen Niveaus wird man typische Unterschiede zwischen der Normierung professioneller und zum laienhaften Gebrauch bestimmter Technik erwarten dürfen.

Gerätetechnik läßt sich nicht auf den Begriff formalisierter Normen und Regelsysteme reduzieren, wie das für das Rechtssystem oder die Regeln monetären Wirtschaftens angehen mag. Geräte *tun* auch etwas, sie übernehmen – mehr oder weniger normgerecht – Handlungsanteile. Wenn gesagt wird, Geräte seien Träger von Handlungen, wird damit natürlich nicht so etwas wie eine *Strukturgleichheit* menschlicher und maschineller Handlungsträger, menschlicher Tätigkeiten und maschineller Operationen unterstellt. Es handelt sich aber auch nicht nur um eine *Quasiformulierung,* sondern um das Postulat, zumindest in einem techniksoziologischen Kontext maschinell realisierte Handlungsanteile nicht kategorisch aus den verwendeten Handlungsbegriffen auszuschließen.

Die »Anerkennung« maschineller Operationen als soziale wird verhindert durch die Verwendung eines emphatischen Begriffs sozialen Handelns in der Tradition Max Webers. Aber das Problem liegt sicher tiefer. Bereits die bedauerliche und fortdauernde kategoriale Unterscheidung von »Verhalten« und »Handeln« und ihre Parallelisierung mit methodologischen Programmen eines Erklärens nach »Ursachen« und nach »Gründen« erschwert die hier vorgeschlagene Betrachtungsweise. Ohne auf diese Debatte näher einzugehen (siehe dazu Graumann 1980), ist festzuhalten, daß Handeln wie im übrigen auch menschliches Verhalten immer Intentionalität voraussetzt, daß aber eine differenzierte Handlungstheorie zwischen Intentionen anzeigenden Handlungen oder Akten und einer Vielzahl *anderer Handlungstypen* unterscheiden muß, die der Realisierung von Intentionen und der Berücksichtigung struktureller Einschränkungen des Handelns dienen (vgl. zur einschlägigen philosophischen Diskussion Seebass und Tuomela 1984).

Maschinelle Operationen stellen *einen* solchen Handlungstyp dar. Waschmaschinen und Trockner, Kühlschränke und Herde, Photoapparate und Projektoren im Kontext einer intentional gesteuerten und an Intentionen anderer Familienmitglieder orientierten Kleiderpflege, Ernährung und Erinnerungsarbeit arbeiten zu lassen, ist Handeln. Was Nahverkehrszüge und Radiosender täglich für uns leisten, repräsentiert in noch viel größerem Umfang Handeln. Es macht wenig Sinn, an Normen orientierte maschinelle Handlungsschritte nicht nur auszublenden, sondern zum Nichtgegenstand soziologischer Betrachtung zu erklären.

Die Übertragung eines Handlungskomplexes an Geräte nun ist begleitet von einer Reihe von Prozessen, wie sie, näherungsweise, auch beim Übergang zu monetären und rechtlichen Regelungsformen und generell im Zusammenhang mit der Professionalisierung von Problemlösungen zu beobachten sind. Insbesondere kommt es zu mehr oder weniger weitreichenden Verengungen von Problemdefinitionen und zur Produktion von Folgeproblemen in allen möglichen vorgängigen und nachgängigen Handlungskontexten. Wenn man sich einmal darauf eingelassen hat, seine Schreibarbeiten über textverarbeitende Computer abzuwickeln, schließt man viele andere Definitionen dessen, was Schreiben bedeutet, und viele andere Lösungsmöglichkeiten von Schreibproblemen aus. Gleichzeitig wird der Aufbau neuer, unter Umständen recht komplexer Schreibfertigkeiten, die Veränderung von Lesegewohnheiten, die maschinelle Unterstützung nunmehr abgespalteter Tätigkeiten (Drucken), die oft beschwerliche Nutzung von Serviceleistungen und vieles mehr erforderlich.

Es ist offensichtlich, daß Prozesse der Technisierung dabei historisch vielfach *verschränkt sind mit anderen Formalisierungsprozessen,* und so gesehen ist es kaum möglich, im engeren Sinn techniksoziologische Fragestellungen zu behandeln, ohne die zugehörigen rechtlichen und monetären Verhältnisse zu analysieren (am Beispiel häuslicher Energietechnik vgl. Joerges 1985 a).

Welches Gewicht ökonomischen und rechtlichen Faktoren im Prozeß der Technisierung alltäglicher Handlungsfelder auf der Mikroebene zukommt, ist allerdings eine *empirische* Frage. Im Bereich der Nutzung großer technischer Systeme etwa (Verkehr, Telekommunikation, Energie- und Wasserversorgung usw.) und in der »Konsumarbeit« zu Hause dürfte es größer sein als im Umgang mit der Technik »kultureller Medien« (Film, Video und Fernsehen, Musikbetrieb, Sport usw.). Vermutlich übernehmen daher hier Werbung, Mode, Spielrituale und ähnliche Formen der kollektiven Handlungsorientierung einige der Stützfunktionen, deren die Aneignung von Gerätetechnik bedarf und die in formalen Organisationen maßgeblich über vertragliche und ökonomische Regelungen wahrgenommen werden.

Aus diesen Gründen, aber auch deshalb, weil Geräte für den persönlichen Gebrauch immer auch »Design-Objekte« sind – bewußt unter expressiven Gesichtspunkten entworfen, vermarktet und ausgewählt –, fallen ihre außertechnischen Qualitäten besonders ins Auge und erscheinen auch als »soziologisch interessanter«. Ihr technischer Charakter bleibt verdeckt, *wird* verdeckt. Eine Forschungsstrategie, die konsequent von den Geräten selbst und ihren *technischen* Gebrauchsformen ausgeht, kann hier ausgleichen.

Es läßt sich behaupten, die rituelle Verfassung alltäglicher Handlungssituationen bestimme weitestgehend die Form der Aneignung und Veralltäglichung von Gerätetechnik. Wenn sich dann herausstellt, daß es zu einer »Rationalisierung« von Handlungsprozessen kommt, wird man gezwungen sein, »technomorphe« Mentalitäten, eine vorgängige Ritualisierung des Technischen anzunehmen. Man kann auch – wie es hier geschieht – behaupten, daß mit der Technisierung, der effektiven Aneignung von Geräten unvermeidlich eine Formalisierung von Handlungsprozessen verbunden ist und daß sich damit zwangsläufig Aufgaben einer Veralltäglichung, einer Re-Ritualisierung der mit den Geräten neu hinzutretenden Handlungsanteile stellen. Die beiden Behauptungen schließen sich nicht aus, zumal beide eine Asymmetrie, eine Art Primat »ritueller Vernunft« über »formale Rationalität« unterstellen. Aber eine Analyse der Verschränktheit und Bedingtheit tatsächlicher Abläufe kann von einer Konzentration auf die *Struktur gerätetechnisch erweiterter Handlungen* profitieren.

5. Problemfelder einer Techniksoziologie des Alltags

An Technik interessierte Soziologie hat sich in erster Linie mit Entwicklungen in den produktiven und administrativen Zentralbereichen, in jüngster Zeit auch mit Wissenschaftssystemen befaßt, die auf industrielle Verwertung hin orientiert sind. Das wird wohl auch so bleiben, aber es gibt auch gute Gründe für eine Beschäftigung mit den »Peripherien«, den verhältnismäßig schwach technisierten »Umwelten« der Kernsysteme. Einige dieser Gründe, die jeweils zugleich einen *Problemtyp alltagssoziologischer Technikforschung* konstituieren, möchte ich nun aufzählen.

Ein *erster* Grund und Problemtyp, der allerdings in der Forschung am schwierigsten einzulösen sein dürfte, läßt sich aus einer theoretischen Vorannahme herleiten. Demnach kann die Frage, weshalb die Entwicklung und Expansion hochformalisierter technischer Systeme offenbar so unaufhaltsam abgelaufen ist und abläuft, ihre Beantwortung nur im Bereich wenig oder nicht formalisierter Handlungsorientierungen finden. Welche Wertorientierungen, Bedürfnisse, Interessen – um es alteuropäisch auszudrücken: welche Tugenden und Laster – orientieren und speisen den Ausbau großer und schneller Systeme? Es sind ja nicht die Verordnungen und Vertragswerke, die Regeln der Märkte, die Produktionsanlagen oder Kommunikationsnetze, die eine eigene »Rationalität« (oder eben auch Destruktivität) besitzen. Alle diese Regelsysteme und zugehörigen Handlungsaggregate sind in hohem Maß anschlußbedürftig, setzen Willenshandlungen, Einwilligungshandlungen und Bedeutung verleihende Symbolisierungen bei ungezählten Akteuren voraus, die schlecht in den Kategorien zu fassen sind, mit denen wir solche Systeme gewöhnlich beschreiben.

Man mag in sozio-biologischer Manier derartige Antriebe und Voraussetzungen im Bereich der menschlichen »Natur« suchen oder vielmehr gerade im Bereich kultureller Schöpfungen. Man wird jedenfalls davon ausgehen, daß die Bedingungen der ungebrochenen Expansionskraft und relativen Stabilität der industriellen Kernsysteme nicht als Attribute dieser Systeme selbst, sondern als dauerhafte Verankerungen in personalen und kollektiven Strukturen anderer Art zu konzipieren sind (zu externen Bestandsvoraussetzungen formaler Organisationen vgl. Geser 1982). Was sind die besonderen Bestandsvoraussetzungen *gerätetechnischer* Strukturen und ihres Ausbaus?

Ein *zweiter* Grund liegt darin, daß die konkreten Arbeitsorganisationen, auf die sich der Begriff hoch formalisierter Systeme bezieht, allesamt informelle, schwach formalisierte Untergründe haben, die dem Alltagsbereich zugehören. Diese Untergründe sind für das Funktionieren der Großsysteme von erheblicher Bedeutung, so wenn das formelle System der Arbeitsteilung mit informellen Gruppenbeziehungen korrespondiert oder nicht korrespondiert. Die Forschung zu Organisationskulturen hat dieser alten Fragestellung neue Akzente verliehen.

Das Verhältnis informeller Beziehungen oder Organisationskulturen zu formalen Organisationsstrukturen hat seine Parallele im Verhältnis zu betrieblicher Technik. Ihr Einsatz und ihre Weiterentwicklung erfordert auf allen Betriebsebenen persönliches Erfahrungswissen und informelle Handlungsweisen, die ihrer Struktur nach Alltagshandeln repräsentieren (vgl. Malsch 1987).[6] Ähnlich hängt effektive oder ineffektive Technikverwendung im Betrieb mit vielerlei affektiven und symbolischen Bezügen zur Maschinerie zusammen. Dieser Problemtyp, wie auch noch der folgende, fällt durchaus noch in den Zuständigkeitsbereich der Industrie- und Organisationsforschung.

An den Nahtstellen zwischen höher und schwächer formalisierten Bereichen treten dann *drittens* Vermittlungsprobleme auf, weil hier am deutlichsten unterschiedliche Regelsysteme gleichzeitig zur Anwendung kommen. Verwiesen sei auf die *Grenzrollen*, die in allen hochformalisierten Organisationen dort ausgebildet werden, wo sie auf relativ breiter Front mit nichtformalisierten Handlungsdispositionen interagieren. Man denke an Sozialarbeiter, Kontaktbeamte, PR-Fachleute, Advokaten-Planer, Ombudsmänner und so fort. Auf der Ebene der Maschinerien wird es oft erforderlich, Komponenten von professioneller Technik mit Komponenten von Laientechnik zu kombinieren, etwa wenn neuerdings zwischen Kunden und Dienstleistungsbetriebe wie Banken oder Warenhäuser maschinelle Einrichtungen treten und damit Grenzrollen teilweise substituiert oder in interne Rollen transformiert werden. Phänomene dieser Art sind seit einiger Zeit vor allem von einer ethnomethodologisch orientierten Organisationsforschung untersucht worden (zum Beispiel Manning 1977), charakteristischerweise allerdings ohne explizite Einbeziehung technischer Aspekte.

Eine im engeren Sinn alltagssoziologische Thematik ist dann *viertens* die Rolle von Technik im Wandel der Lebensweisen: im Verschwinden von »Volkskulturen«, in der Herausbildung und Stabilisierung einer bürgerlichen Privatsphäre und entsprechender Familienformen, in der Auslagerung psychischer und sozialer Funktionen in die Arbeitsorganisationen; man könnte auch sagen, in all jenen Vorgängen, die eine Unterscheidung von »System« und »Lebenswelt« so plausibel machen. Umgekehrt gehören hierher Formalisierungsprozesse, die, ähnlich wie im Kernbereich, wenn auch typischerweise auf niedrigerem Niveau und zeitlich verschoben, im familiär-häuslichen Bereich ablaufen; teilweise im Zusammenhang mit der Aus- und Rückverlagerung von Arbeitsfunktionen in die Haushalte, die in den Organisationen der Erwerbsarbeit keinen Platz mehr finden.

Relativ diffus-affektive Beziehungsmuster, wie sie für familienartige Gruppen typisch sind, werden im Zug einer erweiterten Haushaltsproduktion unweigerlich durch monetäre, rechtliche und technische Regelungsformen und entsprechende Kommunikationserfordernisse überlagert (vgl. Joerges 1985 b).[7] Damit dürften andererseits die Anlässe für »symbolische« Technikverwendungen und die Bereitschaft, auf Symbolisierungsangebote – etwa der Medien – einzugehen, vervielfältigt werden. In diesem Zusammenhang insbesondere interessieren jene Verwendungen von Verbrauchertechnik als »Codes« für die Signalisierung und Interpretation personaler und kollektiver Identitäten und Distinktionen (vgl. Hörning 1985a, 1985b). Jenseits oder vor einer Beschäftigung mit Fragen der Technisierung hat sich im übrigen die Konsumsoziologie immer schon unter dem Stichwort ›Statusgüter‹ mit solchen Prozessen befaßt (vgl. auch den kulturanthropologischen Ansatz von Douglas und Isherwood 1979).

Zu unterstreichen ist an dieser Stelle, daß die Frage nach den Voraussetzungen und Wirkungen einer expandierenden privathäuslichen Techniknutzung, auf die sich die empirische Forschung konzentriert hat, nicht gleichgesetzt werden darf mit *haushaltsökonomischen* Fragestellungen im Sinne einer »Industrialisierung der Haushalte«.[8] Selbstverständlich erfolgen praktisch alle Tätigkeiten außerhalb der Erwerbsarbeit in wachsendem Maß technikunterstützt (selbst noch dort, wo sich der Impetus auf »alternative« Techniken richtet). Der Umgang mit dem eigenen Körper in Sport, Ernährung und Gesundheitspflege, Bildungsaktivitäten, Ausübung und Konsum von Musik, alle möglichen Freizeithobbies und andere »nicht-utilitaristische« Betätigungen finden ihre Geräte. Soweit Laien sich auf solche Geräte einlassen, *unterziehen sie auch diese Tätigkeiten einer formalen Rationalisierung,* eben im Sinn standardisierter Berechnungen als Grundlage entsprechender Handlungsroutinen. Es ist dabei nicht entscheidend, ob laienhafte Techniknutzer sich der zugrundeliegenden Kalküle (und ihrer begrenzten Geltung) bewußt sind, sondern daß sie in ihren Geräten und deren technischen Hintergrundsystemen formalisierte Handlungssysteme *haben.*

Auch in ganz und gar »unökonomischen« oder »kommunikativen« Handlungskontexten sind Techniknutzer also mit einem Problem konfrontiert, das Stinchcombe so formuliert: »auf längere Sicht die rechte Balance zu finden zwischen formalen Approximationen, die verläßliche soziale Effekte haben können, und substantiell vernünftigen Urteilen über deren Grenzen und Verbesserungsmöglichkeiten« (1986, S. 151). Ich stelle mir vor, daß Forschung über Technik im Alltag den Lösungsformen nachzugehen hätte, die Laien für dieses Problem entwickeln. Eine haushaltsökonomische Perspektive lenkt davon eher ab. Nicht allerdings eine Einbeziehung *struktureller* Veränderungen ökonomischer Systeme: die relative Ohnmacht von Laien in der Beurteilung und Beeinflussung der »Grenzen und Verbesserungsmöglichkeiten« jener »verläßlichen sozialen Effekte«, die sich mit Verbrauchertechnik erzielen lassen, hat ihre Ursachen maßgeblich in diesem Bereich.

Es ist durchaus bemerkenswert, daß gerade aus einer ansonsten auf Rituale und Feste, bedrohte Traditionen und magische Weltdeutungen spezialisierten Volkskunde Analysen wie die von Bausinger (1961/1986) kommen, in denen die Sprengung traditioneller Volkskultur, der Einbruch exotischer Elemente und der künstliche Aufbau »antimoderner Gegenbilder« unter dem Druck technischer Entwicklungen bis ins 19. Jahrhundert zurückverfolgt wird. Bausinger führt den längst vollzogenen Übergang von einer »differenzierten Standeskultur« zu einer »technischen Einheitskultur« auf eine *dreifache Expansionsbewegung* zurück: eine »räumliche«, eine »zeitliche« und eine »soziale«. Auch wenn die Analyse nicht auf der Ebene konkreter *Technik*entwicklung durchgeführt wird, sieht man leicht, daß hier notwendige Bedingungen dieser Bewegung zu suchen sind.

Inzwischen ist wohl die »technische Einheitskultur« selbst so weit ausdifferenziert, daß sie sich – zumal in mikrosoziologischen »Fallstudien« – nicht mehr als einheitlich darstellt. Technikgenerationen koexistieren und überlagern sich, technische »Subkulturen«, besser: Parallel- und Spezialkulturen entstehen auch im Alltag; die Richtungen, in denen eine Re-Ritualisierung technisch ausdifferenzierten Handelns versucht wird, werden vielfältiger. Der Umstand, daß Technisierung ganz unterschiedlich verarbeitet werden kann, erschwert den Aufweis einer »technischen Einheitskultur« ebenso wie die Tatsache, daß Technisierung zwar nicht uneinheitlich, aber in ziemlich schnellem Wechsel und *soziologisch unübersichtlich* verläuft.

Ein *fünfter* und letzter Grund, sich mit Technik im Alltag systematischer zu befassen, schließt an die Diskussion zur Krisen- und Verträglichkeitsproblematik an. Wie etwa in theoretischen Deutungen »neuer sozialer Bewegungen« (vgl. zum Beispiel Japp 1987) nahegelegt wird, könnte die Art und Weise der Verarbeitung von Technisierungsprozessen im Bereich alltäglichen Handelns über die weitere Entwicklung hochformalisierter Kernsysteme mitentscheiden. Es ist immerhin plausibel, daß die Häufung und der schnelle Wechsel formalisierter Formen der Interaktion und sozialen Regelung, sowohl auf der Ebene kollektiver Beziehungen wie auf der Ebene des Umgangs mit materiell-organismischen Umwelten, in einem Ausmaß mit Alltagsorientierungen in Konflikt geraten, das zu dauerhaftem Widerstand und höher organisierten Gegenbewegungen führt.

Aus den »Bewegungen« werden auf ziemlich unformalisierte Art und Weise »Invasionen aus dem Alltag« gegen die sichtbarsten Verkörperungen des Industriesystems vorgetragen. Nicht zufällig spielt dabei in der Ökobewegung die Metapher vom »Zurückschlagen der Natur« eine große Rolle. In einer eigenartigen Mischung von *Angst* vor der Zerstörungsgewalt industrieller Systeme und *Sorge* um die Erneuerung ihrer natürlichen und kulturellen Bestandsvoraussetzungen wird den dominanten Akteuren dieser Systeme die Legitimation abgesprochen und werden ihre Kreise mehr oder weniger empfindlich gestört.

Dieser Problemtyp, in dem es unter techniksoziologischem Gesichtspunkt vor allem um das Verhältnis »großer« und »kleiner« Technik und um die Chancen einer demokratischen Rechtfertigung grundlegender technischer »Optionen« geht, findet in der öffentlichen Diskussion große Beachtung. Dem entspricht eine relativ breite Akzeptanzforschung – und ein Defizit an systematischen soziologischen Analysen von alltäglichen Technisierungsprozessen selbst.

Die Aufzählung von Problemtypen hat sich von Fragestellungen im Zusammenhang mit der internen Dynamik der Kernsysteme wegbewegt zu Problemstellungen in Randbereichen, um schließlich in einer Umkehrung der Perspektive die Idee von der Zentralität des Geschehens in den Randbereichen für die weitere Entwicklung im Kern aufzunehmen.

6. Schlußbemerkung

Eingangs wurde angedeutet, welch weitreichende Folgerungen in öffentlichen Debatten zur Sozial- und Umweltverträglichkeit aus dem Umstand gezogen werden, daß fortschreitend über Gerätetechnik ausdifferenzierte gesellschaftliche Entwicklungen immer sowohl Handlungsstörungen wie Störungen ökologischer (einschließlich humanbiologischer) Abläufe nach sich ziehen. Die dabei verwendete Folgenrhetorik leistet zweierlei. Sie gibt einem schleichenden Technikdeterminismus Vorschub (vgl. Lutz 1983), selbst dort, wo unterstellt wird, Technik sei insgesamt ein Instrument herrschender Gruppen zur Durchsetzung ihrer Interessen. Und besonders wo das der Fall ist, trägt sie zu einer Dramatisierung der *Konsequenzen* von Störungen bei.

Die im Anschluß angestellten Überlegungen führen zu einer anderen Rhetorik: daß regelmäßig soziale und ökologische Stabilitätsverluste die wichtigsten Anlässe für gerätetechnische Innovationen darstellen und die Bereitschaft speisen, sich auf weitere einzulassen. Man würde dann eher mit dem Bild »dialektischer« oder »spiralförmiger«, schrittweise rückgekoppelter Technisierungs- und Ritualisierungsprozesse arbeiten, in denen manchmal Synthesen der beiden Orientierungsmodi gelingen (vgl. Anmerkung 5). In dieses Bild lassen sich weder Thesen zu einem unwiederbringlichen *Kulturverlust, einer Verödung menschlicher Vermögen* (Anders), noch zu einer *Rekultivierung* über den Weg einer »anderen« Technik (Koslowski) nahtlos einfügen. Handlungsstörungen sind ja weder gleichbedeutend mit »pathologischen Folgen« noch mit »kulturellen Herausforderungen«. Auch der menschliche Körper geht routinemäßig mit zahllosen Perturbationen durch eindringende Mikroorganismen um, ja braucht sie, ohne deshalb ständig zu erkranken – oder seine Widerstandkraft zu steigern.

Solche Entwicklungsspiralen lassen sich sowohl im Bereich der Kernsysteme wie in laienhaften Handlungsdomänen nachzeichnen. Die Frage ist dann, welche übergreifende Dynamik sich ergibt und ob man mit guten Gründen davon sprechen kann, daß sich bestimmte Rückkopplungsprozesse *im langen historischen Verlauf so erweitern,* daß Synthesen auf der Ebene alltäglichen Handelns immer *schwieriger* zu bewerkstelligen sind. Autoren wie Marx oder Weber oder Braudel sind dem für die historische Aufspreizung kapitalistischer Systeme nachgegangen. Für die Entwicklung technischer Systeme und ihren Beitrag dazu ist das erst noch zu leisten.

Der Versuch einer Annäherung an das Thema *Technik und Alltag* aus einer konsequent techniksoziologischen und darüber hinaus prononciert auf Gerätetechnik abhebenden Perspektive führt zu einer Akzentuierung »rationalistischer« Aspekte der Technisierung. Geräte und Maschinen sind, solange sie funktionieren, Ausbünde rationalistischer Prinzipien, und zwar um so mehr, je größer und vernetzter sie werden. Sollen sie funktionieren, dann müssen an vielen Stellen der Gesellschaft entsprechende Kompetenzen und Regelungsformen bereitgehalten, weitergeführt und reflexiver gestaltet werden, nicht zuletzt im Alltag selbst.

Forschung zur Technisierung des Alltags (oder zur Veralltäglichung von Technik) wird dabei in der Regel bei den Handlungskomplementen »kleiner« Verbrauchertechnik ansetzen und vor allem auch den mehr oder weniger impliziten und eher metaphorisch gefaßten »Maschinenmodellen« von Laien nachspüren.

Aber man wird sich in der Rekonstruktion von Formalisierungsprozessen nicht nur auf die Technikgeschichten verlassen dürfen,
die uns Laien erzählen. Es sind in einem bestimmten Sinn »Kin-
dergeschichten«, die weder den oft mühsamen Aufbau entsprechender Kompetenzen noch die technischen »Tiefenstrukturen«
enthalten, die eine unproblematische, gekonnte, oft virtuose und
einfallsreiche Nutzung voraussetzt.[9] Auch das kleinste Gerät ist
in umfassenderen technischen Systemen vielfältig vergesellschaftet. Man wird mit vielen an diesen Systemen beteiligten Akteuren
sprechen und ihre Regelungen studieren müssen, um den Forma-
lismen auf die Spur zu kommen, die Bestandteil alltäglicher Technikverwendung sind.
Weder in den industriellen Kernsystemen noch im Alltag lassen
sich Technisierung und Automatisierung auf (partielle) Rationalisierungsprozesse – ideologischer wie effektiv handlungsorganisa-
torischer Art – reduzieren. Der Anderssche Königssohn wird
Gelegenheit finden, sein Urteilsvermögen im Medium von Wagen
und Pferd zu erweitern und den Straßenkontrollen des Königs
neue Probleme zu bereiten. Nur: er wird sich dabei auf Technik
stützen müssen und auf die, die sie verfügbar halten.
Am Ende könnte das für viele unerträglich werden, eine Veralltäglichung von Technik könnte nicht mehr gelingen, Anders
könnte doch recht behalten. Aber das wird von vielen anderen
Dingen abhängen. Straße, Pferd und Wagen zu studieren ist
wichtig, wird aber auf so weitgehende Fragen kaum Antworten
liefern.

Anmerkungen

1 Diese Bindung kann sich auf technische Substitutionsleistungen beziehen, also auf gerätetechnische Operationen, die vormals sensomoto-
risch unterstützte Handlungen ersetzen. Sie bezieht sich aber insbesondere auf ständig neue, umfangreichere und schnellere, über das Medium Körper gar nicht realisierbare Handlungsvollzüge. Erst in diesem
Fall, wenn komplexe Operationen geregelt und auf weite Strecken
selbsttätig über Geräte abgewickelt werden, reden wir von *Maschinen*.
2 Es ist offensichtlich, daß ein solcher Ansatz weder »alltagstheoretisch«
im Sinne der Diskussion über »Lebenswelt des Alltags« (Bergmann

1981) ist, noch die kategoriale Trennung von »System« und »Lebenswelt« nachvollzieht. Die groben Gleichsetzungen von hoch formalisierten Kernsystemen mit Organisationen der Erwerbsarbeit, von schwach formalisierten Handlungsbereichen mit – ansonsten sehr unterschiedlich bestimmten – Begriffen wie Privatsphäre, private Lebensführung, Konsum, Freizeit, aber auch öffentliche Kommunikation sind pragmatisch und zunächst durch nicht zu übersehende Differenzen im Technikeinsatz begründet.

3 So hat mir Gert Schmidt einmal in einer persönlichen Mitteilung gesagt, für die Ebene gerätetechnischer Normierung grenze das an eine »analytische Mystifizierung« der Technik, in der »die schnelle Rede von technischen Regeln, technischen Systemen, Technik als Normensystem usw. die Schwierigkeiten [verschleiert], die Soziologen immer wieder dann haben, wenn ihr emphatisches Interesse an gesellschaftlichen Problemen und Entwicklungen sich allzu ›leicht-fertig‹ über die Nutzung der Alltagssprache thematisieren läßt«.

4 Ritualisierte Handlungsgebilde lassen sich, sofern sie hoch institutionalisiert sind, ähnlich wie formalisierte leicht mit Hilfe *formaler Modelle beschreiben.* Insofern alltägliches Handeln nicht nur (definitionsgemäß) wenig formalisiert ist, sondern auch (empirisch) wenig institutionalisiert sein mag, verlieren formale Modelle und entsprechende Quantifizierungen in der Forschung an Brauchbarkeit.

5 Bei diesen Überlegungen bin ich mir der Problematik solcher binärer Betrachtungsweisen – »formalisiert« versus »nicht formalisiert«, »Kernsystem« versus »Alltag« – sehr bewußt. Sowohl eine Reduzierung des Alltagshandelns auf wenig formalisiertes Handeln wie auch die Zuordnung der Bereiche Wirtschaft, Verwaltung, Wissenschaft usw. zu formalisierten Regelsystemen bleibt angreifbar. Was alltägliches Handeln angeht, könnte man vielleicht versuchen, es über den Begriff »gelungenes Handeln« adäquater zu fassen, nämlich als *Produkt individuell-subjektiver Anstrengungen zur Vermittlung spannungsreicher normativer Anforderungen,* etwa im Sinn des »wohlinformierten Bürgers« bei Schütz (1964, siehe dazu Sprondel 1979).

6 Hier kann man am besten ablesen, daß Alltagskompetenzen in keiner Weise von *geringerer Dignität* sind als professionelles Regelwissen. Gerade höchstentwickeltes Expertentum läßt sich, wie die Arbeiten der Brüder Dreyfus (1986) plausibel zeigen, nicht als ein formalisierten Regelsystemen gehorchender Prozeß rekonstruieren (und deshalb auch nicht auf maschinelle »Expertensysteme« übertragen).

7 Das Phänomen einer *Verbetrieblichung* von Familienhaushalten im Zusammenhang mit einem Wachstum der Haushaltsproduktion und subsidiärer sozialer Dienstleistungen ist weithin unbestritten. Auch daß in diesem Prozeß die Technisierung der Haushalte eine gewichtige Rolle spielt, wird anerkannt, obschon die einschlägige Forschung vorwie-

gend gesellschaftspolitisch orientiert ist (vgl. etwa Fürstenberg u. a. 1984, Glatzer und Berger-Schmitt 1986, Heinze 1986, Offe und Heinze 1986). Empirische Untersuchungen konzentrieren sich auf haushaltsökonomische Fragen (s. auch Joerges 1978, 1981 b), auf Zusammenhänge zwischen Familienstruktur und Technikeinsatz, insbesondere auch familiäre Arbeitsteilung (zum Beispiel Schwartz-Cowan 1987, Zapf u. a. 1987) und neuerdings auf laienhafte Computernutzungen (zum Beispiel Pflüger und Schurz 1987; siehe auch Rammert 1987 b, Turkle 1984).

8 Für eine Analyse disparater Tendenzen des häuslichen Technikeinsatzes in Abhängigkeit von sozialen Lagen vgl. Joerges (1985 b). Drei Formen können unterschieden werden: verstärkte Eigentätigkeit als »humane Ergänzung zur Erwerbsarbeit«, »Rationalisierung zu Hause« im Rahmen einer Verbetrieblichung privater Lebensführung und »Eigenarbeit als Subsistenzerhaltung« bei prekären Beschäftigungsverhältnissen.

9 Man denke an das Insgesamt an technischen Vorkehrungen, Kompetenzen und Kontrollen, die bei Kindern und anderen Verkehrsteilnehmern aufgebaut und ständig bereitgehalten werden müssen, um das Überleben von Kindern im großstädtischen Autoverkehr auch nur einigermaßen zu sichern. Oder an die Geschichten, die Laien über die Bedeutung des Telefons für ihr Leben erzählen, ohne Auskunft geben zu können über ihre eigenen Lernprozesse (und die ihrer Eltern) und über die Netze, Vermittlungsanlagen, Auslastungsverhältnisse, nachrichtentechnischen Grundlagen und so weiter, die sie voraussetzen müssen.

Karl H. Hörning
Technik im Alltag
und die Widersprüche des Alltäglichen

Technik im Alltag ist ein widersprüchliches Phänomen. Einerseits ist Technik schon lange Teil des Alltags. Andererseits dringen nun in rascher Folge neue Techniken in Lebensbereiche vor, die bisher der technischen Mitkonstruktion des Alltags weithin entzogen waren. Dies ist aufregend und muß auch die Soziologen bewegen – vor allem eine soziologische Technikforschung, die sich solange ausschließlich auf die industrielle Produktion konzentriert hat[1].

Doch dazu muß die Soziologie ihr Gehäuse aufbrechen, in das eine rationalistische Theoriebildung ihre Problemformulierungen eingesperrt hat. Meine Argumentation richtet sich im folgenden zuallererst gegen die weitverbreitete Grundannahme, daß sich die im industriellen Kernsystem hervorgebrachte Technik nicht nur früher oder später unentrinnbar in alle Lebensbereiche ausbreite, sondern diese auch unabdingbar mit den Rationalisierungsprinzipien und -zwängen des Industriesystems durchsetze. Diese Annahme wird der Vielschichtigkeit von Technik im Alltag keineswegs gerecht, und gar zu sehr unterschätzt sie die Entwicklungsdynamik der modernen Gesellschaft.

Meiner Ansicht nach bedarf deshalb die Techniksoziologie unbedingt einer Perspektivenänderung, die das alltägliche Handeln mit seinen kulturellen Bedeutungsstrukturen voll in den Blick nimmt. Sie hat dann eine doppelte Aufgabe: Nicht nur die sich deutlich vollziehende *Technisierung des Alltags* mit ihren handlungsstrukturierenden Bedingungen und Zwängen zu analysieren, sondern vor allem auch den Wegen und Wirkungen technischer Artefakte in alltäglichen Deutungs- und Handlungskontexten, also der *Veralltäglichung von Technik* nachzugehen. Solche Spannungen muß sie aushalten.

1. Technik im Alltag oder alltägliche Technik?

Es ist eine Alltagsweisheit, daß die gegenwärtige und vor allem zukünftige Technik grundlegenden Wandel in bisher nicht erlebtem Umfang in das Alltagsleben der Gesellschaftsmitglieder bringt und bringen wird. Und dennoch hat das Verhältnis von Technik und Alltag bisher nicht nur keine angemessene soziologische Bestimmung erfahren; die Soziologie schweigt sich hierzu auch mehr oder weniger völlig aus. Gerade etwa auch was die neuen Entwicklungen im Bereich der Informations- und Kommunikationstechnologien angeht. Aber sie schwieg auch schon vor dreißig Jahren, als sich die Haushalte mit technischen Sachgütern zu füllen begannen und die materielle Kultur der Nachkriegsgesellschaften ihren spezifischen »modernen« Charakter erhielt. Und nun macht die Mikroelektronik Schlagzeilen, und der Computer setzt sich offensichtlich auch im privaten Gebrauch durch. Unter welchen Voraussetzungen und Erwartungen, innerhalb welcher Deutungs- und Handlungsstrukturen, mit welchen Folgen und Problemen? Wir können dazu soziologisch nichts sagen! Die Frage, wie die alltägliche Praxis technische Artefakte verwendet und welche Bedeutungen letztere dabei zugeschrieben bekommen, war und ist der Soziologie kein Problem.
Diejenigen Soziologen aber, die sich traditionellerweise mit der Technik beschäftigen, interessieren sich für den menschlichen Alltag außerhalb der ökonomischen Erwerbs- und politischen Verwaltungssektoren wenig bzw. sehen diesen durch die letzteren eindeutig überlagert und determiniert. Vor allem die Industriesoziologie hat immer den »langen Arm der Arbeit« walten lassen, wenn es ihr (wenn überhaupt) um die außerbetrieblichen »Randbedingungen« ging. Zu sehr war sie auf das »Produktionsmodell« fixiert, das ihr nur eines erlaubte: nämlich die menschliche Arbeit (meist verdünnt auf einen engen instrumentellen Ausschnitt von ihr) als einziges und ausschließliches Vergesellschaftungsprinzip zu begreifen. Bei dieser quasi-metaphysischen Haltung kann es nicht wundern, daß die Analysen der Technisierung von Arbeit stets erneut zu diesen massiven technologischen Determinismen führten. Doch vor und neben der Arbeit existieren eine Vielzahl anderer Vergesellschaftungsmodi, und menschliche Arbeit muß eher als Moment oder auch Produkt solcher Prozesse gesehen werden, vielfältig überformt und historisch variierend.

Von dieser Industriesoziologie können wir für unsere Fragestellung wenig Hilfe erwarten. Im folgenden wird statt dessen eine Perspektive eingenommen, die nicht die Technik als solche nimmt und sie auf etwas wirken läßt, das relativ unbestimmt bleibt, sondern statt dessen versucht, die technischen Objekte mitten in den Alltag denkender und handelnder Gesellschaftsmitglieder zu stellen. Auf diese Weise sind eher Einsichten in die komplexen Vermittlungszusammenhänge zwischen Technik und den auf sie und durch sie gerichteten Deutungen und Handlungsweisen im Alltag zu gewinnen. Mit *Alltag* soll hier aber nicht ein genau (institutionell bzw. sozial-räumlich) abgegrenzter gesellschaftlicher Teilbereich (oder gar ein »Subsystem«) verstanden werden, sondern »Alltag« stellt erst einmal ein analytisches Konstrukt dar, das den Soziologen anweist, von den sozialen Problemstellungen, Deutungen und Handlungsweisen der einzelnen Gesellschaftsmitglieder auszugehen. Es geht also bei »Technik im Alltag« nicht um die Addition eines weiteren ausdifferenzierten Lebens- und Tätigkeitsbereichs (wie etwa »Privatsphäre«, »Freizeit«, »Haushalt«, »Konsum«), sondern darum, die Teilnehmerperspektive denkender und handelnder Menschen in bezug auf Technik zu gewinnen. Daß der »Alltag« besonders außerhalb spezieller Sonder- und Zweckorganisationen (wie Betriebe, Bürokratien, politische Institutionen und dergleichen) analysiert wird, bedeutet nun nicht, daß es in diesen keinen Alltag gibt, sondern verweist lediglich darauf, daß sich diese als spezifische Zweckorganisationen mit eigenen Maximen von Rationalität, Effektivität und Effizienz etabliert haben und dabei alles versuchen, die Alltagsinteressen und -deutungen der Organisationsmitglieder diesen Maximen unterzuordnen bzw. sie »draußen« zu halten. Doch häufig geht es in diesen Betrieben und Verwaltungen gar nicht so zweckrational und prinzipientreu zu, und die formale Organisationsstruktur dient dann oft eher als legitimierendes Rationalitätssignal nach außen bzw. als symbolischer Wall nach innen, um Betriebsgrenzen zu markieren, Unterschiede zu betonen und gemeinsame Situationsdefinitionen der Beschäftigten zu fördern (vgl. Hörning 1985 a, S. 25).
Andererseits ist der Alltag außerhalb der Zweckorganisationen keinesfalls so offen, zufällig und diffus, keinesfalls so informell, heimelig und überschaubar, wie es aus dem Blickwinkel der formalen Organisationen aussieht bzw. aussehen soll. Nur aus ob-

jektivistischer Sicht kann der Alltag als die unproblematisch gegebene Welt erscheinen, eine eher unproblematisch gemachte, eine so konstruierte Welt. Aus subjektorientiertem Blickwinkel ist der Alltag dagegen vollgestellt mit Problemen und Bedeutungen, strukturiert durch individuelle Pläne und Zwecke, durch symbolische Ordnungsprinzipien und Deutungsprozeduren. Im folgenden soll sich »Alltag« auf keinen genau definierten Begriff oder Bereich beziehen; vielmehr stellt »Alltag« hier erst einmal eine Kurzformel für eine theoretisch-kategoriale Entscheidung dar, den einzelnen in seinem sozialen Handeln auch in bezug auf die technische Sachwelt ernst zu nehmen, ein Handeln, das die Prozesse alltäglicher Sinnkonstitution miteinschließt.[2] Dieses handlungstheoretische Vorgehen versucht vor allem, dem »Dickicht der Lebenswelt« und seinen »Netzen« zu entgehen, in die wir uns durch die nicht handhabbare Vielfalt von Facetten und Problemhorizonten phänomenologischer oder anderer »Alltagstheorien« verfangen können (vgl. zu diesen Problemen gut: Matthiesen 1983; Waldenfels 1985).

Gleichermaßen gilt es, um die Bedeutungszusammenhänge von Technik im Alltag zu erforschen, die spezifischen Attribute dieser Technik ins Auge zu fassen. Meist weichen die Sozialwissenschaftler einer Bestimmung von »Technik« aus. Oder sie versuchen, dem Problem dadurch zu entkommen, daß sie sofort alles auf das Wechselspiel immaterieller Prozesse, auf die dahinterstehende »Logik« oder auf Wissenssysteme zurückführen und damit die spezifischen Charakteristika technischer Geräte, Objekte und Aggregate als solche und die Bedeutung dieser Charakteristika für den einzelnen aus den Augen verlieren. Im folgenden sollen unter *Technik* sowohl einzelne technische Artefakte als auch typische Ensembles und Aggregate von Artefakten einschließlich der in Artefakten materialisierten Verfahrensweisen verstanden werden. Der Begriff »Technik« wird also auf die »Sachtechnik«, die »Realtechnik« eingeschränkt; ausgegliedert werden die Human-, Sozial-, Organisations- und die kognitiven Techniken, wie sie in dem *weiten* Technikbegriff als geregelter, planvoller und zielgerichteter Verwendung von Mitteln stecken.[3] Technik in dem hier gebrauchten *engeren Sinne* meint das materielle Konstrukt, die »artifiziell« verfertigte Sache, die gebaute Anlage, das funktionsgeladene Artefakt. Ohne diese Materialität wird der Technikbegriff zu weit und zu schnell mit zweckrationalem Handeln identisch. Natürlich verbinden wir mit »Technik« nicht nur materielle Artefakte; der Begriff hat mindestens noch zwei weitere Bedeutungsebenen: er bezieht sich auch auf Handlungen und Verfahrensweisen, und er betont das Wissen.[4] Ich will diesen beiden letzteren Dimensionen dadurch Rechnung tragen, daß ich das Adjektiv »technisch« und den Begriff »Technologie« definitorisch einbeziehe. Das Adjektiv *technisch* soll auf bestimmte, auf Sachobjekte ausgerichtete Handlungen und Verfahrensweisen eingeschränkt werden. Der Begriff *Technologie* verweist dann auf das systematische, an spezifischen Effizienzkriterien ausgerichtete formalisierte Wissen von diesen Verfahrens- und Herstellungsweisen. Technik macht sich so selbst zum Gegenstand. Technologie stellt gewissermaßen die wissenschaftlich reflektierte und normierte Systematik und die sie stützenden Institutionen einer technischen Herstellungspraxis dar, die von einer Einzeltechnologie, wie der Computertechnologie, bis zu einer ingenieurwissenschaftlichen Teildisziplin reichen kann.

Die Klasse der materiellen Artefakte, die hier als technische bezeichnet werden, umfaßt solche Objekte wie Werkzeuge, Geräte, Instrumente, Maschinen, Apparate, automatische Anlagen, Aggregate. Solche technischen Objekte existieren meist nicht für sich allein, sondern stehen in engen Zusammenhängen mit anderen Objekten und sind mit diesen in technischen Operationssystemen bzw. Netzwerken verkettet. Derartige Artefakte sind auch Teil der alltäglichen Umwelt des einzelnen, bilden seine *Alltagstechnik*. Diese besteht generell aus Geräten der Haushalts-, Heimwerk- und Gartentechnik, der Unterhaltungstechnik unterschiedlichster Art, aus elektronischen Rechnern und Mikrocomputern für den Privatgebrauch, aus Telefon, Heizungsanlagen und Automobilen, aber auch aus technischen Versorgungs- und Kommunikationsnetzen, die an die »großtechnischen« Verkehrs-, Energie- und Informationssysteme gekoppelt sind. Gerade Alltagsgeräte sind auf eine funktionierende Infrastruktur angewiesen. Sie sind an bestimmte Ausgestaltungen großer Hintergrundsnetze angebunden, setzen diese voraus und unterstützen bzw. legitimieren deren weiteren Ausbau. *Vernetzung* meint dabei aber nicht nur Ver- und Entsorgung mit Wasser, Energie und Information, sondern auch deren Einbindung in weitere infrastrukturelle Zusammenhänge, wie sie sich in einer Fülle von sozialen und rechtlichen Regeln, Normen, Standards und Verfahrensweisen ausdrücken. Gerade diese institutionalisierte Infrastruktur (die von behördlichen Auflagen bis zu TÜV-Normierungen reicht) gewährleistet die weithin so unproblematische Nutzung dieser alltagstechnischen Dinge, ist teilweise historische Voraussetzung für die Entprofessionalisierung dieser Technik.

Damit ist die folgende Analyse von einem in der Soziologie seltenen »Vorurteil« geprägt: technische Artefakte sind wichtig.[5] Statt diese aber sofort im sozialen »Sumpf« der gesellschaftlichen Bedingungen und Folgen »untergehen« zu lassen[6], sollen sie hier mit ihren funktionalen *und* symbolischen Qualitäten sehr ernst genommen werden: Nicht das »Ding an sich«, das »Gestell«, der völlig verselbständigte Apparat, die als ontologisches oder anthropologisches Problem vor allem die deutschen Philosophen so aufregen konnten, sondern das Artefakt mitten im Alltag denkender und handelnder Menschen, das materielle Gebilde als Vehikel eigener und fremder Absichten (zu den fremden »eingebauten« Absichten und Zwecken vgl. Winner 1980), aber auch als ästhetisches, kulturelles und metaphorisches Objekt. Die zweite Vorannahme besteht darin, daß technische Objekte keinesfalls notwendigerweise so und nicht anders, aus autonomen technischen Bedingungen in den Alltag gelangen. Trotz aller genau eingebauter und eingeschriebener Handlungsanweisungen, deren Befolgung gerade für den Laien die optimale Funktionsnutzung verspricht, bietet auch und gerade die Alltagstechnik oft erhebliche Spielräume der Nutzung, aufgegriffen von dem einen, schlecht eingesetzt von dem anderen, ignoriert vom dritten, immer auf dem Hintergrund bestimmter Nutzenerwartungen, beeinflußt durch Wertung und Symbolik, eingebettet in gesellschaftliche und kulturelle Strukturen.

Diese Überlegungen sollen keinesfalls zu einem beschönigenden Relativismus verführen, der die Anpassungszwänge und Folgeketten übersieht, die eine fortschreitende Technisierung im Alltag hervorruft – so als ob Technik im alltäglichen Handeln je nach sozialer und kultureller Situation stets beliebig interpretierbar und einsetzbar wäre. Aber sie sollen auch zeigen, wie unfruchtbar all die technikdeterministischen Vereinfachungen sind, nach denen sich die Technik früher oder später in *alle* Lebensbereiche ausbreitet und diese unentrinnbar mit ihren Prinzipien und Zwängen durchsetzt. Denn bedeutet die alltägliche Technisierung wirklich die Auflösung des Alltäglichen?

Eine kluge Soziologie trifft hier keine Vorentscheidungen für oder gegen etwas, was in der mehrschichtigen sozialen Realität gleichzeitig existiert: technikbedingte Handlungszwänge *und* Eigensinn im alltäglichen Umgang mit Technik. Auch wenn die Widerständigkeiten so viel schwerer aufzufinden sind als technische Überformungs- und Verödungserscheinungen. Meist sind die Alltagssiege viel weniger spektakulär als die Niederlagen, doch hat dies häufiger mehr mit der Perspektive des Beobachters zu tun, für den die Technisierung des Alltags und die Durchsetzung der großen »Logik« viel »sichtbarer« ist als das Auftreten von Resistenzen oder gar einer Veralltäglichung von Technik.

2. Wider den Mythos der getrennten Welten

Warum sind Technik und Alltag so schwer aufeinander zu beziehen? Warum argumentieren wir bei dieser Frage so eindimensional und einäugig, wo es doch um wechselseitige Verknüpfungen und mehrschichtige Kombinationen geht? Eine zentrale Antwort darauf ist für mich, daß es gar nicht so sehr die undurchsichtige Komplexität der untersuchten sozialen Realität ist, die sich sperrt, sondern viel mehr und viel wichtiger die Existenz »zweier Soziologien«, die uns so zu schaffen macht.

Auf der einen Seite stehen die *Arbeits-, Industrie-, Berufs- und Organisationssoziologien*, die sich vornehmlich den Auswirkungen zunehmender Technisierung und entsprechender Organisierung auf die Beschäftigten und deren Arbeit widmen. Auf der *anderen* Seite läßt sich eine Reihe von *Soziologien des Alltagslebens* (wie Familien-, Freizeit-, Sport-, Kommunikations- und Kultursoziologie) auffinden, die sich mit ganz bestimmten, gewissermaßen »weichen«, im Vergleich nicht so fest organisierten und formalisierten Aspekten der Gesellschaft beschäftigen. Wirkliche Beziehungen zwischen den beiden Typen von Soziologie existieren schwach bis gar nicht. Werden Verbindungslinien bemerkt, dann werden sie meist als einseitiger *Übergriff*, selbstverständlich von der »harten« auf die »weiche« Welt gefaßt, in der letzterer lediglich die Rolle einer (schrumpfenden) Residualgröße zugeteilt wird. Hängt dies alles tatsächlich damit zusammen, daß der eine Bereich »hart« und der andere »weich« ist? Sitzt die Soziologie nicht einem Schein auf? Folgt sie nicht blind einer gesellschaftlichen Norm bzw. Ideologie, die beiden »Welten« möglichst auseinanderzuhalten (vgl. Hörning 1983 a)?

In der Soziologie besteht eine lange Tradition, zwei Typen von Sozialorganisationen zu unterscheiden: Wirtschaftsbetrieb und politische Bürokratie auf der einen und die »Primärgruppen«, vor allem die Familie, auf der anderen Seite. Im Banne der Gesellschaft-Gemeinschaft-Dichotomie wurden die beiden Arten sozialer Organisation meist als sich gegenseitig ausschließend und in Konflikt zueinander stehend gesehen: zwei getrennte Welten mit eigenen Funktionen, Territorien und Verhaltensregeln, nach eigenen Gesetzen funktionierend und deshalb auch unabhängig voneinander analysierbar. Die Soziologie hatte ja voll das Modell der »Industriegesellschaft« übernommen, deren Entwicklung als funktionale Spezialisierung und Ausdifferenzierung von Familie, Schule, Betrieb, Verwaltung, Wissenschaft und dergleichen gefaßt wurde, über deren jeweils *separate* Analyse sich die rasch wachsende Zahl von Soziologen nach dem Zweiten Weltkrieg hermachte. Dabei lag die Betonung weithin auf Struktur statt auf Prozeß, auf dem Muster interner Rollen- und Positionsverteilung. Die Rollentheorie kam dabei dem Bestreben der Soziologen sehr entgegen, ihre Felder erst einmal als Spezialdisziplinen zu etablieren und die Existenz und Autonomie des eigenen Untersuchungsgegenstands zu betonen. So konnte für jeden Bereich ein dominantes Muster an Rollenerwartungen ausgemacht werden. Vor allem Talcott Parsons popularisierte die Begriffe »instrumentell« und »expressiv« (vgl. zum Beispiel Parsons 1951, S. 45-67), um etwa die unterschiedlichen Rollenorientierungen außerhalb und innerhalb der Familie zu charakterisieren, was im Gefolge dann dazu führte, daß die Geschlechter auf diese beiden Orientierungspole aufgeteilt wurden. Rollenkonflikte zwischen Familien- und Arbeitsrollen brechen etwa dann auf, wenn die Frau in der instrumentellen Welt (des Mannes) Arbeit sucht und so »Orientierungsprobleme« entstehen.

Diese soziologischen Vereinfachungen haben natürlich ihren historisch-ideologischen Gegenpart in der sich wandelnden Realität der Industriegesellschaft. Dabei ist es ein leichtes, uns über diese Naivitäten unserer Lehrer zu wundern. Aber »Mythen« sind keine Lügen. Sie sind etwas, was viele gern glauben möchten. Und je mehr sich die Industriebetriebe und Bürokratien in der Gesellschaft ausbreiteten, desto mehr wurde die Familie als privater Rückzugsort ideologisiert. Je schneller die Industrialisierung historisch voranschritt, desto mehr fand die Ideologie der Familie als Hort des Privaten und Schild gegen die Zweckrationalität ihre Anhänger. Auf dieser Folie eines stilisierten Reservats von gemeinschaftlicher Emotion und Interaktion sind viele der Gefährdungs- und Verlustthesen zu sehen, deren Sorge dem einseitigen *Übergreifen* technischer Rationalität in den Alltag – einen bisher weitgehend von dieser Rationalität »verschonten« Raum – gelten. So als gäbe es keine lange anonyme Geschichte der Alltagstechnisierung, so als gäbe es vor allem keine lange Geschichte der Frauenarbeit: »zum einen als Haushalts- und Familienarbeit, zum anderen als haushaltsintegrierte Erwerbsarbeit und schließlich als entlohnte Werkstatt- und Fabrikarbeit« (Hausen 1978, S. 169). Zwar wurde die Hausarbeit unter ökonomisch-technischen aber auch politischen Einflüssen vielen Veränderungen und Redefinitionen unterworfen (vgl. z. B. Schwartz-Cowan 1983), doch macht die neuere Frauenforschung deutlich, daß die Zwei-Welten-Lehre eher einer zölibatären Theologie als einer aufgeklärt-kritischen Soziologie zugehört. So viele Frauen überschreiten die Grenze täglich; für sie gilt weder Trennung noch kompensatorisches Auffangen der betrieblichen Wirkungen zu Hause.

Doch hatte die Ideologisierung der Privatsphäre ihren historischen Gegenpart. So forcierten die Betriebe und Verwaltungen vehement die Trennung zwischen drinnen und draußen und stilisierten deshalb die besonders zweckrationale Natur ihrer Operationen. Geht man davon aus, daß jeder Betrieb vor allem mit drei Problemen zu tun hat, mit dem *Markt*, mit der *Hierarchie* und mit der *Loyalität* der Beschäftigten (vgl. Ouchi 1980), dann ist es ihm besonders wichtig, den Einfluß des »Clans« (das heißt der außerbetrieblichen sozialen Netze und deren Einflüsse und Loyalitätsansprüche) auf den Betrieb einzudämmen und die Beschäftigten auf die Betriebsziele hin zu motivieren und zu verpflichten (vgl. zum Beispiel Hörning/Bücker-Gärtner 1982, S. 51-66). Nun zeigt die neuere Sozialgeschichte, daß sich viele Großbetriebe bis in die ersten Jahrzehnte des 20. Jahrhunderts voll auf die Familie, Verwandtschaft und ethnische Gruppe (zur Rekrutierung, Arbeitseinweisung, Arbeitskontrolle und dergleichen) stützten und diese inkorporierten (vgl. Hareven 1981). Erst die Einführung der »Wissenschaftlichen Betriebsführung« brachte den Kampf gegen den »Nepotismus«, um damit die Macht der Manager gegen die

Kontrolle des »Clans« zu stärken. Doch ist es dieser »Wissenschaftlichen Betriebsführung« trotz aller Erfolge nie gelungen, ihre Lehren in dieser Hinsicht wirklich durchzusetzen. Auch zeigen neuere Befunde, daß sich etwa das tayloristische Prinzip wegen der Gegenwehr der betroffenen Beschäftigten, der Gewerkschaftspolitik, institutioneller Schutzvorkehrungen und sozialpolitischer Regulierungen nie voll durchsetzen konnte (vgl. etwa Littler/Salaman 1982).

Die industriesoziologische Forschung der letzten Jahre hat deutlich gemacht, an welche Fülle sozialer, politischer und gesellschaftlicher Voraussetzungen der Einsatz und die Konsequenzen betrieblicher Technisierung gebunden sind und daß sich die reine ökonomisch-technische Rationalität (die ja selbst ein Konstrukt ist) nie »rein« realisieren läßt. Die detaillierte Untersuchung der Technisierung von Fabriken, Büros und Verwaltungen demonstriert, daß sich weder die »Logik« der Technik noch die des Kapitals so eindimensional, eindeutig und dominant durchsetzen können, wie uns Ingenieure bzw. Polit-Ökonomen immer wieder glauben machen wollen. Die Folgerung hieraus kann nur lauten, daß eben in den Betrieben nicht nur technisch-ökonomische, sondern auch politisch-soziale Rationalitäten am Werke sind, deren »Vernunft« auch Platz beansprucht. Das soziale Leben im Betrieb, die Herrschaftsstruktur der Arbeitsorganisation, die Arbeitsmärkte und die direkte betriebliche Umwelt sind so sehr Teil der gesellschaftlich-institutionellen Ordnung, daß alle »Logiken« eben nur abstrakte Prinzipien sind, die durchzusetzen weder möglich noch häufig beabsichtigt oder opportun ist.

Eher dem Mythos der getrennten Welten ist die Annahme zuzurechnen, daß Fabriken, Büros und Verwaltungen aseptische Räume seien, in denen die pure Funktion ihr abstraktes Wesen treibt. So wünschen es sich immer noch einige Rationalisierungsexperten, doch daraus wird wohl nichts mehr. Auch nicht – ja, gerade nicht – unter den Bedingungen des inzwischen in der Arbeitswelt weit vorangetriebenen Computereinsatzes. Es zeigt sich nämlich, daß dieser keineswegs durchgängig die befürchteten Folgen hat.[7] Die »Subsumtion« findet offensichtlich (wieder) nicht statt. Die computerisierte Arbeit bringt Requalifizierungen mit sich, die die weitverbreiteten »neotayloristischen« Kontroll- und Deprivationsthesen nicht vorhersahen; nicht von ungefähr befinden diese sich in kräftiger Revision oder im Verschwinden.

Während also das »Imperialisierungstheorem«[8] in der industrie-soziologischen Forschung der letzten Jahre deutlich an Einfluß verloren hat, gilt dies keineswegs für die neuere techniksoziologische Diskussion. Hier treibt der Mythos der getrennten Welten mit seinen *Übergriffsthesen* weiterhin seine kräftigen Blüten: *Technisierung* als »kolonisierende Landnahme« mit »zersetzender Wirkung«, als Herrschafts-, Verarmungs- und Enteignungsprozeß, ja sogar als Prozeß des »Maschinenwerdens« des Menschen (vgl. Bammé u. a. 1983). Hier trifft sich die neuere Herrschaftskritik mit der älteren Zivilisationskritik, die das »Dominantwerden technischer Kategorien in der Lebenswelt« (Freyer 1960) durch eine technologische Rationalität befürchtete, die alle Lebensbereiche erfaßt und nach ihrer »Logik« transformiert (Ellul 1964). Und der Computer heizt die Spekulationen und Besorgnisse an, auch was die Auswirkungen auf den Alltag angeht. Übergriffe überall! Der Alltag wird dann durch den Einsatz der neuen Telekommunikationsmittel und elektronischen Geräte nicht nur einer weiteren Algorithmisierung unterworfen, sondern der private Gebrauch neuer Techniken bewirke auch die »Industrialisierung des Privaten«: »Was die Technik als Arbeitsmaschine in der Produktion bewirkt, vermag sie zunehmend gleichbedeutend als Disziplinierungsmaschinerie in der Reproduktion« (Hochgerner 1986, S. 101).

Solche *Übergriffsthesen* vernachlässigen sträflich die empirisch offene Frage nach dem Zusammenhang zwischen dem in den technischen Geräten eingebauten Zwang zu regel- und rechenhaftem Verhalten und dem – lediglich technisch mitgestalteten, aber auch geregelten – sozialen Handeln. Keinesfalls ist aus der Rationalisierung industrieller Arbeit ein simpler Analogieschluß möglich. Denn dabei wird übersehen, daß wir es im Falle betrieblicher Rationalisierung nicht mit einem bloßen Technisierungs-, sondern auch mit einem Organisierungsprozeß zu tun haben. Technik erzwingt nicht *eine* spezifische Form ihres Einsatzes und ihrer organisatorisch-betrieblichen Verankerung. Immer wieder hat in neuerer Zeit die industriesoziologische Forschung organisatorische Spielräume beim Einsatz von Technik aufgezeigt. Erst in Form von »Organisationstechnik« wird Technik selbst ein Organisationsphänomen, das zunehmend zur innerorganisatorischen Kontrolle und Vernetzung von Arbeitsplatzsituationen und Betriebsstrukturen eingesetzt wird (vgl. etwa Altmann u. a. 1986).

Übergriffsthesen übersehen völlig, daß der Alltag dieser organisatorischen Gestaltungsmacht entbehrt. Eine Organisierung etwa des Haushalts nach den Kriterien technisch-ökonomischer Effizienz geschweige denn »systemischer Rationalität« ist bisher nicht zu entdecken und auch bei fortschreitender Technisierung der Haushalte nicht zu erwarten. Trotz wachsender Kapitalausstattung und steigendem Mechanisierungsgrad der Haushalte, trotz erhöhter technisch-wirtschaftlicher Qualifikationsanforderungen an die Konsumenten (vgl. Joerges 1981 a) stellt sich die Frage einer »Industrialisierung der Haushalte« nicht. Derartige Übergriffsthesen übersehen bei ihrer Suche nach »gleichen Gestalten« völlig die situativen Handlungszusammenhänge und Sinnzuschreibungen, in die die Technik bei ihrer alltäglichen Nutzung ihren Eingang findet. Alltag ist nicht nur eine schrumpfende Restgröße in einem Kolonisierungsprozeß. Dagegen ist große Skepsis angebracht. Der Fehlschluß wird zum Kurzschluß und zu einem Mittel der Selbsteinschüchterung, woraus dann nur noch Resignation oder Fatalismus folgen kann.

3. Techniksoziologie auf neuem Wege

Wie entkommen wir der Eindimensionalität der gängigen Techniksoziologie, die uns nun bis in den Alltag hinein verfolgt? Kein Zweifel, in der Art und Weise des Umgangs mit Technik werden auch unsere Alltagsverhältnisse mitgestaltet. Doch die bisher zu dieser Frage in Gang gekommene Diskussion wird immer noch viel zu sehr von einem engen technisch-ökonomischen Rationalisierungsbegriff getragen, der die sozialen und kulturellen Momente des Technisierungsprozesses nicht systematisch genug berücksichtigt. Im folgenden will ich deshalb einen Wechsel der Sichtweise hin zu einer *Kulturperspektive* vornehmen und entfalten (für eine kurze Programmatik in dieser Richtung vgl. Hörning 1987). Dieser Wechsel soll uns helfen, den allseits lauernden rationalistischen Vereinfachungen zu entgehen. Denn eine »Soziologie der Alltagstechnik« hat eine doppelte Aufgabe. Einmal muß sie die ohne Zweifel rasch sich vollziehende Technisierung des Alltags nachzeichnen, in deren Verlauf sich technisch-ökonomische Zweckrationalitäten in die Alltagshandlungen der Menschen »hineinfressen« bzw. »einschleichen« und Handlungsanpassungen erzwingen. Auf der anderen Seite soll sie auch nach der Alltagsresistenz in der Aufnahme von und im Umgang mit Technik im Alltag fragen.

Die *Kulturperspektive* betont, daß Technik zum einen zwar in den Alltag eindringt, der ihr – unterkomplex, wie er derartigen Rationalisierungsprozessen gegenüber ist – nicht allzuviel entgegenzusetzen hat. Zum anderen insistiert sie aber darauf, daß der Alltag auch überkomplex, partiell nicht formalisierbar ist. Trotz aller genau eingebauten und eingeschriebenen Handlungsanweisungen bietet auch Technik im Alltag oft erhebliche Spielräume der Nutzung und Innovationspotentiale. Hierzu betont sie den Eigensinn, der aus technikdeterministischer Sicht so unterschätzt wird. Ihr Interesse gilt der Frage, wie unterschiedliche Gruppen, Generationen, Kulturen mit Technikangeboten umgehen; in welchen Alltagsbereichen auf welche Technikaspekte hin eigen- bzw. mehrsinniges Handeln produziert wird; welche Umgangsstile existieren und welche Technik-Ideologien und -Mythen dabei von Einfluß sind. Eine raffinierte Techniksoziologie muß aber auch nach der Wechselwirkung zwischen Anpassung und Eigensinn fragen, und dies nach verschiedenen Techniken, sozialen Gruppen und Handlungssituationen.

Wie kann nun eine solche Aufgabe angegangen werden? Im folgenden versuche ich einen Weg aufzuzeigen, der die rationalistischen Fallen zu umgehen versucht. Hierzu gilt es als erstes, die vorherrschende Konzeption gesellschaftlicher Rationalisierung zu überwinden, die wesentlich die kulturelle Dimension von Rationalisierung und Technisierung übersieht. Diese vorherrschende Sichtweise hat natürlich ihre soziologische Tradition hinter sich. So legt etwa Webers These von der »Rationalisierung der Welt« diese Perspektive nahe. Doch kann man sich dabei keinesfalls auf den ganzen Max Weber berufen, schon gar nicht auf den älteren. Denn in seinem späteren Werk finden sich eindeutige Korrekturen der deterministischen, ja apokalyptischen Formulierungen seiner Rationalisierungsthese (»Die Geschichte des Okzidents als eines irreversiblen Prozesses der fortschreitenden Entzauberung, in dem sich das Prinzip der Rationalität – trotz vieler Brüche und Ungleichzeitigkeiten – mit innerer Notwendigkeit als weltbeherrschendes Prinzip durchsetzt«). Eine allein hierauf aufbauende Weber-Interpretation verabsolutiert jedoch seine universalistische Position und bedarf unbedingt der Revision (vgl.

Mommsen 1985). Denn spätestens in der »Zwischenbetrachtung« findet sich Webers konsequente Unterscheidung zwischen »formaler« und »materialer« (Wert-) Rationalität, nach der die letztere – die Rationalisierung der Lebensführung nach Lebensidealen – in der Regel »im Konflikt«, ja in scharfem Gegensatz zur ersteren zu stehen pflegt (Weber 1972, S. 544). Weber sieht also *nicht nur* den »Rationalismus der okzidentalen Kultur«, wie er im »Gehäuse der Hörigkeit« kulminiert. Unter »Rationalismus« kann »höchst Verschiedenes verstanden werden«: Es gibt Rationalisierungen »auf den verschiedenen Lebensgebieten in höchst verschiedener Art in allen Kulturkreisen«; entscheidend ist, »*welche* Sphären und in welcher Richtung sie rationalisiert« werden. Es existiert nicht nur die »formale« Rationalität, sondern es gibt mehrere Arten von Rationalisierung der unterschiedlichen Handlungsbereiche. Man kann jedes dieser Gebiete (Wirtschaft, Wissenschaft, Technik, Recht, Erziehung, Kunst, Religion usw.) »unter höchst verschiedenen letzten Gesichtspunkten und Zielrichtungen ›rationalisieren‹« (Weber 1972, S. 11 f.). Mit diesen »letzten Gesichtspunkten« meint Weber zum einen spezifische kulturelle Wertmuster, die sich historisch variabel innerhalb der einzelnen Lebenssphären herausbilden und an denen sich »wertrationales Handeln« orientiert. Zum anderen aber bezieht sich Weber bei den letzten Gesichtspunkten, unter denen das Leben rationalisiert werden kann, nicht nur auf die Rationalität von Handlungsorientierungen. Vielmehr verweist er an einigen Stellen auch auf jene abstrakten Ideen oder Prinzipien (wie Wahrheit, Erfolg, normative Richtigkeit, Schönheit und dergleichen), die für die Eigengesetzlichkeit einer Wertsphäre als solche verantwortlich sind.[9]

Für Weber sind diese kulturellen Wertsphären bedeutsam, weil sie die Ausdifferenzierung gesellschaftlicher Teilsysteme oder Handlungsbereiche steuern. Aus der *kulturellen Modernisierung* gehen die für die modernen Gesellschaften typischen Bewußtseinsstrukturen hervor. Resultat des historischen Entzauberungsprozesses ist eine wechselseitige Verselbständigung, nicht die rationalistische Einförmigkeit. Trotz kapitalistischer und bürokratischer Rationalisierung besteht das Spezielle der Moderne gerade in der Möglichkeit, Wahrheits- und Gerechtigkeitsfragen, aber auch solche des ästhetischen Geschmacks und der sozialen Zusammengehörigkeit jeweils eigenständig zu beantworten.

Die Geschichte der Rationalisierung stellt sich hiernach ganz anders dar als bei den Vertretern der Imperialismusthese, bei denen alles auf die Durchsetzung der einen formal-technischen Rationalität hinausläuft. Aus dieser Sicht stellt sich die Geschichte der Rationalisierung als Aufspaltung in getrennte Wissens- und Erfahrungsbereiche dar. Eine Vereinigung des Zerspaltenen ist dabei überhaupt nicht in Sicht. Die eine große »Logik« existiert schon lange nicht mehr, nach der die Soziologen in immer neuen Gestalten (sei es Kapital, Technik, Algorithmus usw.) suchen, um die zerrissene Welt zu »ordnen«.

Neben dem strukturell-gesellschaftlichen Aspekt umfaßt Modernisierung auch eine kulturell-symbolische Dimension. Gesellschaftsstruktur und Kultur müssen keinesfalls isomorph sein oder werden. Wir müssen uns – auch und gerade als Techniksoziologen – auf *Kultur* einlassen; aber nicht nur als Residualkategorie oder Randbedingung, nach der wir immer dann greifen, wenn wir sonst nicht mehr weiter wissen. Werner Sombart war schon 1910/11 sehr entschieden der Meinung[10], daß es keine Technik gebe, »die außerhalb eines *Kulturzustandes* zu denken wäre, weder in ihrem Dasein noch viel weniger in ihren Wirkungen«. Weder könne man sich Technik nur sich selbst bestimmend vorstellen, noch hätten häufig die »Wirkungen der Maschine, die so oft zum Gegenstand der Erörterung gemacht« würden, etwas mit den »reinen« Wirkungen der Technik zu tun. In vielen Fällen wirke zudem die Technik »gleichsam durch die Kraft ihrer *Idee*. Wenn beispielsweise wie in unserer Zeit die technischen Errungenschaften mit besonderem Nimbus umkleidet werden, wenn die Jugend sich den literarischen Idealen ab-, den technologischen Problemen zuwendet, wenn Fortschritt mit technischem Fortschritt, Kultur mit technischer Kultur gleichgesetzt wird« (Sombart 1911, S. 316, 323, 327).

Damit umschreibt Sombart wesentliche Aspekte eines Kulturblicks auf Technik. Technik spielt in dieser Hinsicht in der modernen Gesellschaft eine große Rolle: Technische Geräte und Aggregate sind grundsätzlich auch »Kulturobjekte«; sie »sind nicht nur wichtig, weil sie das soziale Leben beeinflussen, sondern auch weil sie einen wesentlichen Bestandteil kultureller Phänomene in ihrem eigenen Recht darstellen« (Merill 1968, S. 582). Damit sind sie auch Träger für kollektive Wertvorstellungen, wirken selbst an kulturspezifischen Stilprägungen mit und befördern Weltbilder. Sie sind aber auch offen für neue Zwecksetzungen, liefern Optionen, können unterschiedlichen »Herren« (Absichten, Gebrauchserwartungen) dienen. Keinesfalls alles, was mit Hervorbringung, Verbreitung und Gebrauch von Technik zu tun hat, kann auf technisch-funktionale Nutzenerwartungen zurückgeführt werden. Gefallen am Material oder Design, Lust an Bewegung und Geschwindigkeit, Neugierde, Suche nach sozialer Anerkennung, aber auch Unsicherheit, Mißfallen und Überdruß – all diese Freuden und Leiden sind mit der Alltagstechnik verbunden. Gleichermaßen sind sie Elemente der technischen Kultur der Moderne und werden von ihr normiert und sanktioniert. Diese enthält und reproduziert ständig neue Werte und Ideale technischer und ästhetischer Perfektion, die dem technisch-methodischen Streben einen Wert an sich, Nutzen und Profit übersteigend, zuschreiben und sie legitimieren (zur Perfektion als »Trophäe des Fortschritts« vgl. etwa Haselberg 1962, S. 76-78).

Wir müssen also auch die *Bedeutungen* analysieren, die die Technik für den einzelnen und die Gesellschaft hat. Leichter gesagt als getan! Ich schlage vor, uns hierfür die Hilfe der neueren Ethnologie zu holen, vor allem wie sie uns nach einem Paradigmawechsel als »Symbolische« oder »Semantische Anthropologie« gegenübertritt. Diese befaßt sich sowohl mit der Produktion von Bedeutung als einer spezifisch menschlichen Eigenschaft als auch der Kontinuierung von Kultur durch Bedeutung. Für Clifford Geertz, einen ihrer Hauptvertreter, ist *Kultur* ein Komplex von Bedeutungen und Vorstellungen, die in symbolischer Form zutage treten. »Ich meine mit Max Weber, daß der Mensch ein Wesen ist, das in selbstgesponnene Bedeutungsgewebe verstrickt ist, wobei ich Kultur als dieses Gewebe ansehe« (Geertz 1983, S. 9). Im Zentrum dieser Kulturauffassung stehen gemeinsame Symbole, das heißt »ineinandergreifende Systeme auslegbarer Zeichen«; »durch Kulturmuster, geordnete Mengen sinnhafter Symbole, verleiht der Mensch den Ereignissen, die er durchlebt, einen Sinn« (Geertz 1983, S. 21, 136). Die Untersuchung von Kultur – eben die Gesamtheit solcher Muster – ist nun für Geertz die Erforschung jener Bedeutungssysteme, wie sie sich in Symbolen materialisieren. Deren bedienen sich die Individuen und Gruppen, um sich in einer schwer verständlichen Welt zu orientieren. Dabei insistiert Geertz auf dem öffentlichen Charakter solcher Zeichensysteme: Nichts Privates, das in den Köpfen der

Menschen verborgen ist, sondern kulturelle Formen, die im sozialen Handeln der Menschen ihren Ausdruck finden.[11] Vor allem in der Öffentlichkeit des Alltagslebens erschließen sich hiernach die symbolischen Formen – etwa im Gebrauch von Artefakten – und somit die Bedeutungswelt der handelnden Individuen. Symbolische Formen geben somit nicht allein über sich selbst Aufschluß, sondern weisen auf grundlegendere kulturelle Bedeutungen hin. Doch sind die »Bedeutungen, die die Symbole – die gegenständlichen Vehikel des Denkens – verkörpern ... oft schwer faßbar, vage, unbeständig und verworren« (Geertz 1983, S. 136). Hier sieht Geertz selbst die großen Gefahren (eines Subjektivismus oder eines Mystizismus) und empfiehlt deshalb, sich gut gegliederter Symbolsysteme, wie Wissenschaft, Ethik, Ideologie, Recht, Kunst, Verwandtschaft, Religion und auch der Technik zu widmen – jedoch nicht ihrer »inneren Logik«, sondern ihrem Gebrauch im Ablauf des sozialen Handelns, bei dem Versuch der »Menschen, Dingen einen verständlichen, bedeutungsvollen Rahmen zu geben« (Geertz 1983, S. 43).

Eine *Kulturperspektive* erhält durch diesen Ansatz den zentralen Auftrag – auch in einem so »materialistischen« Feld wie der Technik –, deren symbolischen Formen nachzugehen, um so die Bedeutungen herauszufinden, die Menschen an die Dinge herantragen und diese an sie. Nun verfügt die Soziologie jedoch über keine sehr entwickelte Tradition der Symbolanalyse bzw. einer Theorie der Symbolisierung. Gerade Webers Theorie sozialen Handelns fehlt der systematische Blick auf die verschiedenen Formen der Objektivierung von Sinnzusammenhängen, von denen die Symbolisierung eine hervorstechende ist (vgl. Weiß 1975, S. 163 f.). Außerhalb interaktionistischer und phänomenologischer Theorierichtungen[12] spielt das *Symbol* in der Soziologie keine prominente Rolle. In den meisten Fällen (besonders im Rahmen utilitaristischer und materialistischer Richtungen) stellen Symbole lediglich offene oder verdeckte Indikatoren der wahren Macht der Verhältnisse dar. »Symbolisch« ist hiernach eine Handlung, die nicht der Wirklichkeit entspricht. Doch die Kulturperspektive nennt dies einen Kurzschluß. Symbol ist nicht nur der Schaum auf den Wogen der Ereignisse. Kultur ist nicht nur eine Rahmenbedingung, die von der materiellen Praxis schnell eingeholt und aufgelöst wird. Zu häufig ergibt sich gerade die historische Wirksamkeit von Gegenständen und Ereignissen aus ihren kulturellen Wertigkeiten und Bewertungen: Ihm (dem Handelnden) ist etwas sowohl bedeutungsvoll als auch wichtig! »Symbol« kann also nicht als bloßes Epiphänomen, als bloße Illusion oder als bloße Ideologie gesehen werden – auch nicht als bloßes »Täuschungsinstrument«, um mit seiner Hilfe zu beeindrucken bzw. von den eigentlichen Absichten abzulenken. Es kann auch nicht ausschließlich als Mittel zur Legitimation von Absichten und Handlungen gesehen werden (»Rechtfertigungssymbol«). Vor allem sollte es nicht nur als *Statussymbol* verstanden werden, was Soziologen so gern tun. Sicherlich ist die status- bzw. prestigeindizierende Rolle von Dingen innerhalb einer sozialen Hierarchie ein wichtiger gesellschaftlicher Sachverhalt. Und doch ist es ziemlich ungenügend, bei Symbol nur an die Statusfunktion zu denken: Menschliches Handeln mit Dingen ist viel komplexer *und* flexibler. Denn Symbole verweisen nicht nur *auf*, sind nicht nur Ausdruck *von*, sondern üben selbst (häufig in Zusammenhang mit sozialen Ritualen und »Dramatisierungen«) strukturierende Kraft in alltäglichen, in politischen, in betrieblichen und anderen Bereichen aus. Symbole durchdringen diese Bereiche in subtiler und oft diffuser Weise.

Wir müssen also die Bedeutungen analysieren, die sich in Symbolen ausdrücken. Dabei dürfen wir aber die Symbole nicht mit den materiellen Artefakten selbst verwechseln. Gegenstände sind selbst keine Symbole, auch wenn sie häufig als solche fungieren. Materielle Artefakte sind somit auch Träger symbolischer Kultur. Damit sind sie Träger bzw. Ausdrucksmittel einer Vorstellung, wobei diese Vorstellung es ist, die die *Bedeutung* eines Symbols ausmacht.[13] Symbole bzw. Symbolkomplexe sind Informationsquellen, die »in jenem intersubjektiven Bereich allgemeiner Verständigung angesiedelt sind, in den alle Menschen hineingeboren werden, in dem sie ihre getrennten Lebenswege verfolgen und der auch nach ihrem Tod ohne sie weiterbesteht« (Geertz 1983, S. 51). Träger solcher codierter Informationen können neben der Sprache sämtliche nichtverbalen Elemente einer Kultur wie Maschinen, Möbel, Städte, Bekleidung und dergleichen sein. Die »intersubjektive Festlegung symbolischer Bedeutungen (kann) zu einer außerordentlichen Vielfalt gesellschaftlich-geschichtlicher Formen führen« (Schütz/Luckmann 1984, S. 199). Dieses Kultur- und Symbolverständnis richtet sich *einmal* gegen einen kommunikationstheoretischen Monismus (à la Habermas), der Kultur mehr oder weniger mit Sprache gleichsetzt. In den modernen Gesellschaften ist gerade die technische Sachwelt symbolisch hochgeladen und verliert durch fortschreitende Versprachlichungsprozesse keinesfalls ihre Bedeutungs- und Handlungsrelevanz. Kommunikation muß nicht notwendigerweise und vollständig über Sprache erfolgen. Die Verwendung von Sprache allein sichert keinesfalls intersubjektiv verständliches (sinnhaftes) Handeln. Gleichermaßen ist die Fähigkeit bedeutsam, nichtsprachliche Symbole zu verstehen und sie zu handhaben.

Andererseits richtet sich die obige Sichtweise gegen ein Konzept der »symbolischen Interaktion«, das diesen Symbolaspekt verabsolutiert. Sicherlich ist der soziale Alltag der Menschen symbolisch »getränkt«. Aber keinesfalls läßt sich die gesamte alltägliche Wirklichkeit durch die ausschließliche Verwendung von Symbolen gestalten. Die Objektwelt bedarf zu ihrer Einwirkung und Veränderung empirisch-kausalen Handelns. Nicht die Trennung, sondern die Beziehung, die Aus- und Entdifferenzierung zwischen Objektwelt und symbolisch verschlüsselter Vorstellungs- und Bedeutungswelt ist hier von Interesse. Beide müssen wechselseitig aufeinander bezogen werden.

Smybole sind nicht einfach Ergebnis von Eigenschaften, die den Objekten eigen sind, sondern bringen etwas zusätzliches hinzu. Für Geertz können Symbole bzw. Symbolsysteme nicht nur Modelle von, sondern auch Modelle für Wirklichkeit sein. In der ersten Bedeutung geben sie wieder, was ist, »repräsentieren« sie die Realität mehr oder weniger angemessen. In der zweiten Bedeutung deuten sie an, was sein könnte. Solche Symbolmuster enthalten also einen doppelten Aspekt, »indem sie sich auf (die) Wirklichkeit ausrichten und zugleich die Wirklichkeit auf sich ausrichten« (Geertz 1983, S. 53). Im Alltag ist es meist nicht leicht, in den eingesetzten Objekten zu erkennen, inwieweit die mit ihnen verbundene Symbolik die bestehende Realität einfach wiedergibt oder in welchem Umfang sie eine bisher nicht bestehende Eigenschaft antizipiert oder sogar zu deren Entstehung beiträgt. Symbole »drücken das jeweilige Leben aus und prägen es zugleich«. Sie prägen es, weil sie beim einzelnen »bestimmte charakteristische Dispositionen« (Neigungen, Fähigkeiten, Kenntnisse, Gewohnheiten und dergleichen) wecken können, die unter bestimmten Bedingungen bestimmte Erfahrungen, Auffassungen oder Handlungen eintreten lassen (Geertz 1983, S. 55, 93).

Trotz dieser vorsichtigen Formulierungen ist die Betonung einer »Transfigurationsfunktion« von Symbolen nicht vor idealistischen Verstrickungen gefeit. Aber Kultur ist nicht selbständig. Sie ist auch keinesfalls (à la Parsons) eine Art Zentralprogramm, das soziales Handeln steuert. Die Gefahr, daß die Analyse der Kultur die Verbindung zu den Realitäten von Politik, Ökonomie und sozialer Ungleichheit verliert, ist groß. Andererseits können Kultur und ihre Symbolik auch nicht ausschließlich als raffinierter Code zur Aufrechterhaltung gesellschaftlicher Herrschafts- bzw. Klassenstrukturen gesehen werden – auch wenn es Bourdieu und seinen Mitarbeitern seit vielen Jahren eindrücklich gelingt, aus zahlreichen Bereichen der kulturellen Praxis und der symbolischen Gebilde empirische Befunde zu liefern, die die These von der kulturellen Reproduktion gesellschaftlicher Verhältnisse zu belegen scheinen. Sicherlich zeigen diese Daten, daß sich bestimmte kulturelle Praktiken keinesfalls so zweckenthoben entfalten, wie bestimmte Ideologien behaupten, daß dabei vielmehr spezifische Codes eine große Rolle spielen, »da die kulturellen Güter als symbolische Güter nur von denen als solche erfaßt und besessen werden können ... die den Code besitzen, der es ermöglicht, sie zu entziffern« (Bourdieu 1976, S. 223). Aber ob diese Fähigkeiten und Dispositionen (»Habitus«) für die Entschlüsselung der symbolischen Kultur in so vielen Bereichen (vom Konzert- und Filmbesuch, der Zeitschriftenlektüre und dem Fernsehkonsum, dem Kleiderstil, der Fotografie bis hin zu den Eßgewohnheiten) Elemente eines »kulturellen Kapitals« sind, das – wie Bourdieu schließt – klassenspezifisch verteilt und durch klassenspezifische Bildungsinstitutionen transferiert wird, ist bei ihm schon mehr ein »logisches« als ein empirisches Problem. Dies aber alles als Ausdruck eines einzigen großen gesellschaftlichen Reproduktionsprozesses zu sehen – »braucht man nur die Gesetze der kulturellen Übermittlung spielen zu lassen, damit das kulturelle Kapital zum kulturellen Kapital wandert und somit die Struktur der Verteilung des kulturellen Kapitals unter den sozialen Klassen reproduziert wird« (Bourdieu 1976, S. 223) –, ist Ausdruck funktionalistischen Übermuts. Daß überdies alle – aufgrund der differierenden kulturellen Kapitalien entwickelten bzw. angeeigneten – unterschiedlichen Geschmacksstile und Lebensgewohnheiten der sozialen Gruppierungen (Klassen) nichts anders darstellen sollen als die jeweils zum Habitus erstarrten

Strategien eines gesellschaftlichen Konkurrenzkampfes, in dem die Gruppen durch kulturelle Abgrenzung (»distinction«) ihre gesellschaftliche Position zu verbessern oder zu halten suchen (Bourdieu 1982), dies kann nur aufgrund extrem utilitaristischer Annahmen behauptet werden (vgl. zur Kritik unter anderem Honneth 1984). Dieser Versuch, auch im vielfältigsten »Überbau« der modernen Kultur- und Konsumgesellschaft die große Reproduktionslogik aufzudecken, erbringt zwar oft im Detail interessante Zusammenhänge, doch wird dieses mono-logische Programm der möglichen Plurivalenz der kulturellen Symbolik keinesfalls gerecht.

Kultur als manipulierter Code zur Durchsetzung von Klasseninteressen kann nicht die einzige Antwort sein, auch wenn »sie« zweifelsohne diesen Funktionen dient. Doch gerade für die Frage nach der aktiven symbolischen Durchdringung der Alltagswelt durch den einzelnen ist eine solche eindimensionale Codelogik nicht angebracht. Wie so häufig sollten wir uns auch hier vor einseitigen Determinationen hüten. Mehrere Vergesellschaftungsprozesse, politischer, sozialer, kultureller Art sind innerhalb einer Gesellschaft als gleichzeitig wirksam zu denken – nicht nur in- und übereinandergeschoben, sondern auch durcheinanderlaufend, nicht zur Deckung gebracht. Diese Differenz und Heterogenität ist das kultursoziologische Thema seit Simmel und Weber. Kultur ist plurivalent, Symbole sind meist mehrsinnig, die kulturelle Praxis ist zu fließend, als daß die »Kulturerscheinungen« nur getreue Widerspiegelungen gesellschaftlicher Sozialstrukturen sein könnten.

4. Die Handlungsorientierungen der Techniknutzer

Was »sagen« uns, bedeuten uns nun die technischen Artefakte und Aggregate im Alltag? Welche Bedeutungen weisen wir ihnen als Teil unserer alltäglichen Umgebung zu? Ohne Zweifel knüpfen wir an die alltägliche Verwendung von Technik auch Gebrauchserwartungen, die die rein technisch-funktionale Textur weit übersteigen: häufig nicht unbeabsichtigt von Konstrukteuren und Designern der Produkte – vielfach aber auch für diese überraschend und auf diese zurückwirkend. Auch wenn der handlungsnormierende und -fixierende Charakter von Alltagstechnik überhaupt nicht unterschätzt werden soll, so kann diese doch bei ihrer Aneignung im Alltag nie vor sozialen und kulturellen Differenzierungen »sicher« sein. Gewiß ist sie primär durch ihre instrumentell-funktionalen Gebrauchsattribute gekennzeichnet. Dies steht außer Zweifel – allein schon aus der »Definitionsmacht« der auf Effizienz und Funktionstüchtigkeit ausgerichteten technischen Artefakte. Und doch weiß jeder auch von anderen, viel lust- bzw. leidvolleren oder mehr symbolisch verschlüsselten Bedeutungen von Technik zu berichten.

Wie können wir nun diesen unterschiedlichen Bedeutungen und Gebrauchserwartungen, die mit der Techniknutzung verbunden sind, soziologisch gerecht werden? Grundlegend gehe ich erst einmal davon aus, daß die technischen Objekte Teil einer alltäglichen Umwelt sind bzw. werden können, die für den einzelnen handlungsrelevant und beeinflußbar ist. Ausgangspunkt der folgenden Analyse sind die *Handlungsorientierungen* des einzelnen gegenüber seiner sozialen, materiellen und symbolischen Umwelt. Handeln im Alltag kann man nicht auf eine einzige Handlungsrationalität, vor allem nicht die zweckrationale zurückführen. Soziales Handeln ist immer auch kultur- bzw. symbolbezogen (wie auch die Kultur- bzw. Symbolmuster handlungsbezogen sind). In den Handlungsorientierungen aktualisiert sich nun diese Kulturbezogenheit. Nur wenige technische Geräte oder Aggregate treten ohne symbolische Anteile in den Alltag. Um die »Handlungsmotive« für die Aufnahme und Nutzung von Technik aufzufinden, reicht die »Logik« instrumentell-strategischen Handelns auf keinen Fall aus. Sie wird den Wechselwirkungen zwischen den Individuen und zwischen diesen und ihren Objekten und Symbolen nicht gerecht. Die alltägliche Umwelt ist vor allem funktional nicht so spezifisch geordnet, als daß die einzelnen Objekte nicht mehrere Handlungsorientierungen auf sich lenken können. Technische Artefakte dienen nicht nur unterschiedlichen Handlungszielen, ihnen können den Handlungszusammenhängen entsprechend auch unterschiedliche Bedeutungen zugewiesen werden.

Dabei lassen sich im Hinblick auf die alltagstechnische Umwelt des einzelnen analytisch vier *Typen von Handlungsorientierungen* unterscheiden:

a) Kontrollorientierung,
b) ästhetisch-expressive Orientierung,

c) kognitive Orientierung,
d) kommunikative Orientierung.

Je nach Handlungssituation, in die Objekte aus der alltäglichen Lebensumwelt aufgenommen werden bzw. eindringen, treten bestimmte Aspekte der Handlungsobjekte besonders hervor und werden andere vernachlässigt. Bestimmte Objekte erlauben nur wenig Deutungsspielraum, weil ihr funktionaler Bezug eindeutig und begrenzt ist. Andere sind schon mit einer dezidierten symbolischen Botschaft versehen und lassen eine nur geringe Umdeutung durch den Benutzer zu. Andere wiederum sind mit oder ohne Absicht von Konstrukteuren und Designern funktional relativ diffus gehalten und erlauben vieldeutige Aneignungen. Doch alles lassen sich die Objekte keinesfalls »gefallen«; bestimmte Handlungsvorgaben sind doch oft recht eindeutig.

a) Die *Kontrollorientierung* des Handelnden richtet sich darauf, mittels zielgerichteten Umgangs mit Alltagstechnik bestimmte Umweltaspekte zu kontrollieren. Technische Objekte dienen erst einmal dazu, bestimmte Ziele besser, einfacher, angenehmer, schneller, sicherer, vorhersehbarer... zu erreichen. Die instrumentellen Eigenschaften von Objekten und Aggregaten erlauben, gezielt bestimmte Wirkungen zu erreichen, bestimmte Kausalprozesse auszulösen. Der Apparat erweitert die Möglichkeiten des Subjekts, nicht allein aufgrund seiner praktischen Nützlichkeit, sondern vor allem auch aufgrund seiner Eigenschaften, »unangenehme« Effekte abwehren zu können. Wobei sich das »Unangenehme« auf einen je spezifischen Bedarf von Menschen nach *Sicherheit* und *Kontinuität* bezieht.

Von Bedeutung ist hierbei aber nicht nur der Gebrauch der Objekte, sondern auch das Verfügungsrecht (»die an Rechtsform gebundene Macht«), das Gerät zu gebrauchen. Beide enthalten wesentliche Elemente von *Kontrolle*. Bin ich der einzige, der das Objekt gebraucht, übe ich entscheidende Kontrolle darüber aus; habe ich zudem das Recht, den Gebrauch zu kontrollieren, so übe ich noch mehr Kontrolle aus, nicht nur über das Objekt, sondern auch über andere Objekte und Personen. Dies zeigt die institutionelle Eingebundenheit dieser Beziehungen und Orientierungen, die nicht unabhängig von bestimmten Besitz-, Verfügungs- und Kontrolltiteln sind.

Die Interaktion mit der Umwelt hat eine Reihe von institutionellen Voraussetzungen; sind diese gegeben, besteht der instrumentelle Einsatz von technischen Objekten in der Möglichkeit, bestimmte Ziele zu erreichen, bestimmte Handlungen zu vollziehen, bestimmte Möglichkeiten auszuschöpfen, aber auch bestimmte Signale zu setzen, bestimmte Abgrenzungen zu markieren, bestimmte Auswirkungen abzuwehren. Besitz erhöht diese Möglichkeiten: Die eigene Waschmaschine erlaubt, die Wäsche zu waschen, wann, so häufig (auch zwischendurch und sonntags) und wie ich will, was nicht nur die Handlungsoptionen erhöht, sondern auch die Kontrolle durch andere erheblich verringert. Und mein Auto erlaubt mir, mit hoher Dispositionsfreiheit dann zu bestimmten Orten zielgerichtet aufzubrechen, wann immer ich will bzw. kann. Es dient immer noch weithin als schnellstes bzw. einfachstes Beförderungsmittel zur Arbeitsstätte, dabei aber auch als Vehikel für den Rückzug in die »Privatheit« (allen öffentlichen Verkehrsmitteln zum Trotz), ja zum Schutz gegen die »soziale Invasion«, Raum und Zeit abgrenzend (vgl. auch Kob 1966). Jeder ist sein kleiner Quasi-Unternehmer, der Abfahrts- und Ankunftszeit, Fahrgäste, Fahrtroute und Geschwindigkeit bestimmt, angebunden »lediglich« an das Verkehrssystem mit seinen eminenten Restriktionen, Unsicherheiten, Belastungen und Risiken.

Die hier angesprochene Dimension eines technischen Objektes bezieht sich also auf dessen Eigenschaft, unter bestimmten Voraussetzungen bestimmte Wirkungen in der Umwelt der Person herbeizuführen und hierdurch bestimmte Alltagsaspekte zu kontrollieren. Andererseits können mit Hilfe technischer Objekte auch unangenehme Effekte abgewehrt werden, etwa die Kausalität anderer Objekte nicht mehr erdulden zu müssen, bestimmte Unwägbarkeiten und Diskontinuitäten zu verringern, Routinen und Habitualisierungen zu erreichen und dergleichen. Wobei es häufig gar nicht um die tatsächlich auszuübende Kontrolle oder Abwehr negativer Einflüsse geht (der »Tücke des Objekts« nicht mehr ausgeliefert zu sein), sondern lediglich um die *Möglichkeit*, bestimmte oder noch nicht genau festliegende Ziele bzw. Wirkungen zu erreichen bzw. abzuwenden. Die Bedeutung eines Objekts liegt häufig schon allein darin, die Möglichkeit zu haben, auf es zurückzugreifen und mit seiner Hilfe Kontrolle auszuüben, Risiken und Unsicherheiten zu reduzieren, was andere Faktoren wie Geld, institutioneller Zugang und Normierung sowie die notwendige Kompetenz zu dessen Gebrauch ins Licht rückt.

Dieser Verweis läßt den sozialen und symbolischen Charakter von Objekten, auch in ihrem instrumentellen Einsatz, aufscheinen. Denn Güter und technische Alltagsobjekte benötigen nicht nur zu ihrer Bewertung mehr oder weniger sozial abgesicherte Bewertungsstandards, sondern Artefakte werden ja selbst als Signale und Machtmittel in einer komplexen Welt eingesetzt. Da sozialer Status oft Ausdruck von politischer oder ökonomischer Macht ist, können technische Objekte als Statussymbole auch in einer mehr oder weniger genauen Weise die Macht der Eigner zur Kontrolle anderer signalisieren. Diese *Kontrollmacht* kann in der organisatorischen Position oder allgemeiner in hierarchischen Bedeutungskontexten verankert sein, in denen Statusträger Aufmerksamkeit, Zeit, Loyalität, Abhängigkeit und dergleichen anderen abverlangen können. Da in hochtechnisierten Konsumgesellschaften ein schneller Verschleiß nicht nur der funktionalen, sondern auch der symbolischen Qualitäten stattfindet, verlieren technische Objekte in dieser Hinsicht oft schnell ihre Signalkraft.

b) *Die ästhetisch-expressive Handlungsorientierung* von Personen bezieht sich auf die Eigenschaften von technischen Objekten, durch ihren Besitz und Gebrauch emotionale und ästhetische Freude und Wohlgefallen bzw. deren Gegenteil zu bewirken. Expressive und ästhetische Aspekte können sehr eng miteinander verbunden sein, wobei sich der zunehmende Verlust direkter Erfahrung in einer umfangreichen Ästhetisierung auswirken kann. Dabei hilft die »Ästhetik des Neuen« ungemein, indem sie die ästhetische Freiheit zum Inhalt eines Rituals macht, das den fortschrittlichen Stand der Technik zelebriert. Technische Formen und Stile gewinnen in diesem Zusammenhang ihre eigenständige ästhetische Bedeutung, die keinesfalls direkt mit dem Funktions- und Warencharakter der Dinge in Zusammenhang zu bringen ist. Voraussetzung dazu ist, daß die Alltagsumwelt nicht nur strategisch gesehen, sondern auch expressiv erlebt wird, mit Handlungssituationen, in denen die Gestaltung der Umwelt mittels technischer Objekte nicht nur Mittel, sondern selbst Ziel sozialer Handlungen ist.

Die Freude, ein Ding zu sehen, zu erwerben, selbst zu besitzen, kompetent zu nutzen, verweist auf eine mehr oder weniger zweckfreie affektive Beziehung, die Wohlgefallen, Freude, Stolz, Zufriedenheit einschließt. Jedoch sind diese expressiven Momente der Wertschätzung nicht unabhängig von den geltenden Wertmustern und von ästhetischen Beurteilungsstandards technischer Stile und Formen. Diese affektive Beziehung zu Dingen ist auch nicht unverbunden mit der individuellen Kompetenz, die Objekte beurteilen zu können, mit ihnen richtig umzugehen und auf sie angemessen reagieren zu können. Diese und andere Verweise zeigen die *Bedeutungsketten*, die von bestimmten Objekten angestoßen werden. Dies gilt um so mehr im Bereich der technischen Artefakte, deren Form und Funktion so besonders von menschlicher Intentionalität geprägt ist. Ausgewählte Dinge, die ständig mit uns sind oder die wir ständig benutzen, schaffen Permanenz und Struktur oder signalisieren sie zumindest. Damit können Dinge zum Ausdruck des eigenen Selbst werden. Vor allem können sie über die damit eingeschlossenen Ästhetisierungs- und Projektionsprozesse zum Ausdruck, zum Gegenstück des eigenen Ich, ja zum »Quasi-Subjekt« werden. Indem Dinge mit einer bestimmten Qualität des Selbst verknüpft werden, ist es dann aber häufig nicht mehr möglich zu unterscheiden, ob das Ding einfach ein gegebenes Merkmal wiedergibt oder einen noch nicht existierenden individuellen Zug antizipiert und damit zu dessen Entstehung erst beiträgt. Ein eigenes Motorrad oder Auto zu fahren, läßt den Jugendlichen die »große Freiheit« spüren; in späteren Altersphasen müssen dazu immer stärkere Maschinen in immer raffinierteren Autos eingesetzt werden, um die Macht zu spüren, um zu demonstrieren, daß man lebt, daß man gilt, daß man einen Unterschied in der Welt macht. Auch »Computer-Freaks« spüren die »große Macht«. Doch nicht alles ist Illusion und Kompensation. Jeder Mensch benutzt symbolische Objekte, um Möglichkeiten seiner selbst, und seien sie noch so schwach erahnt oder entwickelt, um diese als Modelle für erstrebte Zustände einzusetzen.

c) Die *kognitive Orientierung* des einzelnen, gerichtet auf Wissen und Mehrung von *Kompetenz* im und durch den Umgang und Gebrauch von technischen Geräten, ist mit der voran diskutierten Haltung eng verwandt. Der einzelne sucht Einsicht in die Funktionalität und Mannigfaltigkeit der technischen Phänomene und Ereignisse. Er sucht Fertigkeit im Umgang mit der materiellen Welt und ihren Geräten und Maschinen, was wiederum mit Definition und Förderung der persönlichen und sozialen Identität zusammenhängt. Jedoch nicht nur das Selbstbild des Individuums, sondern auch Wissen und Qualifikation, mit der technischen Umwelt »intelligent« zu verkehren, ist hier im Spiel. Technik gibt die Möglichkeit, Effizienz, interne Kontrolle und vor allem kompetente Beantwortung zu erleben bzw. zu erbringen. Berichte über Computer-Fans geben hier viele treffende Beispiele (vgl. insbesondere Turkle 1984). Besessenheit, Machtvorstellungen und Freude am spielerischen, ja »ironischen« Umgang mit Technik können hier eng miteinander verbunden sein.

Während Radio, Fernsehen, Video und ähnliches Informationen und Unterhaltung auf einfachen Knopfdruck bereitstellen, rückt der Computer im Alltag die Frage nach Fertigkeit und Motivation in den Vordergrund, nach Informationen zu suchen, die Programme zu nutzen oder gar selbst auszubauen. Die private Nutzung des Computers ist darüber hinaus ein besonders gutes, das neueste Beispiel für den gesellschaftlichen Druck, »rational« zu sein oder zu erscheinen, für die Norm, mit Technik »intelligent« umgehen zu müssen. Der Computer fungiert damit mit vielen anderen alltagstechnischen Geräten als Symbol der Teilnahme des einzelnen an einer hochtechnisierten Gesellschaft. Diese gesellschaftlichen Rationalisierungsstandards werden in immer neuen Formen in den Handlungsorientierungen immer neuer Generationen aktualisiert.

d) Die *kommunikative Handlungsorientierung* des einzelnen ist auf Teilnahme in sozialen Interaktionszusammenhängen gerichtet.[14] Hierbei spielen auch Objekte eine wichtige Rolle. Um an solchen Kommunikationssystemen teilzunehmen und in diese integriert zu werden, bedarf es auch bestimmter »richtiger« Objekte und vor allem des »richtigen« Umgangs mit diesen. Auch in modernen Gesellschaften können wir davon ausgehen, daß die Begegnung mit Objekten üblicherweise in einem kulturellen Kontext von Bewertung und Bedeutung geschieht, der die Interpretation der Objekte erleichtert. Hierbei wird deutlich, daß der Umgang mit Objekten Sozialisationsprozesse voraussetzt und zur Folge hat, um ein Ding richtig zu handhaben. Der Umgang mit technischen Objekten bestätigt entweder ein vorhandenes Wert- und Einstellungsmuster, oder er strukturiert neue Orientierungen, was vor allem im Falle von »Statuspassagen« von großer Bedeutung sein kann, wie ja insgesamt die Bedeutung technischer Objekte in unterschiedlichen *Lebensphasen* variiert.

Aneignung und kompetenter Gebrauch technischer Objekte ist

ein lebenslanger Prozeß. Da sich die technischen Grundlagen rapide wandeln, verändern sich auch ständig die Formen und Inhalte der Artefakte. Damit sind aber nicht nur kontinuierlich neueste technische Informationen zu sammeln, spezialisierte Informationssysteme zu konsultieren, nicht nur professionelle Hinweise einzuholen, sondern es ändern sich auch ständig die Symbole, die Zeichen, die Marken. Ständig sind neue Bewertungen fällig. Der einzelne benötigt also für den Kauf, Einsatz und Gebrauch der technischen Objekte Hilfe durch andere. Artefakte werden wertvoll mit Hilfe der Bewertung anderer. *Markierung*, Klassifizierung und Geschmacksbildung bedürfen der Unterstützung anderer. Je mehr andere gleicher Bewertung folgen, um so sicherer kann ich sein, daß ich »richtig liege«, im »sozialen Universum« nicht marginalisiert werde. Im System der sozialen Differenzierung und Diskriminierung sind also viele Objekte involviert. Viel Energie wird in allen (nicht nur in den modernen, kommerzialisierten, technisierten) Gesellschaften auf das Lernen, Klassifizieren und den Austausch von »Marken« (vgl. Douglas 1982) verwandt. Mit förderlicher, aber auch diskriminierender Wirkung. Diejenigen, die nicht genügend an diesen Transaktionen teilnehmen können oder wollen, sind Außenseiter. Sie sind der Anspielungen, Witze, Erinnerungen und sonstiger »Schlüssel« nicht mächtig, nehmen also in vielen Kommunikationssystemen nicht teil, die sich nicht nur um technische Objekte drehen. Oft sind es Objekte und ihre gute Kenntnis, die erlauben ein soziales Kommunikationsnetz zu betreten, die »Botschaft« aufzufangen und an ihm teilzunehmen.

Blickt man zurück auf diese vier typisierten Handlungsorientierungen, wird deutlich, daß je nach Komplexität der technischen Objekte und Sachverhalte stets mehrere Orientierungen gleichzeitig am Werke sind; diese sind vielfältig verschränkt. Auch wird klar, daß wir auf keinen Fall diese Handlungsorientierungen bestimmten gesellschaftlichen Handlungs- bzw. Funktionsbereichen direkt und fest zuordnen können. Zwar stehen die Handlungsorientierungen mit diesen in Verbindung und werden aus diesen sowohl in materieller als auch symbolischer Hinsicht »gespeist«. Die betreffenden handlungsrelevanten Objekte werden zwar innerhalb der ausdifferenzierten Funktionsbereiche produziert und erhalten dort auch weithin die »richtigen« Handlungsbezüge und Bedeutungen »eingebaut«. Im Alltag finden aber nun eigenständige Verknüpfungen von Handlungsorientierungen und Objekten und eigensinnige Verzahnungen von Symbolen und Bedeutungen statt. Inwieweit sich die so im Alltag gewonnene zusätzliche Qualität zu einem »sinnvoll« verbundenen Ensemble von Objekten und Symbolverbindungen zusammenfügt, ist eine offene empirische Frage. Generell kann man aber sicher sagen, daß sich im Alltag eigene Konsistenzstrukturen und -vorstellungen entwickeln.

5. Stilisierung und Traditionalisierung von Technik

Bei der Suche nach allgemeinen Handlungsorientierungen dürfen wir nicht vergessen, daß der einzelne die Feinregulierungen vorzunehmen hat. Im Gegensatz zu rationalistischen Vorstellungen kann man aus dem Blickwinkel der Alltagswelt zeigen, daß hochkomplexe Gesellschaften keineswegs auf die Individualität ihrer Mitglieder verzichten. Individualität sucht sich jedoch nicht nur in eigenwilliger Selbstdarstellung auszudrücken, sondern vor allem auch in der Wahl und Verdeutlichung (gruppenspezifischer) *Lebensstile*, deren Symbolik sozial Auskunft über Welt- und Selbstvorstellungen gibt. Auf den Verlust traditioneller Orientierungsschemata reagiert der einzelne mit zunehmender Stilisierung seiner Lebensführung, wobei an sich die »Stilisierung des Lebens« (Weber) kein neues Phänomen darstellt; eher ist es die kulturelle Verallgemeinerung dieses Objektivierungsprozesses. Solche Lebensstile nehmen in unterschiedlichen Mischungen an den gesellschaftlich ausdifferenzierten Funktionsbereichen teil und werden von ihnen in unterschiedlicher Betonung geprägt. Aus diesem Grunde sollte die Kategorie des »Lebensstils« aus ihrer Rolle einer abhängigen Variablen, eines symbolischen Appendix der ökonomischen und beruflichen Determinationen gelöst werden.[15] Die Gestaltung des Lebens auf Funktions- und Arbeitsrollenanforderungen zu reduzieren und hieraus zu rekonstruieren, verkürzt die individuelle Rolle der Gesellschaftsmitglieder, die doch stets erneut ihre Handlungskoordinierungen im sozialen Alltag herstellen müssen.
Lebensstil ist dann erst einmal ein *Suchkonzept*, um diese aktive, aber zugleich sozial und kulturell vermittelte und vermittelnde

»Lebensorganisation« zu erfassen. Dies läßt sich gut an drei *analytischen* Typen alltäglicher Lebensführung exemplifizieren, die sich nach den dominanten Grundhaltungen der techniknutzenden Individuen – nämlich Autonomiestreben, Traditionalismus und Passivität – unterscheiden (vgl. zu diesbezüglichen Szenarien: Scardigli u. a. 1982).

Im *ersten Fall* werden die neuen Techniken von Gruppen gutausgebildeter und -verdienender Individuen, tätig vornehmlich im Dienstleistungsbereich, nachgefragt, die begierig sind, die durch die neuen Techniken angebotenen Optionen voll zu nutzen. Technikgebrauch ist für sie eine wichtige Möglichkeit, selbständig mit der Welt, mit anderen und mit sich selbst in Beziehung zu treten. Elektronische Geräte werden eingesetzt, um Haushaltspflichten zu reduzieren, Informationen zu sammeln, zu konservieren und abzurufen, Geldgeschäfte, Korrespondenz und Bestellungen auch außerhalb der jeweiligen Öffnungszeiten zu erledigen, Telefondienste zu nutzen und dergleichen. All dies ermöglicht Zeitersparnis, Reduzierung der alltäglichen Versorgungsprobleme und vermehrt die Möglichkeiten, Freizeit, Kindererziehung, soziale Kontakte, Persönlichkeitsarbeit usw. auszuweiten. Das gruppentypische Interesse an neuen technikbedingten Zwecksetzungen basiert auf der Suche nach autonomen Lebensformen, die auch über die Teilnahme an der neuen technischen Kultur ihren Ausdruck finden.

Im *zweiten Fall* trifft die neue Technik auf Haushalte, in denen Frauen die doppelte Belastung von Erwerbsarbeit und Hausarbeit bewältigen und dabei dennoch die traditionellen Normen richtiger Haushaltsführung und Familienzuwendung erfüllen wollen (bzw. müssen), wobei zusätzlich noch die Reinlichkeits- und Hygienenormen mächtig gestiegen sind. Die in der Literatur immer wieder betonte Stabilisierung oder sogar Verstärkung der traditionellen geschlechtsspezifischen Arbeitsteilung im Haushalt trotz bzw. wegen der neuen Haushaltstechnik (vgl. Thrall 1982; Bose u. a. 1984) findet hier ihre Erklärung. In diesem Falle wird versucht, mit Hilfe zeit- und energiesparender Technik die »Gefahren« aufzufangen, die von anderen Veränderungen (hier: Berufstätigkeit der Frau) auf die bestehenden traditionellen Familienstrukturen ausgehen. Die Technik wird hier für – wenn man so will – *konservative* Ziele eingesetzt. Die Mechanisierung der Hausarbeit wird nicht von der Reorganisation des Haushalts begleitet. Im Haushalt werden nicht nur materielle, sondern vor allem auch emotionale und symbolische Güter und Dienstleistungen produziert. Gerade unter dem Aspekt der historischen Aufwertung des privaten Heims als Hort des Wohlbehagens und familiärer Intimität sowie der gestiegenen Anforderungen an die Kultivierung des gewachsenen Lebensstandards und die Kindererziehung wird diese symbolische Dimension des Haushalts besonders manifest. Die gruppentypische Rezeptivität für neue Haushaltstechnik gründet sich auf dem Bestreben, hochbewertete gemeinschaftliche Lebensformen trotz veränderter Außenbedingungen zu erhalten bzw. zu reaktivieren.

Im *dritten Fall* trifft die Technik auf eine gruppentypische Lebensführung, die durch relativ hohe Machtlosigkeit und Passivität gekennzeichnet ist. Die Technik wirkt weder befreiend noch erhaltend, ganz im Gegenteil, sie verstärkt Tendenzen der Isolation und Abhängigkeit. In diesem Fall setzt der Alltag der Technik nicht allzuviel Eigenes entgegen, ihr Einsatz wird nicht kontrolliert, man akzeptiert sie mehr oder weniger hilflos. Die privatisierenden Wirkungen der Urbanisierung, die dequalifizierenden Wirkungen repetitiver Teilarbeit und die standardisierenden Folgen des Massenkonsums werden von der neuen Technik verstärkt – Kochen, Spielen, Lernen, Kommunizieren finden noch weniger statt. In diesem Fall basiert die Akzeptanz neuer Technik auf einem Typ sozialer Lebensführung, der passiver Teil einer expandierenden Konsumgesellschaft ist, von der er immer mehr überformt zu werden droht.

Technik nivelliert also keineswegs, macht nicht alle Dinge gleich, fördert eher neue oder befestigt bestehende Unterschiede. Im Alltag finden typische Verknüpfungen von Objekten und handlungsorientierenden Stilsetzungen statt. Handeln kann man nicht auf eine einzige Rationalität zurückführen. Technik wird eingesetzt zur Erreichung unterschiedlicher Zielsetzungen, wird eingesetzt mit unterschiedlichen Sinnzuschreibungen und findet ihren Einsatz unter unterschiedlichen Anwendungsbedingungen. Dabei muß man deutlich sehen, daß sich sowohl die tatsächliche Nutzung der technischen Geräte als auch die Erwartungen, die der Nutzung zugrundeliegen, einem ständigen Veränderungsprozeß im Zeitablauf unterliegen.

Doch das technikbezogene Handeln wird nicht nur durch bestimmte handlungsorientierende Stilsetzungen mitgeformt, Techniken werden nicht nur in vorhandene Lebensweisen aufgenommen und von deren jeweiligen Rationalitäten strukturiert. Die den Lebensstilen zugrundeliegenden Haltungen beeinflussen nicht nur die unterschiedlichen Nutzungsarten von Technik. Lebensstile als Ausdruck bestimmter Lebensweisen strukturieren nicht nur, sie sind selbst *strukturiertes Produkt* – sie bestimmen nicht nur die Techniknutzung mit, sie werden selbst durch diese mitbedingt.

Wie können technische Geräte durch ihre Nutzung bestimmte Lebensformen mitprägen? »Jedes Individuum, mag es das wissen oder nicht, wollen oder nicht, ist Produzent und Reproduzent objektiven Sinns« (Bourdieu 1979, S. 178). Wie kann sich Technik so unmerklich in unser Handeln einschleichen? Wir können mindestens zwei Antworten darauf finden. Die eine betrifft die lange *»anonyme Geschichte«* der Technisierung des Alltags, die andere das Phänomen der *»sekundären Traditionalisierung«*. Zur *ersten*: Sigfried Giedion hat in seiner Geschichte der Mechanisierung auf das Paradox aufmerksam gemacht, daß es gerade die banalen alltäglichen Gebrauchsgegenstände sind, die das Alltagsleben nach der Produktionsgeschichte formen, indem sie den Menschen unbemerkte, aber bestimmte Vorschläge zu ihrem Gebrauch machen. »In ihrer Gesamtheit haben die bescheidenen Dinge... unsere Lebenshaltung bis in ihre Wurzeln erschüttert« (Giedion 1982, S. 20). Technik ist keine bloß äußerliche fremde Kraft. Sie steckt weithin bereits »in uns«, als Wahrnehmungs- und Erfahrungsgeschichte seit der Kindheit. Jeder einzelne eignet sich zwar je individuell aus seinen sozialen Zusammenhängen heraus die alltäglichen Dinge und Techniken an, dies jedoch auf der historischen Bewegungslinie seiner Zeit und Vorzeit.

Wir haben es in diesen Fällen mit langfristigen, sehr indirekten Auswirkungen von Technik zu tun, die kollektive Wahrnehmungen, Haltungen und Deutungsmuster affizieren und mitformen. Nehmen wir die Routinisierung der Bewegungen, die Tendenzen zur Gewohnheitsbildung, worauf Arnold Gehlen neben seiner These der Entlastung der Menschen durch die Technik besonders verwies (Gehlen 1957, S. 19). Nehmen wir die veränderte Bedienung technischer Geräte: »Die Gegenstände werden immer differenzierter, unsere Gesten dagegen immer einfacher« (Baudrillard 1974, S. 74). Doch nicht nur durch den Gebrauch von Dingen verändern sich »die Gebärden und die Rituale des Alltags«, viele

Techniken implizieren eine Veränderung des Maßstabs von Raum und Zeit und prägen die Struktur von Wahrnehmung und Erfahrung mit. Dies gilt etwa für die durchgehende Verbreitung des Telefons. Obgleich ein simples physisches Objekt, »insistiert es« auf Erreichbarkeit, »fordert es« Kommunikation mit anderen ein, »ruft es« Antworten ab, was (trotz aller möglicher Vermeidungsprozeduren) eine eminente Veränderung nicht nur räumlicher, sondern auch sozialer und sogar hierarchischer Distanzen mit sich bringt (vgl. Ball 1968). Dies galt schon für die Erfindung des Buchdrucks; mit ihm war Eindimensionalität, Kontinuität und Linearität impliziert, »mitgemeint«, während die elektronischen Medien nach McLuhan (1968) vor allem »Zeiten und Orte nivellieren«.

Ähnlich verhält es sich mit der raschen Erhöhung der *Geschwindigkeit* durch Fahrstuhl, Bahn, Auto und Flugzeug. Schon die Eisenbahn förderte die Austauschbarkeit der Plätze«: »Von nun an sind die Orte nicht mehr räumlich individuell und autonom, sondern Momente des Verkehrs, der sie erschließt« (Schivelbusch 1979, S. 173 f.). Doch erst das Auto suggeriert die Vorstellung des »Herrseins über Raum und Zeit«, nicht nur ungebunden zu jeder Stunde an jeden Ort fahren zu können, sondern auch mit selbstgewählter Geschwindigkeit. Aber das Auto reagiert nicht nur (auf die leichte Bewegung der Fußspitze), es legt auch bestimmte Geschwindigkeiten nahe, fordert durch seine technische und symbolische Ausstattung auf zu einem bestimmten Fahrverhalten. Darüber hinaus trägt die Massenverbreitung des Autos bei zur Normierung eines autozentrierten Raum-Zeit-Verhältnisses, dem man sich nur schwer entziehen kann. Doch die rasche Erhöhung der Geschwindigkeit läßt nicht nur Raum und Zeit »fressen«, sondern verändert auch Wahrnehmungen, worüber Virilio so trefflich spekuliert: Geschwindigkeit als »schwindelerregende Form des Verschwindens«; es verschwinden die Besonderheiten der Welt und das Bewußtsein von ihnen (Virilio 1978; 1986).

Derartige soziale und kulturelle Implikationen der Technikverbreitung werden vielfältig konstatiert. Sie mögen bis zur Herausforderung etablierter Deutungsmuster und Weltbilder reichen. Letzteres scheint zunehmend der »Intelligenz« des Computers zu gelingen. Sherry Turkles Interviewaufzeichnungen manifestieren des Computers Rolle als »evokatives Objekt«, als Ausdrucksmittel von Gefühlen und als Spiegel des Denkens. Sie zeigen, wie der

Computer mit unterschiedlichen Bedeutungen aufgeladen wird, eine neue Sprache und Metaphorik mit sich bringt und einen »veränderten Weltbezug« impliziert. Die Menschen bedrängt die Frage, was der Computer noch alles kann. Wird die Linie zwischen Subjekt und »intelligentem Artefakt« als immer dünner wahrgenommen, dann können längerfristig Redefinitionen der menschlichen Identität herausgefordert werden (Turkle 1984, S. 385).

Technik vermag offensichtlich dem einzelnen bestimmte Auffassungen von Raum, Zeit, Maß und Kausalität nahezubringen bzw. Redefinitionen zu provozieren. Doch wäre es falsch, diesen Einfluß zu verabsolutieren[16], auch was die Wirkungen angeht. Denn aus intensiver Techniknutzung können auch ganz andere Wirkungen resultieren, die durch einen Prozeß herbeigeführt werden, den man als *sekundäre Traditionalisierung* von Technik im Alltag bezeichnen kann: Durch bestimmte Traditionalisierungswirkungen werden voraussetzungsvolle Rationalitätsstrukturen *entproblematisiert*. Dahinter steht ein sehr alltäglicher Sachverhalt: Die Technik, die unseren Groß- und Urgroßeltern noch eminent voraussetzungsvoll und problematisch erschien (zum Beispiel Eisenbahn, Radio), ist uns Enkeln so selbstverständlich geworden, daß wir schwerlich in ihrer Nutzung »Rationalitätsübergriffe« sehen. Die Technik, deren Einführung in unseren Elternhäusern stattfand (Auto, Fernsehen, Tiefkühltruhe), ist uns weithin so geläufig, daß ihre Nutzung inzwischen problemlos verläuft; eher schwanken wir in der Einschätzung bestimmter sozialer Folgen der Nutzung. Erst über die neue Technik unserer Zeit, etwa den Computer, erhitzen wir uns.

Das Vertrauen in die Technik wächst mit ihrem Alter. Nicht aber weil wir die ältere Technik besser verstehen als die neue. Wir haben uns an sie gewöhnt, wir nehmen sie hin, wir sind mit ihr einverstanden. Aber »Einverständnis« und »Verständnis« ist nicht das gleiche. Das Einverständnis mit dieser Technik, der selbstverständliche Umgang ruht – so können wir mit Max Weber sagen – auf einem Rationalitätsglauben, nicht auf der wirklichen Kenntnis der technischen Grundausstattung, seiner Konstruktionsregeln und dergleichen. Wer Lift, Fahrrad, Rasenmäher, Waschmaschine benutzt, muß von der Technik nichts wissen – auch das Fahren des Autos erforderte im Zeitverlauf immer weniger Kenntnis der technischen Grundlagen. *Allgemein* bedeutet deshalb die Rationalisierung durch Technik und Wissenschaft »*nicht* eine zunehmende allgemeine Kenntnis der Lebensbedingungen, unter denen man steht«, sondern sie bedeutet ganz im Gegenteil »ein im Ganzen immer weiteres Distanzieren der durch die rationalen Techniken und Ordnungen praktisch Betroffenen von deren rationalen Basis« (Weber 1968, S. 473). Für Weber ruht die »empirische ›Geltung‹ *gerade* einer ›rationalen‹ Ordnung« nicht auf der durchgängigen Rationalisierung des Alltags, sondern auf dem Gegenteil: der »Geltung im Sinne von Einverständnis«. Was dem modernen Menschen seine »spezifisch ›rationale‹ Note« gäbe, sei »der generell eingelebte *Glaube* daran, daß die Bedingungen seines Alltagslebens, heißen sie nun: Trambahn oder Lift oder Geld oder Gericht oder Militär oder Medizin *prinzipiell* rationalen Wesens, d. h. der rationalen Kenntnis, Schaffung und Kontrolle zugängliche menschliche Artefakte seien« (Weber 1968, S. 473). Je mehr dies der Fall ist, je länger das »Gewohnte, Eingelebte, Anerzogene, immer sich Wiederholende« diesen Rationalisierungsglauben stützt, desto höher sei die Zuversicht des einzelnen darauf, daß er – im Prinzip wenigstens – »sein eigenes Handeln an eindeutigen, durch sie [die Artefakte] geschaffenen Erwartungen orientieren könne« (Weber 1968, S. 473 f.). Es genügt dem einzelnen, daß er auf das Verhalten des technischen Artefakts »rechnen« kann (Weber 1968, S. 593); *dann* orientiert er sein Handeln daran.

Legen wir dieses Erklärungsmuster zugrunde, dann wird uns deutlich, daß ein wesentlicher Teil der Alltagsrationalisierung nicht zu einer durchgängigen Formalisierung und Technisierung unseres Denkens und Handelns führt, sondern daß vielmehr ehedem voraussetzungsvolle Techniken sich für den einzelnen dadurch entproblematisieren, daß sie zum Traditionsbestand seines alltäglichen Handelns werden. Was die »alte« Technik trägt und bestärkt, ist der Glaube an die technische Zuverlässigkeit. Hierüber wirkt Technik; hierüber ist sie Teil einer »Kultur der technischen Rationalität«. Dies ist nicht die Kultur einer durch und durch rationalisierten, ja durchindustrialisierten Gesellschaft, in der Alltag zunehmend der Fabrik gleicht, sondern ein Kulturmuster (neben anderen), in dem Technik einen mächtigen Code darstellt, der die Vorstellungs- und Bewertungsmuster des modernen Menschen formt, feiert und legitimiert (vgl. Hörning 1985 b, S. 194).

6. Die kulturelle Codierung von Technik

Die voranstehenden Aussagen zeigen, daß es nicht genügt, die Erwartungen und Umgangsformen der techniknutzenden »Alltagsmenschen« zu analysieren. Handlungsgestaltung und Bedeutungszuschreibung sind kein einfacher Ausfluß individueller Orientierung und gruppentypischer Stilbildung. Die Fragen reichen nicht aus, aufgrund welcher Handlungsorientierungen und bezogen auf welche Handlungsprobleme und Deutungen Individuen bestimmte Techniken aufnehmen und was sie mit diesen machen. Technik ist mehr als ein Handlungsinstrument, das so oder so, ein- oder mehrsinnig eingesetzt und genutzt wird. Der Umgang ändert auch direkt oder indirekt, meist schleichend und vom Handelnden selbst unbemerkt, bestimmte kognitive und normative Gegebenheiten individuellen Handelns. Doch Technik ist mehr. Sie ist selbst ein Element im Ensemble von materiellen, sozialen und kulturellen *Handlungsvorgaben*, »vor« denen das Individuum »steht«, mit denen es zu »rechnen« hat. Technik gewinnt so zusammen mit anderen situativen und symbolischen Elementen des jeweiligen Handlungsrahmens handlungsbegründende Bedeutung.

Das technische Artefakt kommt nicht bloß und rein, allein ausgestattet mit ingenieurmäßig definierten Gebrauchswerten, isoliert und unverbunden in den Alltag. Technik ist gesellschaftlich und kulturell mitverfaßt. Einmal ist das technische Objekt nicht nur Träger technisch-funktionaler Qualitäten, sondern auch ein mit sozialen und kulturellen Zeichenwerten aufgeladener Gegenstand. Auch existiert das technische Objekt ja nicht als Monade, sondern stützt sich auf ein Ensemble technischer und infrastruktureller Anschlußsysteme. Und darüber hinaus ist Technik ein zentrales Moment eines dominanten Kultur- und Symbolzusammenhangs der modernen Gesellschaft.

Zum einen findet dieser Symbolzusammenhang seinen Ausdruck in einer ausgedehnten *Produktkultur*. Kein technisches Artefakt verläßt ohne ästhetischen Anteil und ohne eingebaute Symbolwirkung die Produktionsstätte. Produktgestaltung und Design zielen auf diese symbolische Wirkung technischer Gegenstände. Gerade indem diese symbolische »Aufladung« weit über die bloße Funktionalität hinausgeht, gelingt es ihr, den Gegenstand noch »technischer« zu machen. Vorstellungen von moderner, fortgeschrittener, besonders funktionstüchtiger Technik sind wesentlich mit dem Design verbunden. Das Design wiederum ist aber nicht unabhängig von allgemein gültigen Wertmustern und (variierend) von den Gebrauchserwartungen und -deutungen der Nutzer. Im Verhältnis von Funktionalität und Produktdesign und den Bedeutungen, die die Nutzer diesen Produkten zuweisen, »entsteht die Sprache der Dinge ganzer Epochen« (Selle 1981, S. 359).

Die Codes einer derartigen »Produktkultur« weisen über die Charakteristika der »Warenform«, der »Warenästhetik« (vgl. Haug 1972) weit hinaus. Symbolische Eigenschaften haben die technischen Gegenstände keinesfalls nur in ihrer Warenform. Denn was soll davon abgehoben noch der *reine* Gebrauchswert (etwa eines Autos oder eines Computers) sein, der – vorgeblich allein kraft seiner augenfälligen Eigenschaften – den *wirklichen* menschlichen Bedürfnissen dient? Eine solche Sicht übersieht die bedeutungsvollen Beziehungen zwischen Menschen und ihren Gegenständen, die schon für das Verständnis ihrer Produktion notwendig sind. Vielmehr sind auch die technischen Gegenstände »Auto« und »Computer« Teil eines Systems von Gegenständen, die nicht bloß (im utilitaristischen Sinne) nützlich, sondern auch bedeutungsvoll sind. Nützlichkeit von Technik ist immer auch etwas kulturell Interpretiertes (vgl. Sahlins 1981, S. 240, 286). Auto und Computer sind besonders gute Beispiele für das Phänomen der Mehrfachcodierung, wobei *Code* als eine Art »Text« bzw. Symbolzusammenhang, als Konstellation von Direktiven aufzufassen ist, der einflußreicher Teil der Handlungsvorgaben werden kann.

Automobil und Computer und all die anderen technischen Apparate sind eben auch Teil eines umfassenderen, die »Produktkultur« weit übersteigenden gesellschaftlichen Codierungsprozesses. Die »Kultur der technischen Rationalität« hat wesentlichen Anteil an den vorherrschenden Deutungsmustern der Moderne. Denken wir an den kulturellen Primat der Geschwindigkeit. Dabei ist Technik nicht nur Produzent sondern auch Produkt von Geschwindigkeit. Technische Effizienz und Perfektion, »Schnelligkeit« und »Sicherheit« wie die gesamte Technikästhetik sind alle soziale Konstruktionen, die ständig ihrer normativen Unterstützung mit Hilfe von Mythen, Ideologien und Metaphern bedürfen, um nicht durch andere kulturelle Interpretationen unterwandert zu werden. Zu oft ist die technische Rationalität blind für ihre eigene kulturelle Basis. Kein Wunder. Denn es ist gerade die Kultur der technischen Rationalität, die jene weitgehend unreflektierte symbolische »Logik« produziert und legitimiert, unter deren ideologischem Schirm sich eben diese »Kulturblinde« gerne als konstitutiv begreifen und darstellen kann.

Technik ist nicht nur Teil eines massiven Rationalisierungsprozesses, sondern selbst auch zentrales *Ritual* der modernen Gesellschaft. Auch technische Objekte und Aggregate sind Teil und Anlaß von »kulturellen Produktionen«, in denen Technik in dramatische Inszenierungen gesetzt und zelebriert wird. Oft gerade dort, wohin man geht, um von den praktischen Problemen und Routinen am Arbeitsplatz und im Haushalt »time out« zu nehmen, um sich bewußt ästhetischen, sinnlichen und gesellligen Entspannungen hinzugeben. Diese »Produktionen« nehmen teil an der Prägung von Lebensstilen, Weltbildern und Mythen, sie versuchen oft, Fiktion und Realität in einen umfassenden Symbolismus der »modernen Welt« zu synthetisieren. Nicht nur in Film, Fernsehen und Werbung, in Comic-Books, in Presse und politischer Rhetorik, sondern vor allem auch in Messen und Ausstellungen, bei Rockkonzerten und Raketenstarts wird unermüdlich »Technik« in Szenen und Situationen der Moderne stilisiert. Dies sind Rituale, die in Form selektiver Modelle den Alltag und dessen Restriktionen und Routinen überschreiten und dabei gerade durch Ausblendungen und Fokussierungen von Aufmerksamkeit die Interpretationen von Technik zu prägen suchen.

Aber technische Artefakte sind nicht nur Werkzeuge und Aggregate, fungieren nicht nur als kulturelle Symbole und Modernitätssignale, finden nicht nur in Ritualen und Inszenierungen zur Dramatisierung und Strukturierung des Alltags ihren Eingang, sondern sie dienen auch als Quellen von *Metaphern* – also von Wortbildern, die, indem sie über sich hinausweisen, auch in ganz anderen Bereichen eingesetzt werden, um »Mensch und Welt« zu benennen und zu begreifen.[17] So hat etwa die kybernetische Metaphorik Fuß gefaßt, daß die Gesellschaft wie ein Feedback-System funktioniert, daß das Gehirn wie ein Computer arbeitet, daß wir »falsch programmiert« sind und dergleichen. Gewinnen solche Metaphern weite Verbreitung, dann gehen sie nicht nur in die Wissenschafts-, sondern auch in die Alltagssprache ein, formen Sichtweisen, Reflexion und Bewertung der Menschen mit, finden ihren Eingang in politische Auseinandersetzungen (stimulieren zum Beispiel soziale Planungseuphorien) und prägen das kulturelle Klima einer Gesellschaft mit. Dies ist nicht neu, denn die Maschinenmythen und Roboterphantasien sind schon älter: das »Rädchen in der Maschine«, der »Behördenapparat«, die »Räder des Fortschritts«, unser Vokabular ist voller metaphorischer Wendungen des »Maschinenzeitalters«, die wir nicht »abschalten« können.

Doch nun haben wir das Zeitalter des »intelligenten« Computers betreten. Und neue Analogien, Befürchtungen und Euphorien heben an. Jeder weiß, wovon die Rede ist, ob es um die Computerisierung des Alltags oder um die Verdatung und Vernetzung der Gesellschaft geht. Der Siegeszug des Computers scheint grenzenlos. Dabei wird »der« Computer mit vielfältigen Bedeutungen aufgeladen und erhält die unterschiedlichsten Beschreibungen und Attribute zuerteilt (vgl. Turkle 1984). Computer bringen auch eine neue Sprache mit sich, die allmählich in das alltägliche Vokabular eingeht. Nicht direkt, sondern eher über Metaphern, die mit den kognitiven Prozessen im Menschen analog zu sein scheinen.

Als Teil des sozialen Kommunikationsprozesses kann die Metapher aber eine Rolle übernehmen, die weit über den rein sprachlichen und kognitiven Bereich hinausführt. Die metaphorische Kraft der Technik kann dabei nicht überschätzt werden. Vor allem nicht in Zusammenhang mit Krisen-Szenarien. Wer kennt nicht die Metaphern des »Zuges in rasender Fahrt«, des »berstenden Sicherheitsventils«, des »explodierenden Dampfkessels«, des »Flugzeugs ohne Piloten«, des »Raumschiffs Erde« usw., alle darauf gerichtet, einen Zustand von Gesellschaft und Welt *außer Kontrolle* zu dramatisieren. Diese Metaphern tragen als notwendige Folge die Annahme in sich, daß Ordnung, Richtung, Rettung nur dadurch erreicht werden können, daß man das »Flugzeug« usw. unter Kontrolle bringt. Ist somit das gesellschaftliche Krisenproblem zu einem technischen Kontrollproblem geworden, wird das metaphorische Dilemma deutlich. Denn genau hier treffen sich dann etwa die kritische Umweltbewegung und die etablierte politische Bürokratie, und die politische »Lösung des Problems« liegt meist in der Stärkung der zentralisierten Kontrolle. So kann die Macht technischer Metaphorik politische Herrschaftsstrukturen bestätigen. Die Kontroll-Metapher, aus der Welt spezifischer technischer Problemstellungen herausgelöst, hat dann ihre Macht entfaltet. Um Technik zu kontrollieren, sollten wir nicht »der« Technik dadurch »auf den Leim gehen«, daß wir uns ihrer Metaphorik unterwerfen. Zu schnell wird alles als technisches Problem definiert und nach technischen Lösungen gegriffen.

Auch darin ist die Macht der Technik begründet, nicht nur in der Operationsmacht der Maschine und ihrer Besitzer. Sicherlich läge ein kulturalistischer Fehlschluß darin, Machtbeziehungen auf den Kampf um Deutungen und Symbole sowie deren Kontrolle zu reduzieren. Denn im Verändern der Objektwelt werden Daten gesetzt, denen andere Menschen in Gestalt materieller Macht ausgesetzt sind; durch Schaffung »vollendeter Tatsachen« werden Entscheidungsspielräume deutlich bestimmt. Und doch geht es auch um die *Macht* der kulturellen Symbolik. Denn wenn symbolische Formen Instrumente darstellen, mit denen Realität sozial definiert und konstruiert wird, dann besteht die Macht der Technik-Symbolik auch darin, Codes zu tabuisieren, die Aufmerksamkeit von anderen Sachverhalten abzuziehen und vor allem eigensinnige Nutzungen zu hintertreiben. Indem die Technik-Symbolik und die sie stützende »Kultur der technischen Rationalität« die Dialektik von Technik, ihre widersprüchliche Geschichte, ihren Interessenhintergrund und die Bewertungsalternativen zu unterdrücken sucht, ist sie daran beteiligt, uns auch die Technisierung des Alltags weithin so problemlos, so selbstverständlich, ja »natürlich« erscheinen zu lassen.

7. Schlußbemerkungen

Hier zeigt sich die *Widersprüchlichkeit von Kultur*. Sie trägt nicht nur eigensinnig-befreiende Züge in sich, sondern betreibt als herrschende Kultur auch die Universalisierung ihrer Deutungsmuster und damit die Inkorporierung der Beteiligten. Dementsprechend muß auch eine Kulturperspektive beides ins Auge fassen: Einmal die Chancen zur eigensinnigen Interpretation und Aneignung von Technik, die in der Alltagspraxis stecken; zum anderen die »Kultur der technischen Rationalität«, die gegen andere Kulturmuster ihren Einfluß durchsetzt und dafür von so vielen interessierten Seiten Unterstützung erhält. Einerseits greift die Berechenbarkeit um sich, auch im Alltag; andererseits setzen sich immer wieder auch andere Deutungen und Wertungen durch und gewinnen Relevanz für die Handlungsorientierungen bestimmter Individuen und Gruppen.

Dieser Doppelblick läßt die Frage danach überflüssig werden, was denn prinzipiell vorangeht, das Technische oder das Kulturelle, das Universelle an der Technik oder das kulturell je Spezifische. Immer wieder geben Wertverschiebungen die Chance zu kontingenten Antworten. Immer wieder üben aber dagegen Strukturierungs- und Traditionalisierungsprozesse ihre eminent absorbierende Wirkung aus. Doch Alltagshandeln ist stets mehr als die bloße Reproduktion des vorherrschenden Musters technischer Rationalität. Eine andere Sicht nimmt soziales Handeln und menschliche Praxis nicht zur Kenntnis.

Anmerkungen

1 Dieser Beitrag greift teilweise auf zwei frühere Arbeiten des Verfassers (Hörning 1985 a; 1985 b) zurück.

2 Zum *einen* soll damit ein emphatischer Alltagsbegriff umgangen werden, von dem man sich die Erfüllung aller soziologischen Wünsche erwartet. »Alltag« verweist trotz (bzw. gerade wegen) seines inflationären Gebrauchs auf keine eindeutige theoretische Orientierung oder ein abgrenzbares Thema, stellt eher einen »Suchbegriff« dar für jenes Element gesellschaftlicher Realität, das immer mehreres zugleich ist: unter- *und* überkomplex gegenüber den Zumutungen der großen Funktionssysteme; das mehreres zugleich hervorbringt: Anpassung *und* Eigensinn, Sinnunterwerfung aber auch kontingente Sinnbildung. Zum *anderen* soll hier völlig der Begriff der »Lebenswelt« herausgehalten werden, der spezielle philosophische und sozialwissenschaftliche Theorietraditionen indiziert, aus denen heraus er auf gar keinen Fall mit »Alltag« gleichgesetzt werden darf; vielmehr ist gerade deren Unterscheidung für den phänomenologischen Ansatz (à la Schütz) grundlegend. Wird der »Lebenswelt«-Begriff ohne diese Kautelen benutzt, dann schleppt er doch allzusehr die vitalistisch-organizistischen Konnotationen seiner »lebensphilosophischen« Großväter mit sich. Mit dem *handlungstheoretischen* Fokus versuche ich im folgenden der Gefahr zu entgehen, daß »Alltag« die begriffliche und theoretische Differenzierung verdrängt, das Besondere, Spezielle, ja Verschwommene, Unscharfe dem Allgemeinen, Analytischen vorangestellt und

Systematisierungen vernachlässigt werden. Die berechtigte Attacke auf die rationalistischen Vereinfachungen muß ja nicht im subjektivistischen Sumpf landen.

3 Hier ist vor allem Max Webers weiter Technikbegriff sehr einflußreich gewesen: »›Technik‹ eines Handelns bedeutet uns den Inbegriff der verwendeten *Mittel* desselben im *Gegensatz* zu jenem Sinn oder Zweck, an dem es letztlich (in concreto) orientiert ist.« »Was in concreto als ›Technik‹ gilt, ist daher flüssig…«; »Technik in diesem Sinn gibt es daher für alles und jedes Handeln…« (Weber 1976, S. 32); nicht nur in der Werkzeug- und Güterproduktion, sondern auch im Markthandeln, der Verwaltungsorganisation, dem Management, als Rechts-, Urkunden- und Legitimationstechnik, aber auch als Psycho-, Erziehungs- und Körpertechniken. An anderer Stelle schränkt Weber jedoch den Begriff von »Technik« ein auf eine »bestimmte *Verfahrensweise an Sachgütern*« (Weber 1924, S. 450).

4 Vgl. die definitorische Dreiteilung durch Mitcham (1978): Technik als Wissen (Ideen), Technik als Prozeß (mehr oder weniger sozial und ökonomisch organisierte Aktivitäten), Technik als Produkt (Objekte).

5 Wie vor allem Linde (1972, 1982) und Joerges (1979) zeigen, hat sich die soziologische Theorie den Dingen (bzw. »Sachen«) nicht systematisch gewidmet, eher sich zu schnell der »Sachzwangthese« unterworfen, was gleichermaßen für die unkritische Adoption der These vom »cultural lag« (Ogburn) gilt, einer problematischen These, die vom steten Hinterherhinken der nicht-materiellen hinter der materiellen Kultur und den daraus notwendigen Anpassungszwängen ausgeht.

6 Indem alle Technik nur als sozial konstruiert, vermittelt und gestaltbar analysiert wird. Was etwa Durkheims These von der bindenden »dingähnlichen Eigenschaft« (»choseité«) von Gesellschaften nahelegt, in der sich soziale Institutionen und Normen von physisch-materiellen Artefakten aller Art (Werkzeugen, Verkehrswegen, Häusern usw.) nicht grundsätzlich als »typisch verfestigte oder kristallisierte Arten gesellschaftlichen Handelns«, als »Substrate des Kollektivlebens«, in ihren Zwängen auf den einzelnen unterscheiden (vgl. Durkheim 1961, S. 113, 194). Obgleich diese Sichtweise (»Technik als soziale Institution«) für die hier vorgeschlagene sozialkulturelle Perspektivenerweiterung in der Technikanalyse von großer Bedeutung ist, so erlaubt sie doch nicht, die Differenzen und auch Widersprüche zwischen materieller und symbolischer Welt angemessen zu erfassen. Dies gilt gleichermaßen für die strukturalistische Unterscheidung Bourdieus von »Habitus« und »Habitat«, wobei sich nach ihm im »Habitat« als »objektivierter Geschichte« sowohl Dinge, Geräte, Maschinen, Gebäude, Monumente und Bücher als auch Theorien, Sitten, Recht und Institutionen akkumuliert haben, eine verfestigte Geschichte, die durch den »Habitus«, die individuellen Dispositionen, die »verinnerlichte Ge-

schichte« immer wieder verkörpert, reaktiviert, in Gang gehalten wird bzw. werden muß (Bourdieu 1981).

7 So verdeutlicht etwa die in den letzten Jahrzehnten intensiv geführte Diskussion um die Folgen betrieblicher Technisierung für die Qualifikation der Beschäftigten, daß sich die Dequalifizierungstendenzen keineswegs so umfassend durchsetzen, wie vorhergesagt wurde, sondern ganz im Gegenteil Requalifizierungsprozesse zunehmen (vgl. etwa Hörning 1983 b; Kern/Schumann 1984).

8 Der Begriff »Imperialismustheorem« verweist hier auf die These vom (zunehmenden) »Imperialismus der instrumentellen Vernunft« durch die »Macht der Computer« (Weizenbaum 1977). Dagegen insistiert etwa der Industriesoziologe Malsch auf der »beharrlichen Reproduktion des kommunikativen Eigensinns, der im elektronischen Gehäuse (des Betriebs) sein offensichtlich höchst lebendiges Unwesen treibt«, das heißt, »daß der Algorithmisierungsbeitrag des betrieblichen Fachmanns wirksam nur im Medium kommunikativer Verständigung erschlossen werden kann« (Malsch 1987, S. 89).

9 Vgl. die Interpretation von Habermas, nach der es zu einer Ausdifferenzierung von *drei* Wertsphären kommt: Wissenschaft, Moral und Kunst (Habermas 1981, Bd. 1, S. 234).

10 Sombarts Abhandlung »Technik und Kultur« von 1911 geht auf seinen recht verunglückten Vortrag gleichen Titels auf dem 1. Soziologentag in Frankfurt 1910 zurück, wobei jedoch die Korreferenten (darunter M. Weber) und Diskutanten mit dem Thema »Technik und Kultur« weithin nicht allzuviel Soziologisches anzufangen wußten.

11 Diese Betonung des »öffentlichen« sozialen Handelns durch Geertz richtet sich gegen den »kognitivistischen Irrtum« der Kognitiven Anthropologie, die die Kultur einer Gesellschaft als System gewußter Regeln u. ä. sieht.

12 Besonders hervorzuheben ist hierbei Helles Versuch, der ausdrücklich von Webers Handlungstheorie ausgeht (vgl. Helle 1968; 1980).

13 Geertz folgt hier Langer: »Symbole sind nicht Stellvertretung ihrer Gegenstände, sondern Vehikel für die Vorstellung von Gegenständen. Ein Ding oder eine Situation sich vorstellen, ist nicht das gleiche wie sichtbar ›darauf reagieren‹ oder ihrer Gegenwart gewahr zu sein... Die Vorstellungen, nicht die Dinge, sind das, was Symbole direkt ›meinen‹« (Langer 1965: 69). Langer ist deutlich von E. Cassirer beeinflußt, obwohl sie ihn selten erwähnt. Das gleiche gilt für Geertz.

14 Der damit verbundene Begriff *kommunikativen Handelns* wird hier sehr weit gefaßt und nicht auf ein enges, auf Erreichung intersubjektiven Einverständnisses gerichtetes Handeln (wie Habermas 1981, Bd. 1, S. 384 f.) eingeschränkt. Es ist schon schwer genug, dem anderen sein Handeln verständlich oder gar in seinem Sinn durchsichtig zu machen.

15 Dabei ist aber die von Bourdieu (1982) vorgenommene Fassung des Lebensstil-Begriffs nicht sehr hilfreich. In seiner funktionalistischen Vorgehensweise weist er den Lebensstilen lediglich eine instrumentelle Funktion als symbolischer Ausdruck und kulturelle Verkörperung der Klassenposition und dem daraus resultierenden Interessenkalkül zu, wobei sich die Gruppen durch wechselseitig voneinander abgesetzte Lebensstile zu distanzieren suchen. Stil und Stilisierung sind aber nicht nur Mittel im Konkurrenz- und Abwehrkampf gegen soziale Nachbarn; sie fungieren nicht nur als Klassifikationsmerkmale im sozialen Raum der Klassengesellschaft.

16 Denken wir nur an den Einfluß der Geldwirtschaft, wie er historisch in der *Großstadt* kulminiert und für Simmel in der *Quantifizierung* des Lebens resultiert: »Durch das rechnerische Wesen des Geldes ist das Verhältnis der Lebenselemente in eine Präzision... gekommen, wie sie *äußerlich* durch die allgemeine Verbreitung der Taschenuhren bewirkt wird.« »Es sind aber die Bedingungen der Großstadt, die für diesen Wesenszug so Ursache und Wirkung sind« (Simmel 1957, S. 230; Betonung hinzugefügt). Für Simmel färben die Großstädte die »Inhalte des Lebens«, und auch Weber sieht das spezifische Problem der modernen Kultur in dem Verhältnis zwischen der subjektiven »Lebensführung« und »den das Lebenstempo und die Lebensgefühle beeinflussenden *allgemeinen* technischen Unterlagen unseres heutigen, zumal... unseres großstädtischen Lebens« (Weber 1924, S. 455).

17 Das Thema der Technik-Metaphorik ist bisher nur selten und dann allgemein behandelt worden, insbesondere bei: Edge 1973, McCormack 1986.

Bernd Biervert
Kurt Monse
Technik und Alltag
als Interferenzproblem

1. Technik und Alltag im Kontext
gesellschaftlicher Modernisierung

»Technik und Alltag« bildet ein Stichwort, das Prozesse und Ambivalenz des wissenschaftlich-technischen Fortschritts in bestimmten gesellschaftlichen Bereichen charakterisieren soll: Einerseits wird er für den wichtigsten Indikator gesellschaftlicher
Entwicklung gehalten. Andererseits ist offensichtlich, daß der
wissenschaftlich-technische Fortschritt die private Lebensweise
sowie kommunikative Öffentlichkeiten und somit den Alltag be-
ständig und weitgehend verändert. Alltag und seine Veränderung
taucht in Sprachspielen wie gesellschaftlicher Modernisierungsprozeß, Technisierung der Lebenswelt, Veränderung traditioneller, kommunikativer Strukturen sowie in verschiedenen sozialwissenschaftlichen Disziplinen bei der Untersuchung sich wan-
delnder Strukturen von privaten Haushalten, Familie, sozialen
Gruppen und Bewegungen auf. Phänomene der Veränderung
stellen geradezu eine triviale Begleiterscheinung der industriegesellschaftlichen Entwicklung dar und sind theoriegeschichtlich
durchgängig auch zu einem Punkt der Gesellschaftskritik gemacht worden. In dem Maße jedoch, in dem die Sozialverträglichkeit technischer Entwicklungen thematisiert und als Ziel gesellschaftlich akzeptiert wird, gewinnt das Problem von Technik
und Alltag auch über den engeren Bereich der theoretischen Diskussion hinaus an Bedeutung. Es tritt an die Seite der Auseinandersetzung um Technik und Arbeit, Unternehmen und Staat und
bildet somit einen eigenständigen Bereich problemorientierter sozialwissenschaftlicher Grundlagenforschung mit ebenso hoher
theoretischer wie empirischer Relevanz.
Die gegenwärtige Thematisierung von Technik und Alltag ist in
ihrer Breite und Intensität mit Bezug auf die aktuelle Diskussion
um Technikentwicklung und Technikfolgen allein jedoch nicht

zu erklären. Ebenso entscheidend wie die technikorientierte Argumentation dürfte die Zunahme an theoretischem Interesse sein, die der alltägliche Lebensbereich erfahren hat. Bemerkenswert ist an dieser Diskussion, daß neben einer kategorialen Erfassung des Alltäglichen aus unterschiedlichen Ansätzen heraus der Versuch gemacht wird, die funktionalen Bezüge des Alltags für die gesellschaftliche Entwicklung herauszuarbeiten. Ein paradigmatisches Beispiel dafür ist die Neue Mikroökonomie, die die Vorstellung von Haushalten als rein konsumtive Einheiten durch die Herausstellung ihrer produktiven Funktionen abgelöst und zu empirisch-analytischen Forschungsansätzen geführt hat.

Ein Resultat dieser Entwicklung sind Bemühungen, die Frage von Technik und Alltag nicht auf die Erfassung von Technikfolgen für den alltäglichen Lebenszusammenhang zu beschränken. Mit Verweis unter anderem auf kognitive und affektive Prozesse bei Individuen, auf private Haushalte als zentrale ökonomische Entscheidungseinheiten, auf die Bedeutung des Alltags für die Herausbildung von technikrelevanten Wertpräferenzen, die Verwischung der Grenzen von Produktion und Reproduktion usw., wird die Vermittlung von Technik und dem alltäglichen Lebenszusammenhang als eine der Bedingungen für die gesellschaftliche Entwicklung formuliert.

Es ist allerdings weitgehend unstrittig, daß es sich hierbei teilweise um erste Ansätze handelt und die systematische Einordnung von Technik und Alltag als ein Problemfeld der gesellschaftlichen Modernisierung gegenwärtig noch einen theoretisch-konzeptionellen Engpaß bildet.

Perspektivenreich erscheint es, die aktuellen und potentiellen Interferenzen zwischen Technikentwicklung und alltäglichem Lebenszusammenhang – die zum Beispiel in Akzeptanzproblemen bei Großtechnologien oder in einer Technikkritik, die sich zu sozialen Bewegungen verdichtet, nur ihren manifesten Oberflächenausdruck finden – als Probleme der gesellschaftlichen Differenzierung zu bearbeiten. Während die Technisierung des Alltags zunimmt und die private Lebensführung zunehmend prägt, hat sich die Technikentwicklung auf die ausdifferenzierten gesellschaftlichen Subsysteme von Ökonomie und Politik konzentriert. Technik, die im Alltag zur Anwendung kommt, unterliegt in ihrer Entwicklung primär der Logik und Dynamik dieser beiden gesellschaftlichen Subsysteme. Technik und Alltag ist dann als ein Problem des Aufeinandertreffens gesellschaftlicher Bereiche formuliert, die nach unterschiedlichen Logiken funktionieren.

Aufklärung über die Beziehung von Technik und Alltag wird somit in einem sozialen Modell der Technikentwicklung und -anwendung gesucht. Als Vorteil dürfte sich dabei erweisen, daß eine Vielzahl von darauf einwirkenden Faktoren berücksichtigt werden kann. Gegenüber konkurrierenden Konzepten einer weitgehend autonomen Technikentwicklung, die mit der Kraft des Sachzwangs die gesellschaftliche Entwicklung bestimmen soll, ist das soziale Modell hinsichtlich Erklärung und Prognose anspruchsvoller. Jedoch ist die Entwicklung tragfähiger Forschungskonzepte nach wie vor mit der Hypothek ungelöster Konstruktionsprobleme der Gesellschaftstheorie belastet. Eine am Problem der gesellschaftlichen Differenzierung sich festmachende gesellschaftstheoretische Zeitdiagnose ist für den Kontext von Technik und Alltag nicht immer anschlußfähig. Dies trifft im wesentlichen für die Fälle zu, in denen die gesellschaftliche Ausdifferenzierung mit dem Dominantwerden eines einzigen Handlungstyps (1), mit der alles beherrschenden Rolle eines der ausdifferenzierten Subsysteme (2) oder aber mit einer fraglosen Marginalisierung des Alltags (3) von vornherein gleichgesetzt wird.

(1) Gesellschaftliche Differenzierung als das Auseinandertreten und Verselbständigen unterschiedlicher Handlungsrationalitäten zu begreifen, ist weit verbreitet.

So kann mit Weber zwar die Unversöhnlichkeit festgestellt werden, mit der die Handlungsrationalität der formal organisierten gesellschaftlichen Bereiche der in den nicht formalisierten Bereichen gegenübersteht. Weber hat jedoch keinen Zweifel daran gelassen, daß die gesellschaftliche Entwicklung irreversibel durch die Herrschaft und die Ausdehnung des zweckrationalen Handlungstyps gekennzeichnet ist.

(2) Ebenso präjudizierend wird dieses Problem in der Traditionslinie der Kritik der Politischen Ökonomie behandelt. Weitgehend wird hier eine reduktionistische Fassung der Beziehung von Technik und Alltag entworfen, die sich aus den zugrundeliegenden Annahmen zum Verhältnis von Ökonomie und Gesellschaft ableitet. Konstruktionen, die sich – ausgehend von der Tendenz zur Universalisierung des Warenverkehrs in der kapitalistischen Gesellschaft – mit der Feststellung einer zunehmenden Subsum-

tion des Alltags unter den Warenverkehr begnügen, verorten in dem ausdifferenzierten systemischen Bereich der Ökonomie die alles strukturbestimmende gesellschaftliche Dynamik. Auch Technik und Alltag kann dann nur als Subsumtionsverhältnis formuliert werden. Dieses Konzept gesellschaftlicher Totalität fordert, daß ein und nur ein logischer Zusammenhang besteht, über den die gesellschaftliche Entwicklung »auf einen Schlag« entschlüsselt werden kann (Habermas 1981, Bd. 2, S. 498). Bis auf Marx zurückverfolgt zeigt sich, daß damit keineswegs ein theoretisches Desinteresse für das Alltägliche begründet wurde. Im Gegenteil wurden gerade in dieser Theorielinie Kategorien begründet, die in der Diskussion um Technik und Alltag, wenn auch zum Teil mit unscharfen Bestimmungen, regelmäßig wiederkehren. Unabhängig von den Stadien seiner Theoriebildung ist die Intention bei Marx gleich und offensichtlich: Die Akkumulationsgeschichte des Kapitals soll anhand ihrer Spuren der Destruktion im alltäglichen Zusammenhang denunziert werden. Dafür stehen in der Theorie Kategorien zur Verfügung, die die Genese des Kapitals mit der Entwicklung des Sozialen vermitteln. Allerdings führt die Annahme eines allgemeinen logischen Zusammenhangs dazu, daß die vermittelnden Kategorien wie *Verdinglichung* und *Entfremdung* nicht mehr zu leisten haben, als die Kapitallogik für das Soziale auszuformulieren. Es bleibt in jedem Fall dabei, daß die werttheoretischen Kategorien über den eigentlichen Akkumulationsprozeß hinaus lediglich in ihrer Bedeutung verschoben werden, um Verwendung für die Rekonstruktion des alltäglichen Lebenszusammenhanges finden zu können (Habermas 1981, Bd. 2, S. 498).

(3) Die Gefahr einer reduktionistischen Fassung des Verhältnisses von Technik und Alltag ist auch dann noch nicht beseitigt, wenn die Technikentwicklung aus der alleinigen Subsumtion unter die ökonomische Entwicklung herausgelöst wird und bspw. der politischen Vermittlung der Technikentwicklung eine eigenständige, nicht abgeleitete Qualität zuerkannt wird. Entscheidend für die Fortführung der reduktionistischen Tradition ist, daß dem Alltag präjudizierend der Status eines nicht abgeleiteten ursprünglichen Wirkungsfaktors für die Technikentwicklung aberkannt wird. Offensichtlich erscheint ein »übergreifender Prozeß der gesellschaftlichen Formbestimmung, der auch für die sogenannte Freizeit gilt« (Hack/Hack 1985), derart evident zu sein, daß eine

andere Sicht des Verhältnisses von Technik und Alltag nur als ein unerklärliches epidemisches Phänomen »grassierender Lebensweltkonzepte« gedeutet werden kann (Hack/Hack 1985). Der Blick auf die Empirie scheint in seinen Resultaten zu so überzeugenden Evidenzen zu führen, daß ein kategorialer Rahmen erst gar nicht bereitgestellt wird, mit dem Kontingenzen zwischen Technik und Alltag begrifflich gefaßt werden könnten.

Eine reduktionistische Fassung des Verhältnisses von Technik und Alltag kann nur vermieden werden, wenn eine Endogenisierung des Alltags theoretisch formulierbar bleibt. Forschungspraktisch heißt dies, Fragen nach einer eigensinnigen Verwendung von Technik im Alltag wie auch nach Rückwirkungen von alltäglicher Technikverwendung, der Entwicklung technikrelevanter Deutungsmuster und sozialer Bewegungen auf die Technikentstehung nicht theoretisch vorzuentscheiden.

Diese Forderung ist um so plausibler, als für die dabei unterstellten Kontingenzen zwischen Technik und Alltag empirische Hinweise durchaus nicht fehlen (Rammert 1982; Hörning 1985 a). Die Erfüllung dieser Forderung bereitet in Hinsicht auf die Entwicklung eines geeigneten kategorialen Rahmens allerdings erhebliche Schwierigkeiten. Da die Technikentstehung dominant den ausdifferenzierten Systemen von Ökonomie und Politik zugeordnet werden muß, Alltag jedoch ein Teil der sozialen Lebenswelt ist, die keiner formalen Steuerung unterliegt, wird eine Verknüpfung von systemtheoretischer und handlungstheoretischer Argumentation erforderlich. Es gibt jedoch gute Gründe, die theoriegeschichtliche Entwicklung so zu deuten, daß sich diese beiden paradigmatischen Wege der Gesellschaftstheorie seit Ende des 19. Jahrhunderts immer deutlicher getrennt haben und nicht mehr unmittelbar aufeinander bezogen werden können (Habermas 1981, Bd. 2, S. 303).

In der Folge kann die Theorieentwicklung, so komplex sie auch ist, danach differenziert werden, ob das Konstrukt »Gesellschaft« als eine systemische oder als soziale Integration gedacht wird. Im Resultat werden dann innerhalb der verzweigten Theoriestränge keine analytischen Mittel mehr bereitgestellt, mit denen zwischen verschiedenen Integrationsformen unterschieden und diese aufeinander bezogen werden können. Die Frage nach einem Spannungsverhältnis von Technik und Alltag, das sich aus unterschiedlichen Integrationsformen und Handlungsrationalitäten, und zwar einerseits der gesellschaftlichen Subsysteme, in denen sich die Technikentwicklung dominant vollzieht und andererseits dem alltäglichen Lebenszusammenhang, ergeben könnte, kann systematisch nicht gestellt werden. Das Beispiel der marxistischen Traditionslinie hat gezeigt, daß die Festlegung auf einen einzigen gesellschaftlichen Integrationsmodus in der Konsequenz auf einen unfruchtbaren Reduktionismus in der Frage von Technik und Alltag hinausläuft.

Wenn es aussichtsreich erscheint, daß mit der Wiedervermittlung der auseinandergelaufenen Paradigmen der Gesellschaftstheorie die skizzierten Aporien vermieden werden können, dann liegt es nahe, das Konzept von Jürgen Habermas, »Gesellschaften als systemisch stabilisierte Handlungszusammenhänge sozialintegrierter Gruppen« (Habermas 1981, Bd. 2, S. 228) zu begreifen, auf Anstöße für die theoretisch-konzeptionelle Herangehensweise an die Beziehung von Technik und Alltag zu befragen.

Dieser Denkfigur der gesellschaftlichen Konstruktion unterliegt eine spezifische Sichtweise der Ausdifferenzierung moderner Gesellschaften in System und Lebenswelt und ihrer unterschiedlichen Modi der Handlungsintegration. Die gesellschaftlichen Subsysteme Ökonomie und Politik leisten die Handlungsintegration über die Steuerungsmedien Geld und Macht. Sie koordinieren Handlungen weitgehend entlastet von intersubjektiver Verständigung, da sie an zweckrational-strategischem Handeln ansetzen, das individuellen Erfolgskalkülen folgt und daher über Anreiz und Abschreckung gesteuert werden kann. Anders die gleichzeitig wirksame soziale Integration. Die Koordination der Handlungen erfolgt in diesem Fall über Normen und Werte, deren Anerkennung entweder durch kulturelle Überlieferung und Sozialisation einreguliert wird oder sich über intersubjektive Deutungsprozesse einstellt. Letzteres ist verständigungsorientiertes bzw. kommunikatives Handeln. Der Mechanismus der Handlungskoordinierung besteht in den gemeinsamen handlungsleitenden Interpretationsleistungen der Akteure.

Die Unterscheidung von systemischer und sozialer Integration intendiert weder von vornherein eine scharfe räumliche Trennung gesellschaftlicher Bereiche noch eine eindeutige Zuordnung unterschiedlicher Handlungstypen zu den beiden Modi der gesellschaftlichen Integration. So wird zum Beispiel in Unternehmen und Behörden auch auf kommunikatives Handeln zurückgegriffen, und es ist unwahrscheinlich, daß dort auf den Konsens als ein Moment der Handlungskoordination vollständig verzichtet werden kann.

Die soziale Integration ist so definiert, daß sie ohne verständigungsorientiertes Handeln nicht möglich ist. Sie schließt jedoch andere Handlungstypen ein. Zur Vermeidung von Mißverständnissen wäre es allerdings von Vorteil, wenn bereits in der Anlage der Theorie deutlich würde, welche Bedeutung zum Beispiel dem Handlungstyp des zweckrational-strategischen Handelns auch außerhalb der auf Zweckrationalität spezialisierten Subsysteme von Ökonomie und Politik zukommt. Der Beitrag strategischen Handelns zur sozialen Integration sollte im Kontext dieser Argumentation systematischer bestimmt werden. Damit würde die Zentralität der Kategorie des kommunikativen Handelns nicht berührt, jedoch Einwänden vorgebeugt werden, die sich darauf berufen können, daß die Verständigung als Handlungstyp empirisch vermutlich eine äußerst knappe Ressource ist.

Die Trennung von systemischer und sozialer Integration hat zusammengefaßt zunächst den Zweck, zwei analytische Perspektiven zu unterscheiden, aus denen ein und dasselbe gesellschaftliche Phänomen betrachtet werden kann. Sie hat darüber hinaus jedoch einen essentiellen Kern, da sie zugleich die historische Entkoppelung von Prozessen systemischer und sozialer Integration verständlich machen soll. So bietet diese Unterscheidung am Ende doch ein Instrumentarium, das es erlaubt, gesellschaftliche Bereiche in funktionaler Hinsicht zu identifizieren, in denen sich die Steuerungsmedien Geld und Macht soweit von den Handlungsintentionen der Akteure emanzipieren konnten, daß sich der für moderne Gesellschaften kennzeichnende Strukturunterschied zwischen der Lebenswelt und den »autonom gewordenen funktionalen Zusammenhängen« (Habermas 1986) von Ökonomie und Politik fest institutionalisieren konnte.

Die Parallelität von systemischer und sozialer Integration führt in der Konsequenz zu einem Entwicklungsmodell der Gesellschaft, in dem ihre Modernisierung als Resultat eines zweifachen Rationalisierungsprozesses begriffen wird (Habermas 1981, Bd. 2, Abschnitt VI. 2).

Der auf dem Niveau ausdifferenzierter Gesellschaften voranschreitenden Rationalisierung zweckrationalen Handelns durch wissenschaftlich-technischen Fortschritt in separierten Subsystemen steht das sich entwickelnde Rationalitätspotential verständigungsorientierten Handelns in der Lebenswelt systematisch als zweite generelle Tendenz der gesellschaftlichen Entwicklung gegenüber. Dabei schreitet die Rationalität der Lebenswelt in dem Maße fort, wie die Kommunikation zum Medium wird, über das sich kulturelle Reproduktion, soziale Integration und Sozialisation vollzieht. Kommunikativem Handeln wächst damit eine entscheidende Rolle für die Reproduktion der symbolischen Strukturen der Gesellschaft zu.

Die Sicherung der Rationalität des Wissens, der Solidarität der Gesellschaftsmitglieder und der Zurechnungsfähigkeit der Personen sind die originären Ressourcen, die die Lebenswelt als soziale Integration zur Entwicklung der Gesellschaft zur Verfügung stellt.

Entscheidend für die weitere Argumentation ist die Annahme des »Eigensinns« der symbolischen Reproduktion; das heißt, im Unterschied zur materiellen Reproduktion, die weitgehend an ausdifferenzierte Subsysteme abgegeben wurde, kann sie nicht auf die Steuerungsmedien Geld und Macht umgestellt werden.

Die Parallelität von Steuerungssystemen in den ausdifferenzierten Subsystemen auf der einen Seite und den Kommunikationsmedien der Lebenswelt auf der anderen Seite konstituiert mit anderen Worten einen Mediendualismus, dessen Auflösung in Richtung einer völligen Ersetzung der sozialen Integration durch Systeme zweckrationalen Handelns im Sinne ihrer Universalisierung funktional-äquivalent nicht möglich ist. Soweit in der Folge gesellschaftlicher Ausdifferenzierung Verdrängungsprozesse in Bereichen laufen, aus denen sich verständigungsorientiertes Handeln nicht ohne Verlust für die symbolische Reproduktion zurückziehen kann, geschieht dies um den Preis der »Pathologien der Lebenswelt«, das heißt der Funktionsstörungen in Bereichen kultureller Reproduktion, sozialer Integration und Sozialisation, die als »Sinnverlust«, »Anomie« und »Psychopathologie« eingeordnet sind (Habermas 1981, Bd. 2, Abschnitt VI. 1).

Während das Auseinandertreten von systemischer und sozialer Handlungsintegration die Differenz zwischen Systemwelt und Lebenswelt konstituiert, macht ein Differenzierungsprozeß zweiter Art die begriffliche Unterscheidung zwischen Lebenswelt und Alltag notwendig. Diese Differenzierung ist Resultat der ungleichen zeitlichen und sozial-räumlichen Durchsetzung der Rationalisierung der Lebenswelt. Die Ablösung handlungsleitender religiöser und metaphysischer Weltbilder durch die Entscheidung von Geltungsfragen auf dem Wege argumentativer Begründung vollzieht sich in separierten Bereichen der Lebenswelt, die sich auf Fragen der Wahrheit, der normativen Richtigkeit und der Ästhetik spezialisiert haben. Mit der Einkapselung der Expertenkulturen in den Institutionen von Wissenschaft, Moral und Kunst löst sich gleichzeitig das Rationalisierungspotential der Lebenswelt von einem Bereich des alltäglichen Handelns (Habermas 1981, Bd. 2, S. 483). Gegenüber Phänomenen der Substitution kommunikativen Handelns durch systemische Steuerungsmedien sind mit dieser inneren Differenzierung der Lebenswelt Phänomene kultureller Verarmung der Alltagspraxis systematisch gefaßt.

Es sind zwei bemerkenswerte Implikationen, die sich bereits aus diesem grob skizzierten Grundmuster gesellschaftstheoretischer Argumentation für die systematische Entwicklung von Forschungsfragen in Hinblick auf den Bereich von Technik und Alltag ergeben.

(a) Die Zeitdiagnose der Moderne, gekennzeichnet durch Verselbständigung der Ökonomie und des Wachstums bürokratischer Organisationen und raschen technischen Fortschritts, ist nicht mehr an das Dominantwerden einer bestimmten Handlungsrationalität bzw. einer bestimmten Vernunft geknüpft. So noch Weber, der Freiheits- und Sinnverlust als Begleiterscheinungen der Moderne an die Durchsetzung der Zweckrationalität und der Unversöhnlichkeit, mit der diese Vernunft der ethisch noch nicht entwurzelten privaten Lebensführung gegenübersteht, gebunden hat (Habermas 1981, Bd. 2, S. 470-477). Eine hieran ansetzende Kritik des technischen Fortschritts würde in der Radikalisierung der Zeitkritik Webers zu der in der Technikdiskussion weit verbreiteten Vorstellung einer insgesamt fehlgelaufenen Rationalisierung der Gesellschaft führen. Eine für die Fragestellung von Technik und Alltag folgenreiche Verschiebung im Forschungsansatz ergibt sich, wenn die gesellschaftstheoretische Interpretationsfolie der zweifachen Rationalisierung innerhalb von System und Lebenswelt unterlegt wird. Nicht das immer klarere Ablösen zweckrationalen Handelns aus allen ethisch-normativen Kontexten im Bereich systemischer Integration, sondern die Relation der beiden gesellschaftlichen Rationalisierungsprozesse wird zum Ausgangspunkt der Zeitdiagnose (Habermas 1981, Bd. 2, S. 470). An die Stelle der Frage nach einer u. U. verfehlten Rationalisierung tritt die Frage nach einer ungleichgewichtigen Rationalisierung in den Bereichen systemischer und sozialer Handlungsintegration. Die gesellschaftliche Modernisierung folgt danach einem ausgeprägt selektiven Muster, »demzufolge die kognitiv-instrumentelle Rationalität über die Bereiche von Ökonomie und Staat hinaus in andere, kommunikativ strukturierte Lebensbereiche eindringt und dort auf Kosten moralisch-praktischer und ästhetisch-praktischer Rationalität Vorrang erhält« (Habermas 1981, Bd. 2, S. 451). Die Behandlung von »Technik und Alltag« vor dem Hintergrund dieses für moderne Gesellschaften kennzeichnenden Interferenzproblems zwischen unterschiedlich strukturierten gesellschaftlichen Bereichen führt dazu, unter den möglichen technik-soziologischen Fragestellungen eine These mit Vorrang zu überprüfen: Problemauslösend ist nicht, daß die Entwicklung der Technik primär in spezialisierten und formal gesteuerten Subsystemen angesiedelt ist, sondern die Tendenz zur Universalisierung technischer Vernunft mit der Folge zunehmender Reduktion von *praxis* auf *techne*. Dabei wird diese Universalisierungstendenz nicht einer inneren Entwicklungslogik der Technik zugerechnet, sondern in der Dynamik insbesondere ökonomischer Verläufe vermutet.

(b) Die zweite – in diesem Kontext zentrale – Implikation eines die system- und handlungstheoretischen Argumentationsstränge verbindenden Ansatzes ist, daß die gesellschaftliche Bestandserhaltung und Entwicklung zugleich an Funktionserfordernisse der systemisch und sozial integrierten Bereiche rückgebunden wird. Die Frage nach Technik und Alltag zielt daher nicht allein auf denkbare Auswirkungen des technischen Fortschritts für die alltägliche Lebenspraxis, sondern auch auf Rückwirkungen im Sinne funktionaler und dysfunktionaler Beiträge der Alltagspraxis für die gesellschaftliche Entwicklung.

»Technik und Alltag« kennzeichnet eine Schnittstelle, an der sich die systemische Rationalität, unter der die Technikentstehung dominant verläuft, und die alltägliche Handlungsrationalität vermitteln und bei der beide im Grenzfall konfligieren. Letzteres kann zu einem Engpaß der gesellschaftlichen Modernisierung werden, wenn eine einseitige Technisierung des Alltags und damit eine Ausdehnung der systemischen Rationalität die Ressourcen austrocknet, die der alltägliche Lebensbereich für die gesellschaftliche Bestandserhaltung zur Verfügung stellt. Dazu zählt die Generierung technikbezogener Deutungsmuster, mit der erst die Einbettung der Technikentwicklung in Sinnbezüge erfolgt, sowie die Entwicklung stabiler Identitäten in einer technisierten Lebenswelt. Aus diesen allgemeinsten Annahmen läßt sich Technik und Alltag grundsätzlich als ein Spannungsverhältnis formulieren, dessen Balancierung eine bestandserhaltende gesellschaftliche Funktion darstellt, die erfüllt werden muß.

Für die Ausgestaltung eines konkreten Forschungsfeldes Technik und Alltag ist damit eine Vorentscheidung über die Strukturierung von möglichen Forschungsfragen gewonnen. Weder eine kulturalistische Betrachtung der Änderung von Lebensweisen in der Folge von Technisierungsprozessen noch eine ausschließliche Aufarbeitung der Technikentwicklung, soweit sie Relevanz für den alltäglichen Lebenszusammenhang besitzt, kann einseitig im Vordergrund stehen. Da die Interferenzen von systemischer und alltäglicher Handlungsintegration in ihrer Bedeutung für die gesellschaftliche Modernisierung zur Diskussion stehen, sind die Austauschprozesse zwischen den ausdifferenzierten Subsystemen und dem alltäglichen Lebensbereich im Kontext der Technikentwicklung und -anwendung von besonderem Interesse.

2. Technik und Alltag am Beispiel:
Neue Informations- und Kommunikationstechniken

Der Problembereich Technik und Alltag wird mit Bezug auf induzierte Folgen in den Mikrorelationen des Alltags (Haushalt, Familie, Freizeit etc.) allein nicht ausgeleuchtet. Der Grund liegt darin, daß die Technikentwicklungen in einer Wechselwirkung mit den institutionellen Bedingungen des Austausches zwischen dem alltäglichen Lebensbereich und den ausdifferenzierten Subsystemen von Ökonomie und Politik stehen. Die Technikentwicklung führt ebenso zu Effekten auf dieser aggregierten Ebene wie die eigene Dynamik der institutionellen Bedingungen die Technikentwicklung beeinflußt. Das Verhältnis von Technik und Alltag ist daher auch in seiner institutionellen Vermittlung zu untersuchen.

Die Alltagsrelevanz von Technik ist aus einem weiteren Grund nicht nur mit den jeweiligen Artefakten und ihrer Nutzung im Alltag gegeben. Die meisten modernen Techniken können sinnvoll nicht mehr isoliert betrachtet werden, da sie mehr oder weniger mit einer technisch-organisatorischen Infrastruktur verbunden sind und ohne diese nicht funktionieren. Unter Folgeaspekten können die jeweiligen Infrastrukturen für den Alltag weitaus bedeutsamer sein als die konkreten Artefakte.

Die Betrachtung der Artefakte selbst und ihrer Nutzung im Alltag bildet die dritte Perspektive. Systematisch ist dabei zwischen den instrumentellen Handlungsbezügen der Technik und den Bezügen zu anderen Handlungstypen zu differenzieren. Technische Artefakte objektivieren instrumentelles Handeln und substituieren alltägliche Handlungsfunktionen. Zugleich erfordern sie neue Anschlußhandlungen. Die Objektivationsleistung beschränkt sich daher in der Regel nicht auf einzelne »Handgriffe«, sondern erstreckt sich auf eine meist komplexe Handlungsorganisation. Unterschieden von diesen instrumentellen Bezügen sind Artefakte zumeist auch Träger symbolischer Qualitäten und erlangen daher auch in nicht-instrumentellen Handlungszusammenhängen Bedeutung.

Am Beispiel der neuen Informations- und Kommunikationstechnik (I. u. K.-Techniken) soll der Versuch gemacht werden, (1) die institutionelle Perspektive, (2) die infrastrukturelle Perspektive und (3) die artefaktorientierte Perspektive für die Analyse von Interferenzen zwischen Technik und Alltag plausibel werden zu lassen.

(1) Die Anwendung der neuen I. u. K.-Techniken durch die privaten Haushalte erfolgt auch, um die Außenbeziehungen der Haushalte technisch-organisatorisch neu zu gestalten. In institutioneller Hinsicht ist hier von Bedeutung, daß die Ausstattung der Haushalte mit den entsprechenden Artefakten, beziehungsweise die Fähigkeit der Haushalte zur Nutzung dieser Technik mit eine der Voraussetzungen zur umfassenden Rationalisierung des Dienstleistungsbereiches ist. Die Nutzungsmöglichkeiten der neuen I. u. K.-Techniken in den Unternehmen und in den privaten Haushalten bilden die technologische Basis für die Überwindung der Rationalisierungsschranken im gesamten Sektor der personalintensiven – da personenbezogenen – Dienstleistungen.

Im Hinblick auf die Folgewirkungen für die privaten Haushalte wird hiervon eine Verlagerung betrieblicher Arbeitsprozesse auf die Kunden erwartet (Naschold 1985). Gründe für eine veränderte Arbeitsteilung zwischen Produktion und Konsumtion werden im Abbau persönlicher Dienstleistungen gesehen. Automatische Bankschalter, Fernbuchen über Bildschirmtext etc. erlauben eine EDV-gestützte Selbstbedienung und bedeuten letztlich eine Abwälzung von Dienstleistungsfunktionen auf die Kunden. Weiterführend ist dabei der Ansatz, daß dieser Prozeß nicht ausreichend analysiert werden kann, wenn er ausschließlich als Resultat der Anwendung der neuen Informationstechnologien begriffen wird. Vereinfacht ausgedrückt werden die Möglichkeiten der neuen Informationstechnologien genutzt, um die Beziehungen zwischen Produktion und Konsum neu zu gestalten. Unter mindestens vier Gesichtspunkten sind wesentliche Änderungen in der intersektoralen Arbeitsteilung zu erwarten:

– Die Teilnahme der Haushalte am EDV-gestützten Konsum erfordert neue Ausrüstungsinvestitionen in den Haushalten.

– Die Abwicklung des Konsums erfordert umfangreiche Infrastrukturmaßnahmen des Staates sowie ihm vorgelagerter Produzenten öffentlicher Güter.

– Der Dienstleistungszweig immaterieller Tätigkeit der Software-Produktion zur Steuerung der Konsumabwicklung weitet sich aus.

– Die Haushalte werden vermehrt informelle Arbeit leisten, um die nachgefragten Dienstleistungen letztlich zu realisieren.

Zu dieser Diskussion bleibt anzumerken, daß die Dynamik dieses Prozesses vermutlich nicht allein in den Rationalisierungsmotiven privater und öffentlicher Dienstleister begründet ist. Hierzu ist vor allem auf Ergebnisse zu verweisen, die sich auf den Zusammenhang zwischen den beiden Sektoren der eigentlichen Produktion und dem tertiären Sektor der Dienstleistungen beziehen. Das Ausmaß des Rationalisierungspotentials in der industriellen Fertigung läßt danach die standardisierbare Konsumgüterproduktion kennzeichnend für das herrschende Produktionsmodell bleiben (Aglietta 1979). Die oft prognostizierte Tertiärisierung der Gesellschaft im Sinne der relativen Zunahme persönlicher Dienstleistungen scheint sich nicht durchzusetzen (Gershuny 1981). Die beobachtbaren Beschäftigungsverschiebungen zugunsten des tertiären Sektors entkräften diese Aussage noch nicht, da zum einen Rationalisierungsvorsprünge in den ersten beiden Sektoren zu berücksichtigen sind und zum anderen eine große Anzahl von Dienstleistungen bereits nicht mehr persönlicher Art sind, sondern Dienstleistungen für industrielle Prozesse darstellen.

Offensichtlich geht die Logik der industriellen Massenproduktion dahin, den Anteil der Güter zu steigern, der sich zur Eigenherstellung von Dienstleistungen und Gütern im Haushalt eignet (*self-service-economy*). Diese Entwicklung zielt für die neuen Informations- und Kommunikationstechniken auf die Ausstattung der Haushalte mit Geräten, die eine eigenständige Zusammenstellung von Informationsdienstleistungen, die elektronische Selbstbedienung etc. und somit die Haushaltsproduktion im Bereich von Informations- und Unterhaltungsdienstleistungen ermöglicht.

(2) Die Entwicklung des Nutzungsspektrums der neuen I. u. K.-Techniken für die alltägliche Verwendung ist wesentlich vom Umfang und der Ausdifferenzierung der technisch-organisatorischen Infrastrukturen abhängig. Die bisherigen Untersuchungen stellen dabei in der Regel auf die öffentlichen Netze ab. Im Fall des Bildschirmtextes ist dies durchaus sinnvoll, da über das öffentliche Netz ein hinsichtlich der Hard- und Software-Konfiguration vollständiger Dienst angeboten wird. Dies ist allerdings die Ausnahme.

Gewöhnlich werden die neuen I. u. K.-Techniken zu einer Kopplung des alltäglichen Verwendungszusammenhanges an eine tiefgestaffelte Infrastruktur an Hard- und Software führen, von der die öffentlichen Netze nur einen Teil bilden. Mit den neuen I. u. K.-Techniken setzen sich zum Beispiel im Dienstleistungssektor datentechnische Vernetzungen mit der Folge organisatorischer Integration durch. Damit werden die infrastrukturellen Voraussetzungen dafür geschaffen, daß die privaten Haushalte ihren Leistungsaustausch mit dem Dienstleistungssektor technisch vermitteln können. Die neu entstehenden Computernetze zur Abwicklung der Dienstleistungen bilden eine technisch-organisatorische Infrastruktur, die an ihren »Schnittstellen« zu den alltäglichen Handlungszusammenhängen die Einhaltung ihrer internen Funktionslogik fordern. Damit die Systeme funktionieren, sollen sich Kunden und Klienten an neue Regeln halten, zu deren Einhaltung sie unter Umständen motiviert werden müssen. So sollen sie in Zukunft unter Umständen eine Karte statt Bargeld nutzen, Automaten statt Personal in Anspruch nehmen und sich an die mit ihnen vereinbarten Legitimationen und Limits halten. Für die Verwendung der I. u. K.-Techniken unmittelbar im Haushalt gilt ähnliches. Sollen sie nicht im *Stand-alone*-Betrieb genutzt werden, so funktionieren sie überhaupt nur, wenn die Standards der Netze eingehalten werden, die angewiesenen Zugänge benutzt und Legitimationen nicht überschritten werden.

(3) Die Informatisierung des Alltagsbereiches ist die Voraussetzung zur Nutzung von Informations- und Beratungsdiensten, zum Fernbestellen, zum Fernbuchen, für Fernanfragen bei Verwaltungen und für die Inanspruchnahme von Kontrolldiensten (Heizungssteuerung, medizinische Betreuung etc.). Diese Liste kann sich in Zukunft erheblich erweitern.

Es gibt gegenwärtig keine umfassenden Abschätzungen der Auswirkungen auf Finanzbudgets, Zeitbudgets und die Profession der Bediener der technischen Systeme im Haushalt. Die bisherige Diskussion gibt Anlaß, diese und andere Folgewirkungen zu komplexeren Aussagen zu verdichten. Dazu zählen neue Belastungen und neue Verhaltensdispositionen, die sich aus dem Umgang mit neuen Techniken ergeben, aber auch umfassende kulturelle Prägungen (Joerges 1981 a). Insbesondere die Überprüfung der These einer Professionalisierung und Industrialisierung der privaten Haushalte erscheint notwendig (Joerges 1983).

Da sich die im Haushalt eingesetzten und in Zukunft einzusetzenden Techniken nicht im Grundsatz von denen des Produktionsbereiches unterscheiden, kann zunächst eine zunehmende Übertragung industrieller Arbeits- und Handlungsformen auf den Haushalt erwartet werden. Zur Abschätzung der Entwicklungsverläufe im Haushalt muß daher grundsätzlich auch auf die Erfahrungen zurückgegriffen werden können, die mit dem Eindringen der Mikroelektronik und der Informations- und Kommunikationstechnologien in den Alltag der Betriebe gemacht wurden (unter anderem Benz-Overhage/Brandt/Papadimitriou 1982; Sorge 1985).

Was die Handhabung der These des Transfers industrieller Handlungsformen in den Haushalt so schwierig macht, ist, daß sie mit Betrieb und Haushalt zwei gesellschaftliche Bereiche theoretisch verknüpfen muß, die hinsichtlich Technisierung, Formalisierung etc. äußerst unterschiedlich strukturiert sind. Zur Abschätzung des Transfers industrieller Handlungsformen in den Haushalt ist daher zu berücksichtigen, daß Kategorien für die Änderungen der industriellen Arbeitsformen nicht ohne weiteres auf die Handlungsformen des Haushaltes übertragen werden können. Unter Umständen sind die einzelnen Entwicklungstendenzen völlig unterschiedlich zu bewerten, je nachdem, ob sie im hoch technisierten, formalisierten und nach der ökonomischen Handlungslogik strukturierten Industriebereich ablaufen oder im schwach formalisierten Bereich des Haushaltes.

Insbesondere kann auf Ergebnisse, die auf ein Potential von Eigensinn in der Technikanwendung durch Haushalte hinweisen, zurückgegriffen werden (Kramer 1981). Zwar erreicht die allgemeine Technisierung der Haushalte auf der Ausstattungsseite bereits ein Niveau, das eine erhebliche Rationalisierung erlauben würde. Auf der Anwendungsseite sind allerdings erhebliche Defizite in der Nutzung der Rationalisierungsmöglichkeiten festzustellen. Daraus ergibt sich für die Abschätzung des Transfers industrieller Handlungslogik in den Haushalt, daß zusätzliche Variablen, wie zum Beispiel die Verweigerung von Rationalisierungschancen oder zeitliche Versetzungen zwischen Ausstattung und Anwendung zu berücksichtigen sind.

Für die Folgenabschätzung ist es somit sinnvoll, zwischen dem industriell vorgegebenen Technikstil und dem letztendlichen Verwendungsstil zu unterscheiden, in dem die »Definitionsmacht« des Alltags als Beharrungsvermögen, Widerstand oder phantasievolle Umnutzung zum Ausdruck kommt. Dieser »Eigensinn« in der alltäglichen Technikanwendung macht die These der Industrialisierung des Alltags dann fraglich, wenn unter Industrialisierung im wesentlichen die Mechanisierung der Arbeitsvollzüge und die Rationalisierung der Arbeitsorganisation im Sinne tayloristischer Konzepte verstanden wird. Trotz Mechanisierung folgen die Arbeitsabläufe der Haushalte keinen strengen Zeitrhythmen und sind weitgehend ganzheitlich organisiert (Kramer 1981). Hierbei liegt freilich ein enger Begriff der Industrialisierung zugrunde. Die gegenwärtige industriesoziologische Diskussion zeigt, daß der tayloristische Charakter der Arbeitsorganisation als Merkmal industrialisierter Arbeit empirisch geklärt werden muß und keineswegs vorausgesetzt werden kann (Sorge 1985; Malsch 1987).

Zur Vermeidung dieser begrifflichen Engführung soll in diesem Kontext daher auf allgemeinere Merkmale der industriellen Handlungsformen abgestellt werden.

Im Kontext der I. u. K.-Techniken kann erwartet werden, daß insbesondere zwei Merkmale industrieller Handlungsabläufe zunehmend Relevanz für das Alltagshandeln gewinnen. Dies sind die Formalisierung und Regelhaftigkeit der Handlungen (a) und der industrielle Modus der Wissensproduktion im Spannungsfeld zwischen der Objektivierung von Wissen und der Abstraktifizierung und Intellektualisierung der Arbeitsvollzüge (b) (Malsch 1987).

(a) Insbesondere eine neue Arbeitsteilung zwischen Produktion und Konsum macht ein neues Integrationsniveau dieser beiden Bereiche und damit eine Vorstrukturierung der Technikanwendung im Sinne einer stärkeren Formalisierung des Alltagshandelns notwendig.

Am Beispiel der Dienstleistungsrationalisierung wird deutlich, wie die Anschlußhandlungen der Haushalte zum Problem werden und wie dieses Problem technisch gelöst werden soll. Kennzeichnendes Merkmal der überwiegenden Anzahl von Dienstleistungen war bisher, daß ihre Produktion und ihr Konsum eine Einheit bilden. Die Substitution der persönlich erbrachten Dienstleistungen durch technische Geräte, Infrastrukturen und immaterielle Produkte (Software) verlagert die eigentliche Dienstleistungsproduktion in vorgängige industrielle Produktionsprozesse. Dies gilt auch für den Anteil geistiger Arbeit an der Dienstleistung. Da Dienstleistungen häufig wenig standardisiert sind, bedürfen sie in der Regel eines mehr oder weniger intensiven Dialogs zwischen Konsument und Dienstleister. Voraussetzung der Dienstleistungsrationalisierung ist es somit, die in diesen Dialogen steckende geistige Arbeit an Informationsgebung, Datenermittlung und -verarbeitung zu maschinisieren und diese Maschinen auf industriellem Niveau zu produzieren.

Eine Maschine im Sinne geronnener geistiger Arbeit ist die Software (Steinmüller 1981). Ihre Aufgabe ist es, Produktionswissen auch der Konsumarbeit zu verobjektivieren, um die Abwicklung von Dienstleistungen von persönlicher Kommunikation zu entlasten. Diese »ideelle« Maschine unterscheidet sich im Prinzip nicht von anderen Artefakten im Alltag, die ebenfalls Wissen vergegenständlichen, Handlungsentscheidungen vorgeben etc. Es ist der universelle Charakter der Datenverarbeitung und die industrielle Produktion dieser immateriellen Güter, die ein neues Niveau der Maschinisierung geistiger Arbeit auch im Alltag erlauben.

Informationssysteme im Alltag maschinisieren Dialoge mit privaten und öffentlichen Dienstleistern. In Teilbereichen wird allerdings kein dramatischer Unterschied zwischen herkömmlichen und maschinisierten Dialogen zu erwarten sein. Der Verkehr mit Banken, Versicherungen etc. war bisher schon weitgehend standardisiert und damit maschinengerecht. Das gleiche gilt für die elektronische Abwicklung des Konsums in Bereichen, für die bisher die Selbstbedienung schon charakteristisch war.

Eine Maschinisierung komplexer, bisher wenig standardisierter Dialoge liegt zum Beispiel bei einem automatisierten Verkehr mit Sozial- und Arbeitsämtern vor. Bisher lag die Standardisierungsleistung bei den Sachbearbeitern, deren Aufgabe es war, Problemdarstellungen mit Klienten verwaltungsgerecht zu codieren. Auch bei »intelligenten« Anwendungen geht ein Teil der notwendigen Codierungsleistungen an die Klienten über, die sich damit der Anforderung an eine Formalisierung der Problemdefinition gegenüber sehen.

(b) Die Objektivierung von Wissen in technischen Artefakten ist ein allgemeines Merkmal industrieller Produktion. Die neuen I. u. K.-Techniken ermöglichen es erstmals, die Inkorporierung von Wissen in technische Systeme selbst zum Gegenstand industrieller Produktionsprozesse zu machen. Die Automatisierung der Softwareherstellung belegt dies. Es ist absehbar, daß dieser Prozeß nicht auf Wissensbestände beschränkt bleibt, die in gewerblichen, wissenschaftlichen und ähnlichen institutionellen Zusammenhängen genutzt werden.

Der alltägliche Anwendungsbereich von elektronisch aufgearbeiteten Wissensbeständen ist breit. Ein Beispiel hierfür sind medizinische Informationssysteme, unter Umständen in Verbindung mit medizinisch-technischen Geräten in privaten Haushalten, die zur Selbstmedikation eingesetzt werden können. Eine entsprechende Konfiguration von diagnostischer Hard- und Software wird den Modus der Selbstbeobachtung technisieren und das traditionelle Alltagswissen über körperliche Befindlichkeiten relativieren, im Grenzfall entwerten.

Die Entwertung von traditionellen Beständen des Alltagswissens kann Kompetenz- und Kontrollverluste bedeuten. Dies gilt nicht nur für die instrumentellen Fertigkeiten. Medizinisches Alltagswissen, das unter Umständen zur Disposition steht, beinhaltet auch ethisch-normative Bestände, beispielsweise in bezug darauf, wie die vorhandenen Kenntnisse für andere im Wege der Hilfe nutzbar gemacht werden sollen. Was an ihre Stelle tritt, ist jedenfalls ungewiß und vermutlich in der jeweiligen Software auch nicht vorgesehen.

Doch sowenig im Bereich industrieller Arbeit die neuen Möglichkeiten, Wissen zu objektivieren, zwangsläufig mit einer Enteignung von Wissen der Beschäftigten gleichgesetzt werden kann und neue Qualifikationsanforderungen im Sinne einer Intellektualisierung der Arbeit zu beobachten sind (Malsch 1987), so wenig wird im Alltag von vornherein auf ausschließlich negative Konsequenzen geschlossen werden dürfen. Es wäre auch sehr überraschend, wenn sich die Ambivalenzen und Kontingenzen industrieller Arbeitsabläufe bei der Übertragung einiger ihrer Merkmale auf das Alltagshandeln in Ligaturen verwandeln würden.

3. Koordination von Technik und Alltag: Drei Strategien

Interferenzen zwischen Technik und Alltag können als Probleme identifiziert werden, die allgemein auf ein ungleichgewichtiges Verhältnis zwischen gesellschaftlichen Bereichen mit unterschiedlichen Funktionslogiken zurückgehen. Potentiell sind Interferenzen immer dann gegeben, wenn die Funktionslogik des einen Subsystems in das andere übertragen werden soll. Da die funktionale Differenzierung moderner Gesellschaften die Technikentwicklung und die alltägliche Technikverwendung weitgehend auseinandergerissen und auf unterschiedliche gesellschaftliche Bereiche verteilt hat, ist es sinnvoll, Technik auch als ein Medium zu begreifen, mit Hilfe dessen die Funktionslogik des ökonomischen, aber auch des politischen Subsystems, auf die sich die Technikanwendung historisch konzentriert hat, ganz oder teilweise in alltägliche Handlungszusammenhänge übertragen wird.

Dies gilt, wie das Beispiel der neuen I. u. K.-Techniken gezeigt hat, sowohl in Hinblick auf die technischen Artefakte, die im Alltag unmittelbar zur Anwendung kommen, wie auch für die technisch-organisatorischen Infrastrukturen und für die Institutionen, die den Austausch zwischen den gesellschaftlichen Kernbereichen und dem Alltag vermitteln, soweit sie ihre Funktionsweise durch Technikeinsatz verändern.

Technik und Alltag wird damit einem Problembereich zugeordnet, der für moderne Gesellschaften kennzeichnend ist: Die Ausdifferenzierung der modernen Gesellschaften führt nicht nur zu hochspezialisierten Funktionsbereichen, sondern läßt den Koordinationsbedarf zwischen den gesellschaftlichen Bereichen außerordentlich anwachsen. Mit Blick auf die Ökonomie wird dies seit langem unter dem Stichwort der »negativen externen Effekte« ökonomischer Prozesse diskutiert. Es geht dabei um die fatale Ambivalenz einer Entwicklung, die intern als Steigerung der Effizienz ökonomischen Handelns auftritt und extern Interferenzen mit den natürlichen und sozialen Umwelten generiert. Der eigentliche Engpaß der gesellschaftlichen Modernisierung liegt allgemein nicht in einer ungenügenden Steigerung funktionsbereichsspezifischer Effizienz, sondern in den unzureichend entwickelten Instrumenten, um hocheffiziente Subsysteme, die nach Rationalitäten divergieren und sich gegenseitig mit Folgeproblemen belasten, ausreichend zu koordinieren.

Indikatoren für Interferenzen zwischen Technikentwicklung und Alltag sind Akzeptanzprobleme bei neuen Techniken, die sich sowohl in individuellem Handeln (zum Beispiel fehlende Nachfrage) als auch in kollektiven Reaktionen zeigen. Bestimmte Technisierungsprozesse im Alltag überschreiten deutlich Akzeptanzschwellen der Betroffenen und sind ursächlich für ein erhebliches gesellschaftliches Konfliktpotential. Die Liste technischer Innovationen, die den Alltag direkt oder potentiell betreffen und auf Widerstand stoßen, ist lang und reicht exemplarisch über Energie- und Entsorgungstechnologien bis zur Informationstechnologie. Protestauslösend sind dabei die Risikoerwartungen in bezug auf direkte Umwelt- und Gesundheitsgefährdung, der erwartete kontinuierliche Umbau des Alltagslebens sowie allgemein die wahrgenommene Überforderung durch komplexe, vermeintlich nicht mehr, insbesondere in ihren Auswirkungen auf den Alltag, kontrollierbare Technologien.

In bezug auf das mit diesen Interferenzen belegbare Koordinationsdefizit zwischen den gesellschaftlichen Bereichen, die sich auf die Technikentwicklung spezialisiert haben, und dem alltäglichen Verwendungszusammenhang der Technik, werden konkurrierend, aber zum Teil auch ergänzend, drei unterschiedliche

Strategien diskutiert. In diesen Strategien lassen sich ebenfalls drei unterschiedliche institutionelle Designs erkennen. Koordinationsdefizite sollen jeweils beseitigt werden

(1) durch die Entdifferenzierung als Rücknahme der gesellschaftlichen Differenzierung, mit der der Koordinationsbedarf entstanden ist oder

(2) durch die Abschottung der gesellschaftlichen Bereiche voneinander oder

(3) durch eine ausreichende Penetration der gesellschaftlichen Bereiche.

Diese Strategien zielen somit entweder auf die Beseitigung von Koordinationsbedarf, auf die Entlastung der Koordinationsinstrumente oder auf die Kreation neuer institutioneller Designs der Koordination.

(1) Technikkritisch orientierte soziale Bewegungen dramatisieren spezifische Rationalitätsgesichtspunkte in der Auseinandersetzung um die technologische Entwicklung. Die empirische Erfassung der aus der Alltagsperspektive geforderten Veränderung der technologischen Entwicklung scheint eine notwendige Erweiterung der traditionellen Orientierung zu sein, die Reaktion des Alltags vor allem als Problem der Akzeptanz der jeweiligen Technik durch passive Rezipienten zu erfassen. Eine »Empirie des Widerstandes« wird sich daher nicht auf Phänomene der Blockierung oder Verzögerung von Implementierungsprozessen beschränken, sondern zu erfassen suchen, inwieweit sich der Widerstand in Gegenentwürfen zur gegebenen Technik manifestiert.

Alternative Technikkonzeptionen zielen häufig auch auf Alternativen zur industriellen Arbeit und wollen Arbeit in den Alltag zurückholen. Sie bilden eine Reaktion auf den historischen Prozeß, in dem sich Tätigkeit in warenproduzierende Arbeit verwandelt hat und dadurch eine unbestrittene Vorherrschaft vor allen anderen menschlichen Tätigkeiten erlangt hat. Alternative Vorstellungen von Arbeit und dazu kompatiblen Technologien bilden sozusagen die »Wiederkehr des Verdrängten«. Fraglich ist jedoch, inwieweit diese Entwürfe, in denen insbesondere das »Abstandnehmen« von industriellen Entwicklungsverläufen und dazu kompatiblen Konsummustern betont wird, primär der Erfahrung der Diskontinuität Ausdruck verleihen sollen. Ihre Leistung würde dann darin bestehen, zunächst – auch sinnlich nachvollziehbar – Distanz zum Vergangenen herzustellen. Welche

Stellung zum Vergangenen eingenommen wird, welche Anschlüsse in der technologischen Entwicklung gesucht werden, ist offen. Häufig gewählte vereinfachte Kontrastierungen wie hart/sanft, groß/klein, zentral/dezentral scheinen diese These zu belegen.

Alternative Technologien, deren Entwicklung und Anwendung als getrennt vom industriellen Kernsystem gedacht werden, zielen auf eine Entdifferenzierung der Gesellschaft. In der Diskussion um Differenzierung und Entdifferenzierung werden die positiven Effekte der ausdifferenzierten Subsysteme von Ökonomie und Politik insgesamt nicht ausreichend diskutiert (Neusüß 1980). Gesellschaftstheoretisch wäre zunächst der »evolutionäre Eigenwert« (Habermas 1981, Bd. 2, S. 499) formal gesteuerter Subsysteme oder – ökonomisch ausgedrückt – die Verzichtbarkeit von »Economies of scale« in modernen Gesellschaften zu klären. Insgesamt dürfte die Frage von Differenzierung und Entdifferenzierung daher nicht ausreichend weit greifen. Wenn ungleichgewichtige Rationalisierungen in System- und Lebenswelt die Interferenzprobleme von Technik und Alltag begründen, gehen entdifferenzierende Strategien an der Frage der richtigen Balancierung der zweifachen Rationalisierung, das heißt der der systemischen und der sozialen Integration, vorschnell vorbei.

(2) Ungleichgewichte zwischen gesellschaftlichen Bereichen können auch durch die Senkung ihrer Reaktionsverbundenheit vermieden werden. Diese Strategie der Abschottung zielt auf eine Entlastung der zur Verfügung stehenden Koordinationsinstrumente durch präventive Selbstbeschränkungen der Subsysteme (Offe 1986). Die Hoffnung auf eine stärker defensive Einstellung der Subsysteme gegenüber ihren natürlichen und sozialen Umwelten gründet sich auf die Logik verkürzter Wirkungsketten (Offe 1986). Für den Bereich der Technikentwicklung würde dies bedeuten, den Abstand zwischen Technikentwicklung und Technikfolgen in zeitlicher und sozialer Hinsicht zu verringern. Technikfolgen würden damit überschaubarer und unter Umständen beherrschbarer.

Erreicht werden kann dies in zeitlicher Hinsicht durch die Entwicklung von Technikalternativen, wenn deren Auswirkungen weniger weit in die Zukunft reichen, oder durch Moratorien in der Technikentwicklung, um Reaktionsmöglichkeiten zu eröffnen (Offe 1986). In sozialer Hinsicht wären die von einer Technik geforderten Umbauten beispielsweise im Rechts-, Sozial- und Wirtschaftssystem in überschaubareren Grenzen zu halten.

Eine derartige Strategie der Abschottung der gesellschaftlichen Subsysteme durch rationale Selbstbeschränkung muß nicht illusorisch erscheinen. Für den der Technikentwicklung zugrunde liegenden Typ instrumentellen und strategischen Handelns ist die Berücksichtigung der negativen Effekte für Dritte, vorausgesetzt, daß von ihnen negative Rückwirkungen ausgehen können, durchaus kein fremdes Element. Die Spieltheorie zeigt eindrucksvoll, mit wieviel Rücksichtnahme auch im Typ strategischen Handelns gerechnet werden kann. Das eigentliche Problem liegt allerdings darin, daß es gegenwärtig keine funktionierenden Instrumente gibt, die sicherstellen können, daß verursachte negative Effekte und ihre störenden Rückwirkungen für den Handelnden in denjenigen Daten sichtbar werden, die für ihn entscheidungsrelevant sind.

Bezogen auf ökonomisches Handeln müßten störende Rückwirkungen negativer Technikfolgen als monetär bewertete Kosten in Erscheinung treten können. Die *social-cost*-Diskussion hat im wesentlichen ergeben, daß die wechselseitige Belastung mit den kostenmäßig bewerteten negativen Effekten leider nicht von marktförmigen Koordinationsinstrumenten (zum Beispiel Börsen für sogenannte Umweltgüter) geleistet werden kann, sondern komplizierten Einigungsprozessen überlassen bleibt. Die Strategie der rationalen Selbstbeschränkung erfordert daher – entgegen ihrer Intention – umfangreiche Koordinationen zwischen den gesellschaftlichen Subsystemen als Voraussetzung und verschiebt damit lediglich das Koordinationsproblem.

(3) Die Strategie der Entdifferenzierung und die der Abschottung haben ungeachtet des Problems ihrer Realisierung spezifische Nachteile. Die gesellschaftliche Entdifferenzierung läuft letztlich auf eine Anpassung von hochspezialisierten und effektiven Subsystemen an weniger spezialisierte Umwelten hinaus. Dies wird zu nicht-rationalen Beschränkungen und Rücknahmen von Optionen führen. Die Strategie der Abschottung ist in Hinsicht auf aktuelle Risiken der Technikentwicklung plausibel. Vor dem Hintergrund der historischen Technikentwicklung muß sie gegen sich den Einwand gelten lassen, daß sie unter Umständen problematische Effekte der Isolierung der gesellschaftlichen Bereiche nach sich ziehen kann. Mit der Risikominimierung werden unter

Umständen auch die Herausforderungen der Technikentwicklung an ihre Umwelten so herabgesenkt, daß sie ihre dynamischen Momente, die sie zweifellos für die gesellschaftliche Modernisierung hat, verliert.

Ein institutionelles Design zur Bewältigung von Interferenzen zwischen Technik und Alltag hätte daher drei Probleme gleichzeitig zu berücksichtigen:

(a) die Einschnürung des Alltags durch funktionale Imperative der Technikentwicklung;

(b) die Anpassung der Technikentwicklung an nach ihren Kriterien nicht genügend effiziente Handlungszusammenhänge;

(c) die Isolierung des Alltags von dynamisierenden Herausforderungen der Technikentwicklung.

Die Systemtheorie hat aus den Problemen der Einschnürung, der Anpassung und der Isolation, die generell in ausdifferenzierten Gesellschaften gegeben sind, die Notwendigkeit einer ausreichenden Interpenetration der unterschiedlich strukturierten Subsysteme einer Gesellschaft abgeleitet (Münch 1980). Danach soll die gesellschaftliche Integration durch eine ausreichende gegenseitige Durchdringung der Subsysteme mit ihren jeweiligen Funktionsprinzipien in einem Gleichgewichtszustand gewahrt und Ungleichgewichte zum Beispiel in Form erzwungener Anpassung eines Subsystems an das andere verhindert werden.

Für die Beziehung von Technik und Alltag wären im Anschluß institutionelle Infrastrukturen zu konzipieren, die ein einseitiges Übergreifen systemischer Imperative auf die Alltagspraxis eingrenzen und umgekehrt die Handlungsrationalität des Alltags in der Technikentwicklung zur Geltung bringen. Die Diskussion um Technikfolgenabschätzung, sozialverträgliche Technikgestaltung, Bürgerbeteiligung etc. zentriert sich um diesen Punkt. Sowohl technikbezogen als auch in Hinsicht auf die Strukturen gesellschaftlicher Steuerung sind hier erhebliche Innovationen gegenüber der gegenwärtigen Praxis denkbar.

Gleichwohl unterläuft die systemtheoretische Vorstellung eines Gleichgewichtszustandes zwischen unterschiedlichen gesellschaftlichen Subsystemen den paradoxen Charakter der ungleichgewichtigen Rationalisierung in modernen Gesellschaften. Das Paradoxe besteht darin, daß die systemisch integrierten Bereiche in ihrer Dynamik auf Rationalisierungsprozesse der Lebenswelt übergreifen und damit nicht nur eine ihrer »Umwelten« gefährden, sondern ihre eigenen Bestandsvoraussetzungen, die sie in der Lebenswelt finden. Es sind die mit der Rationalisierung der Lebenswelt entstandenen Lernniveaus, die die Ausdifferenzierung effizienter, systemisch gesteuerter Funktionsbereiche historisch ermöglicht haben. So hat Weber bspw. die protestantische Berufsethik als ein im historischen Kontext neues Lernniveau ausgezeichnet, ohne daß die moderne Ökonomie nicht gedacht werden kann. Die Zielvorstellung eines Gleichgewichts zwischen interpenetrierenden gesellschaftlichen Bereichen bleibt unbestimmt für die Kritik von Gesellschaften, die ihr »Lernpotential, über das sie kulturell verfügen, nicht ausschöpfen und sich einer ungesteuerten Komplexitätssteigerung aussetzen« (Habermas 1981, Bd. 2, S. 549).

Konzepte, die die horizontale Interpenetration zwischen den gesellschaftlichen Subsystemen optimieren wollen, gehen am Problem der für die gesellschaftliche Entwicklung essentiellen vertikalen Interpenetrationen vorbei. Nur die vertikale Interpenetration kennzeichnet evolutionäre Lernvorgänge, in der kulturelle Rationalisierungen in gesellschaftliche umgesetzt werden (Habermas 1981, Bd. 2, S. 441). So wie im historischen Kontext das ökonomische Subsystem seine Ausdifferenzierung der vertikalen Umsetzung eines neuen kulturellen Lernvorganges verdankt, ist die Bewältigung der Probleme moderner Gesellschaften, von denen die Interferenz von Technik und Alltag eines der kennzeichnenden ist, letztlich nur von der Vitalisierung der vertikalen Interpenetration zu erwarten.

Interferenzprobleme zwischen unterschiedlichen gesellschaftlichen Bereichen und damit zwischen funktional ausdifferenzierten Handlungstypen und Interessen scheinen lösbar, wenn das kulturelle Potential der modernen Verantwortungsethik, in der Lösung von Konflikten nur Argumente gelten zu lassen, die Allgemeingültigkeit beanspruchen können, gesellschaftlich umgesetzt werden kann. Die Diskussion um eine gleichsam erneuerte Durchdringung von Ethik, Ökonomie und Politik erfreut sich zumindest im Wissenschaftsbetrieb zunehmender Aufmerksamkeit (Biervert/Held 1987). Angewandt auf das Problemfeld von Technik und Alltag kann sie dazu beitragen, instrumentalistische Verkürzungen in der Auseinandersetzung um Technikfolgenabschätzung und sozialverträgliche Technikgestaltung zu vermeiden.

Günter Ropohl
Zum gesellschaftstheoretischen Verständnis
soziotechnischen Handelns
im privaten Bereich

0. Überblick

Wenn von der Technik im Alltag die Rede ist, bieten sich die
unterschiedlichsten Assoziationen an. Vor allem der Begriff des
Alltags ist so vieldeutig, daß er in praktikabler Weise eingegrenzt
werden muß. Aber auch der Technikbegriff ist derart zu präzisieren, daß ein überschaubares Forschungsfeld damit zu markieren
ist. Aus dem vorgeschlagenen Technikbegriff ergibt sich, daß eine
gesellschaftstheoretische Analyse sich nicht allein auf die Ur-
sprünge oder allein auf die Folgen der Technisierung beschränken
kann, sondern immer auch die Wechselwirkungen zwischen
Technikentstehung und Technikverwendung mitbedenken muß.
Dies wird im zweiten Abschnitt am Beispiel des Taschenrechners
ausgeführt mit dem Ergebnis, daß grundlegende soziale Prozesse
zunehmend durch technische Artefakte vermittelt werden, und
zwar in dem Maße, in dem sich die Technisierung des Alltagshandelns ausweitet. Typische Bedingungen und Folgen alltäglicher
Technikverwendung werden auf diese Weise mit der Gesell-
schaftlichkeit der Technik in Verbindung gebracht. Umfang und
Dynamik des Technisierungsprozesses bewirken objektive Veränderungen und Beeinträchtigungen der natürlichen Umwelt und
der psychosozialen Verhältnisse, werden aber auch von den betroffenen Individuen als quasikulturrevolutionäre Verunsiche-
rung erfahren. So beschäftigt sich der letzte Abschnitt mit gesellschaftlichen Reaktionen und soziokulturellen Bewältigungsstrategien.

1. Begriffliche Vorbemerkungen

1.1 Alltag als ubiquitäre Regelmäßigkeit im privaten Bereich

Der Begriff des Alltags ist erst in jüngster Zeit in der soziologischen Theorienbildung hervorgetreten (Hammerich/Klein 1978) und wird, je nachdem in welchem theoretischen Kontext er steht, höchst verschiedenartig verstanden. Elias (1978) zählt acht verschiedene Bedeutungen auf, die er jeweils dadurch kennzeichnet, daß er die entsprechenden Gegenbegriffe vom Nicht-Alltag anführt. Zu Recht weist Elias darauf hin, daß verschiedene Vorentscheidungen zum Inhalt des Alltagsbegriffs, soweit sie einander widersprechen, dazu führen, diesen Begriff für die sozialwissenschaftliche Diskussion unbrauchbar zu machen; das gilt vor allem dann, wenn ein sehr spezielles inhaltliches Vorverständnis unterstellt wird, das nur derjenige zu teilen vermag, der sich der betreffenden theoretischen Richtung zugehörig fühlt. Überdies bergen derartige Begriffsbildungen die Gefahr in sich, daß sie spekulativ bereits voraussetzen, was empirisch doch erst zu klären ist.

Aus diesen Gründen soll für die folgenden Überlegungen eine eher formale Explikation des Alltagsbegriffs gegeben werden, die im übrigen darauf verzichtet, diesen Begriff zu terminologisieren. Einen ersten Hinweis gibt die Wortbildung, die für eine temporale Bedeutung spricht: Mit »Alltag« meint man offensichtlich, was regelmäßig und andauernd, eben »alle Tage« geschieht. Was aber jederzeit vor sich geht, das kommt auch überall vor und ereignet sich für jedermann in relativ gleichartiger Weise – jedenfalls im Rahmen bestimmter sozialgeschichtlicher und soziokultureller Grenzen. Somit impliziert »Alltag« auch die lokale und soziale Ubiquität der damit gekennzeichneten Situationen.

Akzeptiert man diese formale Deutung, gelangt man sehr schnell zu der Einsicht, daß Alltagssituationen vor allem im privaten Bereich, also in der Sphäre des Haushalts im weitesten Sinne, auftreten. Nimmt man für menschliche Handlungssysteme in erster Näherung eine dreistufige Systemhierarchie an (Ropohl 1979, S. 139 ff.), so ergeben sich die folgenden Hierarchieebenen, denen entsprechende Handlungsbereiche zugeordnet werden können:
– die Mikroebene der personalen Systeme (der private Bereich der Individuen);

– die Mesoebene der Organisationen (Wirtschaftsunternehmen, Industriebetriebe, Verwaltungseinrichtungen usw.), in denen der berufliche Bereich angesiedelt ist;
– die Makroebene der Gesamtgesellschaft, die den öffentlichen Bereich aufspannt.

Auf der Mikroebene handeln Menschen in Rollen der privaten Lebensführung, auf der Mesoebene als Subsysteme von Organisationen in definierten Berufsrollen und auf der Makroebene als Subsysteme der Gesellschaft in öffentlich-politischen Rollen. Alltagssituationen ubiquitärer Regelmäßigkeit ereignen sich nun offensichtlich vor allem im privaten Bereich. Wenn auch Berufssituationen umgangssprachlich als Alltag bezeichnet werden, so fehlt ihnen doch die soziale Ubiquität – nur 46 Prozent der Menschen in der Bundesrepublik gehen beruflicher Erwerbstätigkeit nach – und die Gleichartigkeit, da die verschiedenen Berufstätigkeiten ihre je eigenen Merkmale haben; allenfalls kommt hier Alltag ins Spiel, soweit nicht-berufsspezifische Elemente der Berufssituation von Bedeutung sind. Handeln im öffentlichen Bereich schließlich ist für die meisten Menschen ohnehin die Ausnahme und nicht die Regel, so daß der Begriff des Alltags in keiner Hinsicht am Platze ist.

Wenn Alltag hier als ubiquitäre Regelmäßigkeit im privaten Bereich verstanden wird und – entsprechend der sechsten Begriffsvariante bei Elias (1978, S. 26) – gegen den beruflichen und den öffentlichen Bereich abgegrenzt wird, so darf der private Bereich freilich nicht als Intimbereich mißverstanden werden. Vielmehr umfaßt der private Bereich alles individuelle Handeln der persönlichen Lebensführung in Haushalt und Freizeit; dazu gehören auch Klientel-Situationen, in denen der einzelne nicht als integriertes Systemelement, sondern als externer Nutzer an Mesosystemen teilhat, so zum Beispiel als Käufer bei einem Handelsunternehmen oder als Fahrgast eines Verkehrsbetriebes, sofern derartige Situationen Bestandteil der privaten Lebensführung sind. Freilich steht der auch empirisch abgrenzbare Haushalt im Vordergrund.

Die Abgrenzung, die hier vorgenommen wird, läßt sich übrigens mit dem zusätzlichen Argument stützen, daß mit »Technik im Alltag« sinnvollerweise »alltägliche Technik« gemeint ist, eine Technik also, mit der jedermann jederzeit in relativ gleichartiger Weise in unmittelbare Berührung kommt. In diesem Sinn ubiquitäre Technik ist aber vor allem diejenige Technik, die sich im privaten Bereich findet. Betrachtet man die Ausstattung privater Haushalte mit technischen Gebrauchsgütern (Abbildung 1), so ergeben sich Verbreitungszahlen in der Größenordnung von Millionen; es dürfte kaum eine Art von Technik geben, die ähnliche Verbreitungszahlen außerhalb des privaten Bereichs aufwiese. Ein pointierendes Zahlenspiel mag die Relevanz des privaten Bereichs für die Technikforschung unterstreichen: Im beruflichen Bereich sind, wie schon gesagt, gegenwärtig weniger als die Hälfte der Menschen involviert, und das auch nur zu einem gewissen Teil ihrer wach verbrachten Lebenszeit – unter den noch herrschenden Arbeitszeitbedingungen etwa 20 Prozent. Multipliziert man nun die Erwerbsquote von 46 Prozent mit der Arbeitszeitquote, so errechnet sich für den beruflichen Bereich eine gesamtgesellschaftliche »soziotechnische Kontaktquote« von weniger als 10 Prozent, während der überwiegende Teil der verbleibenden 90 Prozent auf den privaten Bereich entfällt.

Alltägliche Technik also ist es, die alle Menschen regelmäßig, überall und in relativ gleichartiger Weise immer wieder betrifft; dazu gehören vor allem die Haus-, Unterhaltungs- und Freizeittechniken. Angesichts dieser Sachlage ist es verwunderlich, daß sich sozialwissenschaftliche Technikforschung bislang fast ausschließlich mit der Technik im beruflichen Bereich beschäftigt hat, ja, daß sogar noch heute sozialwissenschaftliche Technikforschung mit industriesoziologischer Forschung identifiziert wird (Lutz 1983). Auch in forschungsstrategischer Hinsicht also scheint es angebracht, nun auch den privaten Bereich der Technikforschung zu erschließen; eine »Soziotechnologie der Konsumgüter« (Ropohl 1976) ist überfällig.

1.2 Technik als Realtechnik

Der Technikbegriff, der in den vorangegangenen Erwägungen bereits impliziert war, ist zwar weit verbreitet, wird aber vor allem in den Sozialwissenschaften selten mit hinreichender Schärfe abgegrenzt. Wenn umgangssprachlich von »Technik« die Rede ist, denkt man meist an Apparate, Maschinen und Fabriken; das ist auch der Ausgangspunkt für die hier vorzuschlagende Begriffsbestimmung. Vorher aber muß dieser engere Technikbegriff

Abbildung 1 Ausstattung privater Haushalte mit technischen
Sachsystemen (in Prozent)

	1962	1984
Waschautomat	9	87
Kühlschrank	52	82
(Farb-)Fernsehgerät	34 (sw)	82
Telefon	14	81
PKW	27	64
Nähmaschine	57	62
Taschenrechner usw.	–	55
Stereoanlage	–	50
Tonbandgerät/Kassettenrecorder	5 (Tb)	49
Heimwerkgerät	–	49
Plattenspieler	18	48
Gefriergerät	–	40
Kühl-Gefrier-Kombination	–	31
Geschirrspüler	–	20
Videorecorder	–	8

(nach Angaben des Statistischen Bundesamtes; – = nicht erfaßt bzw.
nicht vorhanden; sw = schwarz-weiß; Tb = Tonbandgerät)

von einer sehr weit gefaßten Wortbedeutung abgehoben werden, die ebenfalls in der Umgangssprache vorkommt, aber auch in der Soziologie eine nicht immer glückliche Rolle spielt. Wenn man nämlich von der »Technik des Weitsprungs«, von der »Technik der Staatsverwaltung« oder von der »Technik des Kopfrechnens« spricht, meint man etwas ganz anderes. »Technik« in diesem weiten Sinn bedeutet eine systematisch erlernte und planmäßig ausgeübte Fertigkeit in beliebigen Bereichen menschlichen Handelns. Typisch für diese weite Begriffsauffassung ist eine Definition, die Max Weber (1976, S. 32) in *Wirtschaft und Gesellschaft* gegeben hat: »Technik eines Handelns bedeutet uns den Inbegriff der verwendeten Mittel desselben im Gegensatz zu jenem Sinn oder Zweck, an dem es letztlich orientiert ist, ›rationale‹ Technik eine Verwendung von Mitteln, welche bewußt und planvoll orientiert ist an Erfahrungen und Nachdenken, im Höchstfall der Rationalität: an wissenschaftlichem Denken. Was in concreto als ›Technik‹ gilt, ist also flüssig«, und Weber gibt dann eine lange Aufzählung von der »Gebetstechnik« bis zur »erotischen Technik«.

F. von Gottl-Ottlilienfeld (1923, S. 8 f.), dessen Arbeit *Wirtschaft und Technik* übrigens Webers zitierter Untersuchung in dem Sammelwerk *Grundriß der Sozialökonomik* unmittelbar vorausging, präzisiert dagegen innerhalb des allgemeinen Technikbegriffs vier besondere Arten von Technik, die »Individualtechnik«, die »Sozialtechnik«, die »Intellektualtechnik« und die »Realtechnik«. Die »Realtechnik« definiert dieser Autor als das »abgeklärte Ganze der Verfahren und Hilfsmittel des naturbeherrschenden Handelns«; allerdings muß man Gottls Hinweis beachten, »daß selbst in diese Kernpartie aller Technik auch viel Individual- und Sozialtechnisches einschlägt«. Dieser engere Technikbegriff bezieht sich also nur auf solches menschliche Handeln, das es mit der Herstellung und mit der Verwendung künstlich gemachter Gegenstände zu tun hat, und schließt selbstverständlich diese Artefakte ein. Technik als Realtechnik umfaßt also

– die Menge der nutzenorientierten, künstlichen, gegenständlichen Gebilde (Artefakte bzw. Sachsysteme);
– die Menge menschlicher Handlungen und Einrichtungen, in denen Artefakte entstehen;
– die Menge menschlicher Handlungen, in denen Artefakte verwendet werden.

Dieser Technikbegriff beschränkt sich, im Gegensatz zu dem zu engen Technikverständnis der Ingenieurwissenschaften, nicht auf die Artefakte, sondern schließt menschliches Handeln ein; er bezieht sich aber nur auf solches menschliche Handeln, bei dem Artefakte eine Rolle spielen, sei es, daß sie hervorgebracht, sei es, daß sie genutzt werden. Vorteilhaft erscheint vor allem auch, daß technisches Handeln nicht fraglos mit zweckrationalem Handeln identifiziert wird. Einerseits dürfte es, vor allem im privaten Bereich, technisches Handeln geben, das nicht zweckrational ist; und andererseits dürfte es in die Irre führen, jedes zweckrationale Handeln, beispielsweise zur politischen Krisenbewältigung, sogleich mit der Realtechnik zu konfundieren.

Da Technik nur im Rahmen menschlichen Handelns zu verstehen ist, menschliches Handeln aber stets gesellschaftlichen Einflüssen unterliegt, ist aller Umgang mit Technik gesellschaftlich geprägt. Technisches Handeln ist daher grundsätzlich soziotechnisches Handeln. Die Handlungseinheiten, zu denen sich Menschen mit technischen Sachsystemen verbinden, sollen daher soziotechnische Handlungssysteme heißen; die hierarchische Stufung, die im letzten Unterabschnitt eingeführt wurde, gilt für soziotechnische Systeme entsprechend. Ganz allgemein kann der Technisierungsprozeß dadurch beschrieben werden, daß immer mehr Teilfunktionen soziotechnischer Handlungssysteme von menschlichen Funktionsträgern auf Sachsysteme übergehen.

Technik im Alltag umfaßt mithin die Sachsysteme, die in soziotechnischen Handlungssystemen der Mikroebene verwendet werden; freilich darf man auch den Entstehungszusammenhang dieser Sachsysteme nicht aus dem Auge verlieren. Im Mittelpunkt der Betrachtung steht das soziotechnische Handeln im privaten Bereich einschließlich der dafür typischen Klassen von Sachsystemen. Von Fall zu Fall mögen Sachsysteme der höheren Hierarchieebene einbezogen werden, soweit das soziotechnische Mikrosystem in seinem Alltagshandeln auf begrenzte Teilhabe an solchen Meso- und Makrosystemen angewiesen ist. »Wieso Kernkraftwerke? Bei uns kommt der Strom aus der Steckdose«, lautet allerdings ein polemischer Slogan aus der Kernenergiedebatte und unterstellt – was freilich oft genug der Fall sein dürfte –, daß die logistische Abhängigkeit der Haus- und Freizeittechniken von der Energietechnik im soziotechnischen Alltagshandeln gar nicht wahrgenommen wird.

2. Technisierung sozialer Prozesse

2.1 Technikentstehung und Technikverwendung

Die technischen Sachsysteme, die den manifesten Kern der Technik bilden, gehen aus soziotechnischen Systemen hervor und verwirklichen ihre Funktion wiederum im Rahmen soziotechnischer Systeme. Die Sachsysteme haben also gesellschaftlichen Ursprung, und sie führen zu gesellschaftlichen Folgen. Daher verbieten sich einseitig lineare Kausalitätsmodelle, wenn man Zusammenhänge zwischen gesellschaftlicher und technischer Entwicklung verstehen und erklären will. Weder kann man die technische Entwicklung, die sich ja allemal zunächst als Entwicklung von Sachsystemen darstellt, als unabhängige Variable betrachten, von der gesellschaftliche Entwicklung auch außerhalb der Realtechnik zwangsläufig determiniert würde, noch kann man die gesellschaftliche Entwicklung autonom setzen und die technische Entwicklung lediglich als abhängige Variable betrachten. Vielmehr müssen zum mindesten vielfältige und komplexe Wechselwirkungen zwischen technischer und gesellschaftlicher Entwicklung angenommen werden, die freilich zu präzisieren wären, damit diese Annahme nicht willkürlich und leer erscheint. Man kann aber sogar die Frage aufwerfen, ob angesichts fortgeschrittener Technisierung die Unterscheidung von Technik und Gesellschaft nicht vielleicht nur noch analytischen Wert hat, während in der Erfahrungswirklichkeit Technik und Gesellschaft längst eine untrennbare Synthese eingegangen sind, die sich in der Vergesellschaftung der Technik und in der Technisierung der Gesellschaft ausdrückt. Darauf wird in den folgenden Unterabschnitten zurückzukommen sein.

Jedenfalls müssen in gesellschaftstheoretischer Gesamtbetrachtung Technikentstehung und Technikverwendung stets im Zusammenhang gesehen werden. Das heißt freilich nicht, daß man sie nicht aus Gründen forschungsstrategischer Spezialisierung analytisch und empirisch voneinander unterscheiden dürfte. Tatsächlich vollziehen sich Prozesse der Technikentstehung in modernen Industriegesellschaften vorwiegend im Rahmen soziotechnischer Mesosysteme, in die freilich individuelle Bedürfnisse der Mikroebene und gesellschaftliche Werte der Makroebene in vermittelter Weise eingreifen. Prozesse der Technikverwendung dagegen finden sich auf allen drei Systemebenen. Daraus folgt, daß soziotechnisches Handeln im privaten Bereich vorwiegend in der Verwendung von Sachsystemen besteht; freilich finden sich in Form von Hobby, Do-it-yourself und Eigenarbeit auch gewisse Elemente der Technikentstehung, die allerdings eher handwerklichen Charakter tragen und kaum das Niveau industrieller Technikproduktion erreichen.

Daher wird im folgenden die Technikverwendung im Vordergrund stehen müssen. Die Quintessenz gesellschaftlicher Folgen jedoch, die aus alltäglicher Technikverwendung resultieren, läßt sich nur dann angemessen verstehen, wenn zunächst doch typische Merkmale des soziotechnischen Entstehungsprozesses herausgearbeitet werden.

2.2 Technische Institutionalisierung

Der Entstehungsprozeß technischer Sachsysteme ist ein vielschichtiger Vorgang, für den eine umfassende theoretische Beschreibung und Erklärung noch aussteht. So kann hier lediglich jener Teilaspekt der Technikentstehung herausgegriffen werden, der für das gesellschaftstheoretische Verständnis der Technisierung besonders bedeutsam erscheint.

In der schematischen Darstellung von Abbildung 2 sind im oberen Teil die drei Bestimmungsstücke des Technikbegriffs zu erkennen, der im letzten Abschnitt eingeführt wurde. Konzentriert man sich vorläufig auf die linke Seite des Bildes, so ist dort angedeutet, daß bei der Herstellung von Sachsystemen individuelles Können, Wissen und Wollen von den einzelnen Personen sozusagen abgelöst und in den Sachsystemen vergegenständlicht wird. Können, Wissen und Wollen, das ursprünglich nur in den Köpfen und Körpern von einzelnen Menschen existierte und nur durch soziale Kommunikationsprozesse von Mensch zu Mensch weitergegeben werden konnte, verfestigt sich nunmehr in technischen Gegenständen. Soweit diese Sachsysteme massenhaft produziert werden, vervielfachen und verallgemeinern sich diese ursprünglich individuellen Qualifikationen als überindividuelle, dauerhafte Wissens- und Verhaltensmuster.

Abbildung 2 Technisierung der Gesellschaft

(PS = Personales System   SS = Sachsystem   STS = Soziotechnisches System)

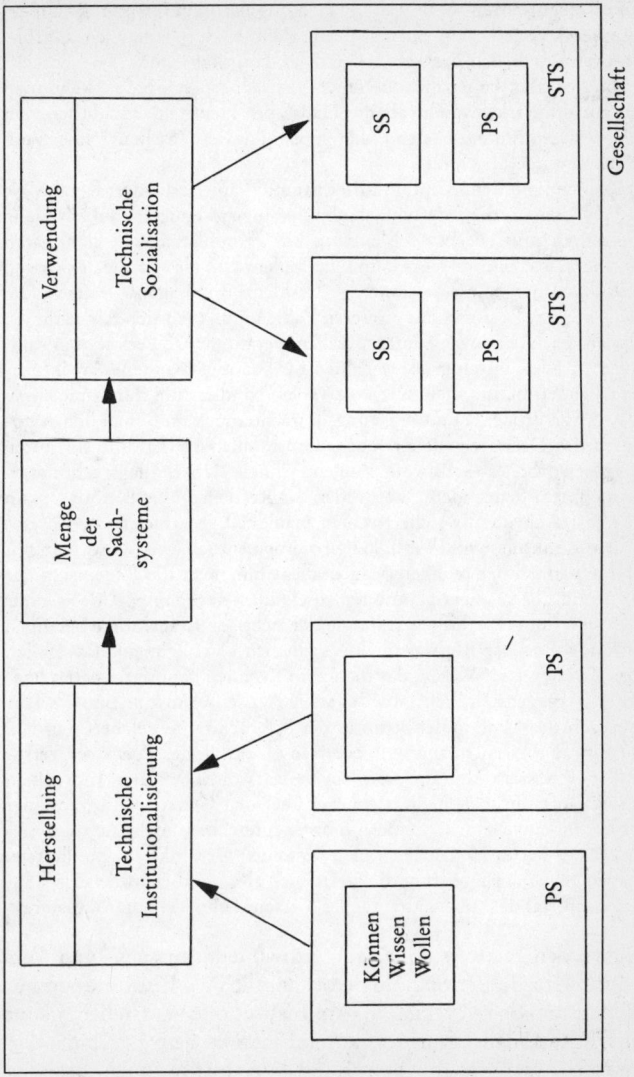

Besonders deutlich läßt sich dieser Vorgang am Beispiel des elektronischen Taschenrechners exemplifizieren. Dieses Gerät hat sich in wenig mehr als zehn Jahren sozusagen lawinenartig verbreitet, wozu die außerordentliche Verbilligung auf rund ein Zehntel der damaligen Einführungspreise natürlich das Ihre beigetragen hat. Wenn auch Taschenrechner von den Haushaltstichproben nicht für sich erfaßt werden, kann man doch annehmen, daß mehr als die Hälfte der Haushalte mindestens ein Gerät besitzen, zumal in den höheren Schulklassen Taschenrechner zum Teil schon eingeführt sind.

Das Rechnen mit dem Kopf, mit Bleistift und Papier erfordert Kenntnisse und Fertigkeiten, die jeder einzelne in der Jugend einige Schuljahre lang hat erlernen müssen. Im Zahlenraum bis 20 muß man alle denkbaren Additionen und Subtraktionen und im Zahlenraum bis 100 alle denkbaren Multiplikationen und Divisionen – das kleine Einmaleins – auswendig lernen. Für das Rechnen mit größeren Zahlen muß man sich Algorithmen aneignen, nach denen elementare Rechenoperationen zu verknüpfen sind; bei der Division durch größere Zahlen gar benötigt man eine Art intuitives Zahlengefühl, um nicht allzu oft Versuch und Irrtum durchspielen zu müssen. Für Prozent- und Währungsumrechnungen muß man den Algorithmus des Dreisatzes beherrschen, und in allen Fällen hilft ein durch Übung erworbenes Gefühl für Zahlen, schnelle Überschlagsrechnungen vorzunehmen. Je nachdem, wofür man das Rechenresultat benötigt, kann man frei entscheiden, welche Rechengenauigkeit zu erzielen ist.

All diese Kenntnisse und Fertigkeiten werden entbehrlich, wenn man mit dem Taschenrechner rechnet. Man braucht nur noch die Bedeutung der Zahlen und der Rechenoperationen sowie die »Rechenlogik« des Geräts zu kennen, um die richtigen Tasten in der richtigen Reihenfolge betätigen zu können, und das Rechenergebnis stellt sich von allein ein. Tatsächlich ist das Können und Wissen, das man zum Rechnen benötigt, im Taschenrechner vergegenständlicht worden; alle Wissenselemente und Verfahrensvorschriften sind in der Struktur der Mikrochips gespeichert worden. Können und Wissen stehen nun jedem in objektivierter Form zur Verfügung. In gewissem Umfang wird sogar das Wollen von den Individuen abgelöst; so kann man nicht mehr frei über den Genauigkeitsgrad einer Berechnung entscheiden, sondern muß es hinnehmen, daß auch der Gegenwert des im ausländischen Lokal bestellten Getränks auf hundertstel Pfennige genau angegeben wird. Tatsächlich also verkörpert der Taschenrechner ein stabiles, überindividuelles Wissens- und Verhaltensmuster.

Nun werden relativ stabile, überindividuelle Wissens- und Verhaltensmuster in der Soziologie bekanntlich als Institutionen bezeichnet, und den Vorgang, in dem Institutionen entstehen, nennt man Institutionalisierung. So kommt man zu dem Ergebnis, daß technische Sachsysteme den Rang von Institutionen besitzen

(Linde 1972), und die Herstellung von Sachsystemen ist als technische Institutionalisierung anzusehen. Ein ursprünglich sozialer Prozeß ist technisiert worden, bleibt aber nichtsdestoweniger eine gesellschaftliche Erscheinung. Diese Feststellung spricht dafür, daß der bislang vorherrschende theoretische Dualismus von Technik und Gesellschaft irreführend und unzweckmäßig ist.

2.3 Technische Sozialisation

Wenn die Sachsysteme im Herstellungsprozeß verwirklicht worden sind, besitzen sie ihre institutionelle Kraft zunächst nur potentiell. Ihre institutionelle Potenz realisiert sich erst in dem Augenblick, in dem die Sachsysteme von einzelnen Menschen verwendet werden und damit zu integralen Bestandteilen soziotechnischer Handlungssysteme werden; dies ist in der rechten Hälfte der schematischen Darstellung von Abbildung 2 angedeutet.

So wird auch der Taschenrechner, wenn ein Mensch ihn benutzt, zum Teil eines Handlungssystems, das nunmehr aus Mensch und Taschenrechner besteht. Weder ist es nur der Mensch, der da rechnet, noch ist es allein das technische Gerät. Vielmehr bilden beide gemeinsam eine integrale Handlungseinheit, in der die erforderlichen Rechenkenntnisse und -fertigkeiten vom technischen Sachsystem eingebracht werden.

Indem also ein Mensch den Taschenrechner benutzt, verfügt er über ein Können und Wissen, das nicht mehr sein eigenes ist, ihm aber doch in vergegenständlichter Form zu Gebote steht. In technischer Objektivation ist gesellschaftlich verallgemeinertes Können und Wissen zum konstitutiven Bestandteil soziotechnischen Handelns geworden. Im Grunde braucht man das Einmaleins gar nicht mehr von einem menschlichen Lehrer zu lernen, da es, im Taschenrechner verkörpert, ohnehin für jedermann jederzeit verfügbar ist. Besonders deutlich zeigt sich das bei der Operation des Quadratwurzel-Ziehens: Kaum jemand beherrscht den Algorithmus, diese Operation mit Bleistift und Papier auszuführen, doch mit Hilfe des Taschenrechners kann tatsächlich jedermann Quadratwurzeln ermitteln, indem er lediglich durch einen einzigen Tastendruck das entsprechende Unterprogramm im Gerät aufruft. Solches aber geschieht inzwischen tagtäglich millionenfach!

Die Technisierung des Alltagshandelns bedeutet also nichts anderes, als daß dem einzelnen nunmehr gesellschaftlich verallgemeinertes, überindividuelles Können, Wissen und Wollen in technischer Vergegenständlichung verfügbar ist. Für jene Handlungsfunktionen, die das technische Sachsystem leistet, braucht das Individuum keine persönlichen Qualifikationen mehr zu erwerben und zu entwickeln, da es nun fremde Fähigkeiten, die im Sachsystem verkörpert sind, ohne weiteres nutzen kann: Die Aneignung von Qualifikationen wird durch die Aneignung von Sachen ersetzt.

Nun nennt man in der Soziologie all jene Vorgänge, in deren Verlauf der Mensch zum Mitglied einer Gesellschaft und Kultur wird, Sozialisation. Insbesondere umfaßt der Sozialisationsprozeß die Verbreitung gemeinsamen Könnens, gemeinsamen Wissens und gemeinsamen Wollens. Genau dies aber wird nun von technischen Sachsystemen geleistet, soweit sie Träger von Handlungsqualifikationen sind. Wenn aber Können und Wissen dadurch übertragen werden, daß man Sachsysteme in Gebrauch nimmt, in denen dieses Können und Wissen vergegenständlicht ist, dann erweisen sich die Sachsysteme als Medien technischer Sozialisation. Indem sich ein Mensch mit einem technischen Sachsystem zu einem Handlungssystem zusammentut, geht er mithin ein gesellschaftliches Verhältnis ein: Sein individuelles Handeln gründet sich nunmehr auf überindividuelles Können, Wissen und Wollen, das in technischer Vergegenständlichung zum festen Bestandteil des personalen Handlungssystems geworden ist.

Ein besonders eindrucksvolles Beispiel ist das Telefon, das es in der Bundesrepublik inzwischen auf 27 Millionen und weltweit auf 419 Millionen Anschlüsse gebracht hat (Siemens 1987); bedenkt man, daß die meisten dieser Anschlüsse durch Selbstwahl Verbindung miteinander herstellen können, so errechnet sich eine Verknüpfungspotenz von mehr als 80 Billiarden möglicher Kommunikationsgelegenheiten, die entfernungsunabhängig und minutenschnell ohne fremde Mitwirkung von Individuen genutzt werden können. Daran gemessen erweist sich das Telefonnetz als das größte soziotechnische System unserer Kultur.

Im Gegensatz zum Taschenrechner institutionalisiert das Telefon nicht spezifische Fertigkeiten, sondern lediglich die Gelegenheit zur Kommunikation. Mußten sich Menschen sonst, um ein Gespräch zu führen, räumlich aufeinander zu bewegen – was übrigens auch sozial institutionalisiert werden konnte, so zum Beispiel auf dem dörflichen Kirchplatz nach dem Sonntagsgottesdienst –, so kann heute vermittels der soziotechnischen Institution des Telefons ohne körperliche Ortsveränderung jeder mit jedem sprechen.

Erste Untersuchungen zu den sozialen Folgen des Telefons (de Sola Pool 1978) belegen, was aufgrund des hier skizzierten theoretischen Ansatzes zu erwarten ist: daß nämlich diese Instituiton ihre sozialisatorischen Wirkungen nicht verfehlt und tatsächlich überindividuelle Handlungsmuster konstituiert, die das individuelle Handeln nachhaltig prägen: »Man muß« sich telefonisch anmelden, bevor man Freunde besucht, »man muß« sich telefonisch bedanken, wenn man auf einer Party gewesen ist, »man muß« von der Reise bei den Daheimgebliebenen anrufen und sich wohlauf melden, kurz, man hat verfestigten Erwartungen mit ganz bestimmten Handlungsmustern Rechnung zu tragen, die zwar zum Teil an die Stelle früherer schriftlicher Kommunikationsrituale getreten sind, sich zum Teil aber auch erst durch die technisch institutionalisierte Gelegenheit verbreitet haben.

Auch in der technischen Sozialisation wird ein Prozeß, der ursprünglich rein gesellschaftlichen Charakter trug, technisiert und hört doch nicht auf, gesellschaftlich zu wirken. Wieder erkennt man, daß bei der theoretischen Durchdringung der soziotechnischen Entwicklung die technischen und die gesellschaftlichen Anteile nur noch analytisch auseinandergehalten werden können, während sie in der soziotechnischen Praxis auf das Engste miteinander verflochten sind.

Institutionalisierung und Sozialisation sind gesellschaftskonstitutiv. Wenn diese gesellschaftskonstitutiven Prozesse mehr und mehr durch Technik vermittelt werden, muß man dies in einem strikten Sinne als Technisierung der Gesellschaft betrachten: Gesellschaft kann nur noch begriffen werden, wenn die konstitutive Rolle der Technik anerkannt wird. Gewiß gilt das, was hier analysiert wurde, auch für die Technisierung des beruflichen Bereichs, die ja bereits seit der Ersten Industriellen Revolution im Gange ist. So ist es denn auch schon K. Marx (1858, S. 584 ff.) gewesen, der einen Grundgedanken der vorliegenden Erwägungen formuliert hat, indem er die Maschinerie als die »Akkumulation des Wissens und des Geschicks, der allgemeinen Produktivkräfte des gesellschaftlichen Hirns« apostrophierte. Allerdings hat Marx seine Überlegungen nur auf die Produktion bezogen; Technik im privaten Bereich verstand er nur als »Luxuswaren«, und er hielt sie »für die unbedeutendsten für die technologische Vergleichung verschiedner Produktionsepochen« (Marx 1867, S. 195). Dementsprechend meinen orthodoxe Marxisten noch heute, technische Konsumgüter zählten nicht zur Technik

(Klaus/Buhr 1975, S. 1209). Man muß sich fragen, ob nicht diese Auffassung unterderhand mitgewirkt hat, wenn sozialwissenschaftliche Technikforschung auch in den nicht-marxistischen Schulen die Technik im privaten Bereich bis heute so hartnäckig vernachlässigt hat. Gewiß muß man einräumen, daß die Technisierung des privaten Bereichs erst in diesem Jahrhundert und vor allem erst in den letzten Jahrzehnten geschehen ist. Inzwischen aber ist das volle Ausmaß erkennbar; es ist an die quantitativen Angaben in Abbildung 1 zu erinnern, und B. Joerges (1981 a) schätzt, daß heute das Sachkapital eines durchschnittlichen Haushalts größer ist als das eines Handwerksbetriebes im 19. Jahrhundert. Erst durch die Technisierung des privaten Bereichs aber gewinnen die technische Institutionalisierung und die technische Sozialisation, die zuvor mit dem beruflichen Bereich ja nur einen Teil der Gesellschaft erfaßt hatten, gesamtgesellschaftliche Wirkungsmacht; erst die Technik im Alltag führt zur durchgängigen Technisierung der Gesellschaft.

3. Desiderate der Technikforschung

3.1 Theorie der technischen Entwicklung

Wenn man die gesellschaftstheoretische Deutung der Technisierung, die im letzten Abschnitt vorgeschlagen wurde, akzeptiert, sieht man sich genötigt, eine Vielzahl weiterer Fragen daran anzuknüpfen; darum sind im folgenden einige besonders dringende Teilprobleme wenigstens zu umreißen.

So ist es selbstverständlich nicht damit getan, die Technikentstehung als einen Prozeß der Institutionalisierung zu beschreiben. Vielmehr muß auch erklärt werden, welche Faktoren die technische Entwicklung bestimmen. Dazu muß man sich wohl zunächst mit den verschiedenen Spielarten des technologischen Determinismus auseinandersetzen, wie sie von Autoren wie Spengler, F. G. Jünger, Freyer, Gehlen, Ellul, Schelsky, Marcuse und anderen vertreten werden (vgl. Ropohl 1982). Bei genauerer Analyse stellt man fest, daß derartige Auffassungen zwei verschiedene Arten von Determination behaupten: Erstens wird angenommen, daß die technische Entwicklung selbst determiniert sei, und zweitens wird die These vertreten, die jeweiligen sachtechnischen

Hervorbringungen determinierten ihrerseits individuelles und soziales Handeln. In den bekannten Technokratiekonzepten treten beide Teilthesen in kaum entwirrbarer Vermengung auf; es empfiehlt sich jedoch eine analytische Unterscheidung, da die erstgenannte These eindeutig auf die Technikentstehung zielt, während die zweite Spielart vor allem die Technikverwendung im Auge hat.

Hier interessiert zunächst die erste Variante, die als genetischer Determinismus bezeichnet werden kann. Diese Auffassung spricht der technischen Entwicklung »Naturwüchsigkeit« oder auch eine »innere Verlaufslogik« zu. Schon die Metaphorik dieser Charakterisierungen spricht für deren Erklärungsschwäche, und tatsächlich wird dann auch durchweg so etwas wie ein unerklärbarer Automatismus angenommen. Träfe dies zu, so müßte die technische Institutionalisierung als eine unbeeinflußbare Eigenbewegung begriffen werden. Tatsächlich könnte man für diese Annahme die Analogie geltend machen, die zwischen technischer Institutionalisierung und der Entstehung herkömmlicher, immaterieller Institutionen gesehen werden könnte; für den Prozeß, in dem sich gesellschaftliche Verhaltensmuster und Normen herausbilden, sind eindeutig faßbare Wirkfaktoren ja auch nicht ohne weiteres zu identifizieren.

In Wirklichkeit jedoch ist es höchst zweifelhaft, ob diese Analogie angenommen werden kann. Gewiß erweist es sich als höchst intrikat, die Entstehungsfaktoren beispielsweise der Begrüßungsrituale dingfest zu machen. Die Entstehung des Taschenrechners hingegen läßt sich technikgeschichtlich in allen Einzelheiten nachzeichnen, und dann müßte es auch möglich sein, begründete Hypothesen über die Wirkfaktoren dieses Institutionalisierungsprozesses zu formulieren. Tatsächlich sind gegen den genetischen Determinismus schon die verschiedensten Erklärungsansätze vorgelegt worden, um die technische Entwicklung mit technikexternen Ursachen zu begründen. Resümiert man die verschiedenen Erklärungstypen (Ropohl 1979, S. 302 ff.), muß man freilich feststellen, daß kaum ein einzelner Ansatz zu befriedigen vermag. So gehört denn eine umfassende Theorie der technischen Entwicklung nach wie vor zu den uneingelösten Desideraten interdisziplinärer Technikforschung (Ropohl 1981).

Die theoretische Klärung dieser Frage ist auch darum so wichtig, weil die technische Institutionalisierung den Rahmen für die anschließende technische Sozialisation im privaten Bereich abgibt. Ob und wie Rückkopplungen aus dem privaten Bereich in den weiteren Gang der technischen Entwicklung vorkommen oder gefördert werden können, hängt davon ab, ob es gelingt, die »Mechanismen« der technischen Entwicklung transparent und dem gestaltenden Eingriff zugänglich zu machen. Zwar gehört eine Theorie der technischen Entwicklung nicht unmittelbar zur Erforschung der Technik im Alltag, doch wird sich soziotechnisches Handeln im privaten Bereich letztlich nicht angemessen verstehen lassen, wenn es nicht in den umfassenden Zusammenhang des Institutionalisierungs-Sozialisations-Konzepts gestellt wird.

3.2 Theorie der Technikverwendung

Das Konzept der technischen Sozialisation impliziert, daß die Technikverwendung im privaten Bereich nicht einfach als kalkulierter Einsatz von Mitteln für vorgängige Zwecke verstanden werden kann. So ist denn auch hier zunächst die Position des technologischen Determinismus zu prüfen, dessen zweite Variante als Sachzwangthese bekannt ist und als konsequentieller Determinismus präzisiert werden kann. Diese Auffassung behauptet, wie gesagt, daß die institutionelle Potenz der Sachsysteme das soziotechnische Alltagshandeln determiniere. An anderer Stelle (Ropohl 1979, S. 183 ff.) ist diese These in einer ausführlichen Analyse der Technikverwendung untersucht und im Sinne einer »Sachdominanz«-Vermutung (Linde 1972) relativiert worden. Hier kann nur ein Aspekt hervorgehoben werden, der in der sozialwissenschaftlichen Diskussion gegenwärtig eine besondere Rolle spielt.
Eine besondere Ausprägung des konsequentiellen Determinismus präsentiert sich in der Hypothese, auf dem Wege der technischen Sozialisation werde die private Lebenswelt von zweckrationalen Handlungsmustern völlig durchdrungen und spontaner, emotionaler, kreativer und kommunikativer Handlungsmuster weitgehend beraubt. Gewiß ist das eine Frage, die vor allem auch empirisch entschieden werden muß. Vorderhand kann diese Hypothese aber auch theoretisch problematisiert werden, indem man ihre Implikationen aufdeckt. Es werden dabei nämlich folgende

Unterstellungen mitgedacht: Erstens nimmt man an, daß im Institutionalisierungsprozeß ausschließlich kognitiv-zweckrationale Handlungsorientierungen vergegenständlicht werden; zweitens scheint man zu glauben, daß die angenommene – und partiell wohl tatsächlich praktizierte – Zweckrationalität des Produktionsprozesses auf die Struktur der Produkte durchschlägt, da sie ja sonst in der technischen Sozialisation nicht wirksam werden könnte; drittens schließlich faßt man den Sozialisationsprozeß außerordentlich mechanistisch auf, wenn man behauptet, der Mensch werde sich bei der soziotechnischen Integration in jeder Hinsicht den mehr oder minder rationalen Verwendungsprogrammen unterordnen, die in den Sachsystemen inkorporiert sind. Keine dieser Teilhypothesen versteht sich von selbst; jede bedarf einer differenzierten theoretischen und empirischen Prüfung.

Wirft man in diesem Lichte noch einmal einen Blick auf den Taschenrechner, so muß man zwar zugeben, daß die Objektivation rationalen Wissens und rationaler Prozeduren eindeutig dominiert. Doch folgt daraus nicht zwangsläufig, daß der Taschenrechner den Anteil zweckrationalen Handelns beim Verwender vergrößern würde. Schon die Kaufentscheidung ist nicht unbedingt rational, zumal sich der erwartete Nutzen bei privater Technikverwendung kaum monetarisieren läßt; vielmehr liegt die Vermutung nahe, daß Symbolwerte eine beträchtliche Rolle spielen. Des weiteren beobachtet man nur selten, das Touristen im Ausland oder Käufer im Supermarkt wirklich einen Taschenrechner benutzen; trotz seiner weiten Verbreitung wird das Gerät dort, wo es die Rationalität des Alltagshandelns steigern könnte, nur selten eingesetzt. Umgekehrt werden hin und wieder alle möglichen Berechnungen angestellt, die entweder überhaupt oder doch jedenfalls in der dem Taschenrechner eigenen Genauigkeit kaum mit dem Rationalprinzip vereinbar sind. Und schließlich haben findige Köpfe entdeckt, daß man einige Ziffernzeichen der Sieben-Segment-Anzeige, wenn man sie um 180° dreht, als Buchstaben interpretieren kann, und daraus unterhaltsame Knobelspiele entwickelt. Solche programmwidrigen Verwendungsformen sprechen nun wirklich nicht dafür, daß technische Sachsysteme dem Imperialismus der Zweckrationalität Vorschub leisteten. Ähnliches gilt übrigens für die Heimcomputer, von denen jüngst festgestellt wurde (Test 1984), daß sie fast ausschließlich zum Erlernen einer Programmiersprache, also für eine zunächst zweckneutrale Leistung, und für Videospiele verwendet werden, keineswegs jedoch in plan- und regelmäßigem Einsatz für Budget- und Steuerberechnungen die Zweckrationalität des Alltagshandelns steigern.

Überhaupt konkurrieren, will man die Technikverwendung im privaten Bereich erklären, mit dem Rationalprinzip zum mindesten das Leistungsprinzip, verstanden als Prinzip der zweckfreien, in sich selbst lohnenden Anstrengung, und das Spielprinzip. Hinzu treten nur teilweise sozial vermittelte Symbolwerte, die immerhin für die Engmaschigkeit der soziotechnischen Integration sprechen; wenn Menschen ihr Identitätsbewußtsein nicht zuletzt von Sachsystemen beziehen, dann deutet das darauf hin, daß die Mensch-Maschine-Symbiose im soziotechnischen System nicht nur eine funktionale, sondern auch eine existentielle Dimension gewonnen hat. Es wird eine vordringliche Aufgabe einer zu entwickelnden Theorie der Technikverwendung sein, vor allem auch den nicht-rationalen Elementen der technischen Sozialisation nachzuspüren.

4. Probleme der Umwelt- und Sozialverträglichkeit

4.1 Hintergründe der aktuellen Technikkritik

Die Technisierung sozialer Prozesse, die in den letzten Abschnitten skizziert wurde, kann man durchaus als eine Art von Kulturrevolution ansehen: Kultur, als Menge gemeinsamen Könnens, Wissens und Wollens, löst sich von den Individuen ab und materialisiert sich in Technik. »Dampf, Elektrizität und Spinnmaschine«, hatte bereits Marx (1856) erkannt, »waren Revolutionäre von viel gefährlicherem Charakter als selbst die Bürger Barbès, Raspail und Blanqui.« Tatsächlich ist es ein revolutionärer Vorgang, wenn sich ideelle und soziale Kultur in materielle Kultur verwandeln. Dieser Wandel ist um so einschneidender, als mit der Technisierung der Gesellschaft auch eine weltumspannende Technisierung der Natur (Ropohl 1983) einhergeht. Obwohl dieser globale Prozeß keiner anonymen Schicksalsmacht, sondern allein menschlichem Handeln zuzuschreiben ist, haben es die Menschen offensichtlich weithin noch nicht gelernt, sich als Subjekt dieses Prozesses zu verstehen und zu verhalten.

Der objektiv unzutreffende, subjektiv jedoch weit verbreitete Eindruck, die Technisierung von Natur und Gesellschaft sei den Menschen aus den Händen geglitten, verstärkt sich, wenn neben beträchtlichem Nutzen auch zahlreiche schädliche Folgen zu vermerken sind. Insbesondere sind es die Beeinträchtigungen des Ökosystems, die vielfach offen zutage liegen. Psychosoziale Belastungen werden zwar noch nicht mit der gleichen Einmütigkeit anerkannt, dürften aber gerade vor dem Hintergrund des Institutionalisierungs-Sozialisations-Konzepts, das hier entwickelt wurde, schwerlich wegzudiskutieren sein.

So kann sich die aktuelle Technikkritik auf zahlreiche Beanstandungen stützen, die kaum zurückzuweisen sind. Dann aber überlagert sich dieser Technikkritik eine kulturkritisch-konservative Strömung, die immer schon den gesellschaftlichen Modernisierungsprozeß mit Argwohn begleitet hat. So ist es denn auch nicht verwunderlich, daß die Konzepte der Umwelt- und Sozialverträglichkeit, die heute allenthalben zur Bewertung der Technik herangezogen werden, in einem merkwürdig statischen, ja oft durchaus konservativen Sinn aufgefaßt werden: so, als müßten Umwelt und Gesellschaft als unveränderliche Gegebenheiten betrachtet werden, die von technischen Entwicklungen nicht angetastet werden dürfen. Wenn man schon bei derart pauschalen Konzepten bleiben will, müßte man sie wenigstens dynamisieren und in die Betrachtung einbeziehen, daß ja auch Veränderungen der natürlichen Umwelt und der gesellschaftlichen Verfassung denkbar und zulässig sein mögen, die zu einer größeren ökotechnischen und soziotechnischen Kompatibilität führen und gleichzeitig die menschlichen Lebensbedingungen verbessern.

Jedenfalls kann man davon ausgehen, daß die gegenwärtige Technik unvollkommen ist, weil sie unvollständig ist. Vielen Sachsystemen fehlt die ökologische Einbettung, die dafür zu sorgen hätte, daß nicht länger natürliche Umwelt in irreversibler Weise in Mitleidenschaft gezogen wird. Ferner ist die Technik so lange unvollständig, wie die Verwender der Sachsysteme nicht die erforderliche Kompetenz besitzen, um der Potenz der Sachsysteme angemessen begegnen zu können; das betrifft in besonderer Weise die Technikverwendung im privaten Bereich, wo der Benutzer ja nicht nur Laie in bezug auf die ingenieurtechnische Realisierung des Sachsystems, sondern auch Laie bezüglich der psychosozialen Nebenfolgen ist, die sich nicht zuletzt aus der technischen Sozialisation ergeben. Schließlich zeigt sich die Unvollständigkeit der Technik auch darin, daß es an gesellschaftlichen Einrichtungen fehlt, die für eine bessere Steuerung und Kontrolle der technischen Entwicklung sorgen könnten (Ropohl 1985).

Freilich lassen sich solche soziotechnischen Defizite nicht durch eine wie auch immer geartete »alternative« Ingenieurtechnik beheben, sondern nur durch menschliche und gesellschaftliche Weiterentwicklung. Es wäre eine sehr fragwürdige Strategie, den gegenwärtig durchaus vorhandenen *cultural lag* (Ogburn 1972) dadurch ausgleichen zu wollen, daß man die vorausgeeilte Ingenieurtechnik auf das zurückgebliebene Niveau der soziokulturellen Bewältigungskapazitäten zurückschrauben wollte.

4.2 Soziokulturelle Bewältigung der Technisierung

Freilich kann man sich auch nicht auf Dauer damit abfinden, daß die technische Entwicklung stets vorauseilen und die gesellschaftliche Entwicklung immer nur zur nachgängigen Anpassung zwingen würde; mag die Vorstellung von der »kulturellen Verzögerung« die bisherige soziotechnische Entwicklung zutreffend beschreiben, ist sie doch kein ehernes Gesetz, das auch für alle Zukunft gelten müßte. Vielmehr wird man eine »Doppelstrategie« betreiben müssen: während die »kulturelle Verzögerung« durch entsprechende Bewußtseinsbildung aufzuholen ist, muß gleichermaßen die gesellschaftliche Organisation entwickelt werden, um technische und gesellschaftliche Entwicklung in Zukunft von vornherein aufeinander abzustimmen. Gewiß könnte es verlockend erscheinen, zwischenzeitlich diese Doppelstrategie durch Moratorien in der Einführung neuer Techniken zu unterstützen; doch würde man damit in ein Dilemma geraten, das C. F. von Weizsäcker (1981, S. 54 f.) treffend bezeichnet hat: »Verzicht auf die fortschreitende Technik ist, auch wo er heilsam wäre, in einer unerleuchteten Menschheit wie der heutigen politisch und ökonomisch nicht durchsetzbar; in einer ihrer Situation bewußteren Menschheit aber wäre er vermutlich überflüssig. Bewußtseinsentwicklung ist die Aufgabe, welche die technische Entwicklung uns heute stellt.«

In der Tat ist technologische Aufklärung eines der dringenden Desiderate, um die oben erwähnte Unvollständigkeit der Technik zu überwinden. Gerade die Technik im privaten Bereich bedarf ergänzender Aufklärung über ihre Chancen und Risiken. Jeder Benutzer technischer Sachsysteme muß begreifen lernen, daß er mit dem technischen Gegenstand zugleich eine andere Art des Handelns übernimmt, die ihm soziotechnisch vermittelt wird. Diese Einsicht ist ein Element technologischer Allgemeinbildung, zu der schon auf der Schule der Grund gelegt werden muß. Bis auf die Gymnasien haben die allgemeinbildenden Schulen inzwischen ja tatsächlich den Technikunterricht in der einen oder anderen Form eingeführt, und es kommt nun nur noch darauf an, neben sachtechnischem Grundwissen auch soziotechnologisches Systemverständnis zu fördern. Aber auch technologische Aufklärung ist ein lebenslanger Prozeß, zumal die Technisierung der Gesellschaft ständig mit weiteren Innovationen fortschreitet. Darüber besser zu informieren als bisher ist daher eine ernste Herausforderung für die Medien, vor allem auch die Tages- und Wochenpresse, die soziotechnologischen Fragen endlich die gleiche Aufmerksamkeit zuwenden sollte, die sie anderen Bereichen der Kultur seit jeher widmet. Auch Warentest und Verbraucherverbände müßten ihren Horizont in der hier skizzierten Richtung erweitern und entsprechende Informationen und Einsichten noch wirksamer verbreiten. Hersteller sollten ihren Kunden zusammen mit dem Produkt erschöpfende Produktinformationen nicht nur über Wirkungsweise und Aufbau, sondern auch über problematische Nutzungsformen bereitstellen; so sollte es ganz selbstverständlich zur Bedienungsanleitung eines Fernsehgerätes gehören, auf die Gefahren exzessiven Bilderkonsums vor allem für Kinder hinzuweisen. Schließlich sollten sich auch die Ingenieure verstärkt darum bemühen, die Probleme, an denen sie arbeiten, einer interessierten Öffentlichkeit verständlich zu machen.

Doch reicht auch entwickelte persönliche Kompetenz der Benutzer keineswegs aus, um gegenüber der institutionellen Potenz der technischen Gegenstände Souveränität gewinnen und bewahren zu können. Die technische Sozialisation kann nur dadurch vor drastischen Fehlentwicklungen bewahrt werden, daß sie einer institutionellen Steuerung und Kontrolle unterworfen wird; es ist dies der zweite Teil der oben angedeuteten »Doppelstrategie«. Einerseits bedürfen die vorhandenen politischen und gesellschaftlichen Institutionen, beispielsweise Technologie-Ministerien oder technische Überwachungsvereine, zusätzlicher technopolitischer Planungs- und Steuerungskompetenz. Andererseits sind neue Institutionen wie Institute für Technikforschung und Ämter für Technikbewertung, feste Formen kommunaler und regionaler

Bürgerpartizipation oder auch spezielle Instanzen technischer Jurisdiktion für diesen Zweck zu entwickeln und auszubauen. Solche Stellen könnten in dezentralen und pluralistischen Aktivitäten zusammenwirken, um die technische Entwicklung ihrer Naturwüchsigkeit zu entheben und einer demokratischen Kontrolle zu unterwerfen, ohne bürokratischer Erstarrung zu verfallen. Freilich wird technopolitische Steuerung und Kontrolle in Zukunft nicht erst dann einsetzen dürfen, wenn die technische Neuerung bereits ausgearbeitet ist; nicht mehr als das zu vermögen ist die Schwäche der gegenwärtig praktizierten Technikbewertung. Darüber hinaus wird man mit bedürfnisorientierter prospektiver Technikbewertung und Techniksteuerung bereits die technische Institutionalisierung beeinflussen müssen, um die technische Entwicklung besser mit dem gesellschaftlich und politisch Wünschenswerten abstimmen zu können.

5. Schlußbemerkungen

Die realtechnische Entwicklung führt, wie in diesem Beitrag gezeigt wurde, zu einer wachsenden Technisierung der Gesellschaft. Gesellschaftskonstitutive Prozesse wie Institutionalisierung und Sozialisation gerinnen in zunehmendem Ausmaß in der materiellen Vergegenständlichung der technischen Sachsysteme. Solange diese Entwicklung weithin auf den beruflichen Bereich beschränkt blieb, betraf sie nur einen Teil der Menschen während eines Teils ihrer Lebenszeit. Nun aber haben mit der durchgängigen Verbreitung technischer Sachsysteme im privaten Bereich des Alltagshandelns die technische Institutionalisierung und die technische Sozialisation gesamtgesellschaftliche Wirkungsmacht gewonnen. Die kulturrevolutionäre Dynamik dieser Entwicklung, die in der Technikdebatte ihren Ausdruck findet, läßt es geboten erscheinen, neue technopolitische Strategien einzusetzen, die durch technologische Aufklärung und durch neue gesellschaftliche Einrichtungen soziokulturelle Bewältigungskapazitäten aufbauen, die der Dynamik des soziotechnischen Wandels gewachsen sind.

Solche Bewältigungsstrategien setzen freilich theoretische Einsichten voraus, um die in interdisziplinärer Technikforschung noch gerungen wird. Die bislang geläufige Redeweise, die von

Technik *und* Gesellschaft spricht, hatte die Auffassung nahe gelegt, es handele sich dabei um völlig getrennte Seinsbereiche, zwischen denen es lediglich ein paar beiläufige Berührungspunkte gebe. Tatsächlich ist das immer noch der herrschende Meinung in den Technikwissenschaften, die in ihren Forschungs- und Lehrprogrammen an einem absolut gesellschaftsblinden Technikbegriff festhalten. Aber auch die Sozialwissenschaften haben, wie gesagt, bis in die jüngste Zeit hinein so getan, als wäre die Technik ein Phänomen, das den sozialen Erscheinungen äußerlich bliebe und allenfalls als externer Faktor oder wesensfremdes Nebenprodukt sozialer Prozesse ins Beiwerk gesellschaftswissenschaftlicher Theorienbildung gehöre. Neuerdings jedoch erwecken gewisse Konzeptualisierungsversuche jüngerer Sozialforscher den Eindruck, als setzten sie zu einer totalen Soziologisierung der Technik an (zum Beispiel Hochgerner 1986; Noble 1978; Rammert 1983). Und die vorstehenden Überlegungen könnten möglicherweise dahingehend mißverstanden werden, als wollten sie im Gegenzug zu solchem soziologischen Reduktionismus nun mit der totalen Technologisierung der Gesellschaft kontern.

Freilich ist nicht zu bestreiten, daß der Technik gesellschaftliche Momente innewohnen, ja, daß sie als ein Stück sozialer Praxis aufzufassen ist. Und es ist umgekehrt in diesem Beitrag gezeigt worden, daß die moderne Industriegesellschaft technische Momente in sich aufgenommen hat, die ihre Konstitution als Gesellschaft berühren. Wenn soziale Strukturen und soziale Prozesse mehr und mehr in technischen Sachsystemen gerinnen, dann folgt aus diesem Befund tatsächlich die These, daß Gesellschaft nur mehr qua Technik theoretisch begriffen werden kann. Nimmt man aber die Vergesellschaftung der Technik und die Technisierung der Gesellschaft zusammen, kann man wirklich die Frage aufwerfen, ob die Unterscheidung von Technik und Gesellschaft nicht vielleicht überhaupt obsolet geworden ist (zum Beispiel Türk 1983, S. 237, zu Krämer 1982).

Daß diese Frage in derart undifferenzierter Form nicht einfach bejaht werden kann, ist in diesen abschließenden Gedanken nur noch anzudeuten. Sorgfältige sozialwissenschaftliche Analysen hätten zu zeigen, welche gesellschaftlichen Phänomene (noch) nicht von Technik affiziert sind oder gar auch prinzipiell dagegen immun sind. Ganz ähnlich hätte die Technikforschung zu prüfen, welche technischen Phänomene unabhängig von gesellschaftlichen Einflüssen bestehen. Nur wenn solche Untersuchungen negativ ausgingen, wenn Nicht-Technisches in der Gesellschaft und Nicht-Soziales in der Technik überhaupt nicht aufzuweisen wären, nur dann könnte man die Identität von Technik und Gesellschaft behaupten. So zugespitzt enthüllt sich die Identitätsthese offensichtlich als vorschneller Reduktionismus, der spezifische Differenzen, die noch keineswegs auszuschließen sind, allzu grobschlächtig überspielen würde. Technik und Gesellschaft sind als Phänomenbereiche weder völlig disparat, noch fallen sie unterschiedslos in eins zusammen.

Technik kann als Objektivation sozialer Strukturen und Prozesse verstanden werden; und Gesellschaft läßt sich als Konstrukt aus technischer Substanz auffassen. Doch auch wenn Technik und Gesellschaft zum soziotechnischen System verschmelzen, bleiben die technischen und die sozialen Subsysteme mindestens in analytischer Perspektive unterscheidbar. Vergesellschaftung der Technik und Technisierung der Gesellschaft sind Teilansichten soziotechnologischer Theorienbildung, für die nicht bedenkenlose Universalansprüche erhoben werden sollten.

Anmerkung

Die allgemeinen Thesen »Zur Technisierung der Gesellschaft« wurden, ohne Bezug zur Alltagsproblematik, erstmals auf einer gemeinsamen Tagung des VDI-Ausschusses Grundlagen der Technikbewertung und der Gesellschaft für Humanwissenschaft 1983 auf der Reisensburg vorgetragen und sind daher auch unter dem genannten Titel in dem Sammelband *Technikbewertung. Philosophische und psychologische Perspektiven*, hg. von W. Bungard und H. Lenk, Frankfurt 1988, erschienen.

Peter Weingart
Differenzierung der Technik
oder Entdifferenzierung der Kultur

1. Technik und Verwendungszusammenhang

Wo immer es um Modelle und Begriffe zur Ordnung der Dinge geht, oszilliert die wissenschaftliche Diskussion zwischen Extremen und entdeckt in zeitlich ausreichendem Abstand die jeweilig erfolgreichen Gegenargumente wieder. In der Beschäftigung mit der Technik ist das nicht anders. Hier haben wir es ebenfalls mit zwei großen Traditionen der Einäugigkeit zu tun: einerseits den Analysen der sozialen Auswirkungen der Technik, andererseits denen der gesellschaftlichen Determinierung der technischen Entwicklung. Die entsprechenden Vorwürfe richten sich im ersten Fall gegen den unbegründeten technologischen Determinismus und Technokratismus, im zweiten Fall gegen einen ebenso irregeleiteten sozialen Reduktionismus und die Verharmlosung des Momentums technologischer Entwicklung. Die interessanteren Fragen tun sich auf, wenn die Evidenzen für beide Positionen gegeneinander aufgerechnet werden und zu erklären ist, wie es zu scheinbar widersprüchlichen Prozessen und Entwicklungen kommt. Ein Zugang, über den dies hier geschehen soll, eröffnet sich über die Untersuchung des Einflusses kultureller Orientierungen auf die Technikentwicklung und gegebenenfalls des Schicksals, das sie durch dieselbe erleiden.

Der Blick auf kulturelle Orientierungskomplexe, die zumindest analytisch von ökonomischen getrennt zu sehen sind und den gesamten Bereich nicht-utilitaristischer Technik bzw. Komponenten von Technik betreffen, erscheint mir deshalb interessant und wichtig, weil sich mit ihnen der Komplex der Technik»stile« erschließen läßt – so zumindest meine vorgängige Annahme. Das Interesse an Technikstilen ist im Grunde das Interesse an, wenn nicht »alternativen«, so doch zumindest differenzierten Technikentwicklungen, die soziologisch bedeutsam sind, weil sich an der im Prinzip identischen Technik verschiedene soziale bzw. »kulturelle« Einflüsse ablesen lassen müßten. Noch anders gesagt: Wir wollen dem Ursprung der Technik»stile« nachgehen, weil wir in ihnen die Indizien für die *soziale* Prägung der Technik vermuten, das heißt der vermeintlich »harten« Technik durch »weiche« soziale Handlungsmuster.

Bezeichnenderweise ist das Interesse der Technikhistoriker an Differenzierungen der »Stile« nicht sehr ausgeprägt, im Gegensatz zu dem Interesse an universalistischen technischen Prinzipien, an der »Einheit der Technik«. Zwei Beispiele stehen für die Ausnahmen: Zum einen ist es Edwards Laytons Untersuchung über die unterschiedlichen Prinzipien der Turbinenentwicklung in Frankreich und den USA, in der er zeigen kann, daß die in Frankreich von der mathematischen Ausbildung der Ingenieure an der École Polytechnique geprägte Entwicklung stark mit der in den USA von der Praxis und den ökonomischen Bedürfnissen der Mühlenbetreiber determinierten Entwicklung kontrastiert. Die beiden sehr unterschiedlichen Prinzipien schlagen bis in das Design der Turbinen durch. Das zweite Beispiel ist Tom Hughes Analyse der Entwicklung der Energieversorgungssysteme in den USA, Frankreich und Deutschland. Ich bleibe einen Augenblick bei Hughes.[1]

Hughes analysiert ausdrücklich technische Systeme, wobei er dem Systembegriff unterschiedliche Bedeutung gibt: einmal beschränkt sich der Begriff auf das technische System, beinhaltet also nur die technischen Komponenten; ein anderes Mal schließt er institutionelle Komponenten sowie Werte mit ein (die er von Institutionen unterscheidet, was den Institutionenbegriff in die Nähe von Organisation stellt). Sodann gilt es, die Gemeinsamkeiten und die Unterschiede derartiger Systeme zu erklären. Die Gemeinsamkeiten erklären sich aus dem Umstand, daß es einen internationalen *pool* von Technologie einer bestimmten Art (zum Beispiel Elektrizitätsversorgungssysteme) gibt, der in Patenten und Lizenzen für den internationalen Gebrauch sowie in der international verbreiteten technischen und wissenschaftlichen Literatur und der Ausbildung von Ingenieuren verkörpert ist. Das in diesem *pool* vorhandene Wissen wird von Ingenieuren und Kapitalgesellschaften benutzt und auf die Bedürfnisse und Bedingungen ihres je spezifischen Handlungsraumes hin entwickelt. Hughes zufolge findet der Technologietransfer nicht von Ort/Region zu Ort, sondern von Ort zu *pool* zu Ort statt. Die gemeinsame Technologie des *pool* wird den Bedingungen des Ortes angepaßt. Die lokalen Bedingungen des jeweiligen Ortes, an dem die Technologie zur Anwendung kommen soll, nennt Hughes nun die kulturellen Faktoren, unter denen sind geographische, ökonomische, organisatorische, legislative, unternehmerische und kontingente historische Faktoren. Diese Faktoren bestimmen als Kräfte den technologischen Stil, sie tun dies nicht deterministisch, sondern partiell, über die Vermittlung der Akteure wie Individuen und Gruppen.

In diesem Zusammenhang ist unerheblich, daß die Begriffsbildung von Hughes vor allem aus der Perspektive der Techniksoziologie nicht ganz glücklich ist. Interessanter ist das differenzierende Kriterium: universalistischer *pool* versus lokale Umsetzung. Folgt man Hughes, dann würden die nicht-technologischen Orientierungskomplexe erst wirksam, wenn die jeweilige Technik umgesetzt wird, also mit der Implementierung in einem je spezifischen sozio-kulturellen Kontext.

Der sich dadurch erst ergebende bzw. geprägte Stil einer Technik repräsentiert also die Auswirkungen der Orientierungskomplexe auf die Anpassungs- bzw. Vermittlungsleistung der Ingenieure, der Produzenten und der Agenturen, die die Verbreitung der Technik besorgen.

Ein Problem ist, daß Hughes mit »kulturellen Faktoren« summarisch alle möglichen Einflüsse auf Technikstile bezeichnet, die den jeweiligen Kontext der Realisierung ausmachen. Sie ließen sich zumindest zum Teil noch differenzieren durch die von hier vorgeschlagene Kategorie der »Orientierungskomplexe«.[2] Nachteil des einen und Vorteil des anderen wird evident, wenn man sich einem scheinbar widersprüchlichen Phänomen zuwendet: Einerseits beobachten wir, daß die Technik allenthalben dazu beiträgt, kulturelle Unterschiede zu nivellieren; andererseits ist ebenso deutlich erkennbar, daß die Technik kontextgebunden realisiert wird, also besondere, kulturell erklärbare Stile aufweist. Dann aber ist die Frage, was denn nun unter welchen Bedingungen passiert: kulturelle Differenzierung der Technik oder technische Entdifferenzierung der Kultur?

Selbstverständlich hätte man es mit einem Scheinproblem zu tun, wenn die vermeintliche Widersprüchlichkeit des Phänomens sich auf den zeitbedingten Beobachterstatus zurückführen ließe: Letztlich wird alle Technik einen universalistischen Charakter erhalten, wir sind nur noch nicht so weit. Trotz einiger überzeu-

gender Beispiele (etwa der Raumfahrttechnik) gehe ich davon aus, daß es sich nicht um ein Scheinproblem dieser Art handelt. Eine weitere Möglichkeit besteht darin, daß dies Problem mit der Wahl des Gegenstands konstituiert wird. Je umfassender die Abgrenzung dessen ist, was mit Technik im konkreten Fall gemeint ist, desto eher werden sich kulturell bzw. kontextuell bedingte Stilunterschiede finden lassen, kann vermutet werden. Für die Hughessche Definition technischer Systeme und ebenso der »kulturellen Faktoren« trifft die Vermutung wahrscheinlich zu. Dann ist es auf einmal nicht mehr überraschend, wenngleich dennoch instruktiv, daß Energieversorgungssysteme ökonomischen, rechtlichen, politischen und historischen Einflüssen unterliegen und diese sich in den technischen Systemen rekonstruieren lassen. Zur Vermeidung dieses Problems müßten, soweit das möglich ist, zumindest dimensional ähnliche Techniken miteinander verglichen werden. Damit einhergehend empfiehlt sich aber auch die Differenzierung dessen, was mit kulturellen Faktoren gemeint ist. Ökonomische Parameter mögen sich, wie geographische, an verschiedenen Orten unterscheiden, aber sie stellen einen Typ von Orientierungskomplexen eigener Art dar. Entsprechend der Ausdifferenzierung von Geld und auch Recht ist deren begrifflicher Nachvollzug also geboten. Die Einengung des Begriffs der »kulturellen Faktoren« soll mit diesen nur jene Handlungsorientierung bezeichnen, die sich – so die Thematik dieses Bandes – in alltäglichen Lebenszusammenhängen finden. Um sich nun nicht in der Vagheit von Begriffen wie »Alltag« oder »Lebenswelt« zu verlieren, spitzen wir die Konzepte auf den *Verwendungszusammenhang* von Techniken zu (den übrigens auch Hughes im Auge hat). Die Frage ist dann, in welchem Verhältnis der Verwendungszusammenhang von Technik mit dem Entstehungs- bzw. Entwicklungszusammenhang von Technik steht.
Über die Differenzierung der Verwendungszusammenhänge von Technik erschließen sich fruchtbare Fragestellungen. Eine solche Differenzierung kann getroffen werden zwischen alltäglichen und professionalisierten Verwendungszusammenhängen von Technik. Alltägliche Verwendungszusammenhänge sind dadurch gekennzeichnet, daß die betreffende Technik individuell verwendet wird. Das bedeutet auch, daß sie massenhaft verbreitet ist und subjektiven Kontrollbedürfnissen und -fähigkeiten unterliegt. Derartige Technik des alltäglichen Lebens ist *per definitionem*

Technik für jedermann. Das heißt zwar nicht, daß sie nicht Anpassungsleistungen zu ihrer Bedienung verlangte. Diese müssen sich jedoch in Grenzen halten, wenn die individuelle Verwendung und Kontrolle gewährleistet sein soll. Die Alltäglichkeit der in Frage stehenden Technik definiert sich also durch die Art ihrer Verwendung. Dem steht die professionalisierten Verwendungszusammenhängen zuzuordnende Technik gegenüber. Professionalisierte Verwendungszusammenhänge sind dadurch gekennzeichnet, daß die betreffende Technik von Spezialisten bedient wird und werden muß, weil die Bedienung eine besondere Ausbildung verlangt, daß sie nicht der individuellen Kontrolle einzelner unterliegt (auch wenn sie von einzelnen Menschen bedient werden kann) und auch nicht massenhaft verbreitet ist, sondern zentralisiert ist und von Organisationen kontrolliert wird.

Denkt man an Beispiele für beide Arten der durch ihre Verwendungszusammenhänge definierten Techniken, so wird man für die Alltagstechnik Artefakte wie zum Beispiel Waschmaschinen, Autos, Filmkameras oder Fernsehapparate anführen, für die professionalisierte Technik dagegen medizinische Diagnosegeräte, Verkehrsflugzeuge, Kraftwerke oder Seismographen. Eine eindeutige Grenzziehung zwischen beiden Verwendungszusammenhängen und den ihnen zugehörigen Techniken erlaubt diese Begriffsbildung nicht; es gibt sicher eine Vielzahl von Sonderfällen, deren Einordnung Schwierigkeiten bereiten würde. Vor allem aber können Techniken im Verlauf ihrer Entwicklung vom einen in den anderen Verwendungszusammenhang überführt werden, oder diese werden differenziert.

Die Bedeutung der Unterscheidung liegt an anderer Stelle. Die Vermutung liegt nahe, daß die Art des Verwendungszusammenhangs eine Rolle dafür spielt, ob Technik *angepaßt* werden muß oder *durchgesetzt* werden kann und – im ersten Falle –, woran sie angepaßt werden muß und zu welchem Grade. Die Vermutung geht weiter dahin, daß im alltäglichen Verwendungszusammenhang der Anpassungszwang an kulturelle Orientierungen ausgeprägter ist als im professionalisierten. Wohl nirgendwo sind kulturelle Differenzierungen so ausgeprägt wie im Alltagsleben, und sie werden sich wahrscheinlich in der Gebrauchstechnik am ehesten auffinden lassen. Im Bezug auf die ältere, vorindustrielle Technik gibt davon jedes Völkerkundemuseum ausreichend Anschauung. Schwieriger wird die Sache bei der Betrachtung moder-

149

ner Technik. Ein augenfälliges Beispiel ist das Automobil. Die Unterschiede in der technischen Auslegung zwischen zum Beispiel europäischen und amerikanischen Autos lassen sich zu einem guten Teil ökonomisch erklären. Benzinpreis und Besteuerungssysteme setzen Prämien auf Hubraum und Stärke der Motoren, Materialpreise und Verkaufsstrategien bedingen dasselbe für Materialaufwand und Verschleißanfälligkeit. Die deutlichen Unterschiede im Design, soweit sie sich nicht auf die ökonomisch bedingten Dimensionen zurückführen lassen, verdanken sich jedoch kulturspezifischen Symbolfunktionen, die in den Verwendungszusammenhang eingebaut, sowie den ästhetischen Idealen, die ihnen zugeordnet sind. Das Beispiel ist noch insofern illustrativ, weil eben die Unterschiede im Design neuerdings aus ökonomischen Gründen technisch eliminiert werden: die im Windkanal determinierte strömungsgünstigste Form und ihre Funktion für den Energieverbrauch obsiegt über ästhetische Kategorien und Symbolfunktionen. Ich komme auf die Rolle des Designs noch zurück.

So, wie ich für den alltäglichen Verwendungszusammenhang einen größeren kulturell geprägten Anpassungszwang für die Technik unterstelle, vermute ich für den professionellen Verwendungszusammenhang einen geringeren Einfluß kultureller Muster. Die Gründe liegen auf der Hand: die Technik dieser Art ist nicht Massenprodukt, sie muß also nicht im gleichen Umfang auf eingespielte Handlungsmuster und Wertvorstellungen Rücksicht nehmen. Der Umstand, daß professionalisierte Technik besonderer Schulung zu ihrer Anwendung bedarf, läßt der von kulturellen Bedingungen unbehinderten Einführung von vornherein größeren Spielraum. (Hughes argumentiert hier anders, weil er die geographischen, rechtlichen und organisatorischen Faktoren zu den »kulturellen« zählt und auf die prägende Wirkung verweisen kann, die diese Faktoren zum Beispiel auf die Struktur von Energieversorgungssystemen haben. Wie betont, handelt es sich dabei um kategoriale Fragen.)

Inzwischen sollte deutlich geworden sein, daß essentialistische Begriffsbildungen für die Technik ebensowenig angemessen sind wie für deren Verwendungszusammenhänge. Dies läßt sich an der Wechselbeziehung zwischen Technik und Verwendungszusammenhang demonstrieren.

2. Trivialisierung und Professionalisierung
von Technik

Es erscheint evident, daß neue Techniken auch neue Verwendungszusammenhänge konstituieren. Bei näherem Hinsehen geht die scheinbare Selbstverständlichkeit dieser Überzeugung jedoch verloren, es sei denn, man faßt die Verwendungszusammenhänge so eng, daß sie für jede in Frage stehende Technik spezifisch sind. Interessanter als die müßige kategoriale Festlegung, welche Verwendungszusammenhänge durch die Technik neu konstituiert werden und welche nicht, ist deshalb die Frage nach wechselseitigen Veränderungen. Offenbar haben wir es mit zwei gegenläufigen Prozessen zu tun: alltägliche Verwendungszusammenhänge von Technik werden aufgrund der technischen Entwicklung professionalisiert, und umgekehrt werden Techniken, die zunächst nur auf einen professionellen Gebrauch beschränkt sind, alltäglichen Verwendungszusammenhängen zugänglich gemacht, »trivialisiert«, wie ich das hier nennen will. Beispiele sollen wieder illustrieren, was gemeint ist.

Schivelbuschs Untersuchung der Geschichte der künstlichen Beleuchtung[3] mag als besonders geeignetes Exempel für die Professionalisierung einer Technik dienen, die eine große Bedeutung für das Alltagsleben hat: die Beleuchtung der Wohnung. Die Geschichte läßt sich als die Verlagerung der Kontrolle über die Energiequelle für die Beleuchtung aus der einzelnen Wohnung nach außen und in zentralisierte Organisationen rekonstruieren, ohne daß sich der Verwendungszusammenhang grundlegend geändert hat. Die treibenden Kräfte waren der Wunsch nach mehr Licht bei gleichzeitig größerem Bedienungskomfort und das Sicherheitsbedürfnis, das die jeweils gebräuchlichen Techniken begleitete. Der Weg geht über die Kerze und die Öllampe, die noch beide durch die Einheit von Wissen und Kontrolle über die Beleuchtungsquellen charakterisiert sind, zur Kerosinlampe, mit der die Auslagerung der Energiequelle aus dem Haushalt beginnt. Die Gaslampe wird zwar zu einer weit überlegenen Lichtquelle, markiert aber gleichzeitig den Punkt, an dem die Energieproduktion außerhalb des Haushalts zu einem zentral organisierten und professionell betriebenen System zu werden beginnt. Der Endpunkt dieser Entwicklung wird mit der elektrischen Glühbirne erreicht. Es ist der (vorläufige) Höhepunkt der einer individuellen Kontrolle entzogenen, hochprofessionalisierten Ingenieuren überlassenen Energieproduktion.

Das Besondere an diesem Fall ist, daß der Verwendungszusammenhang der Beleuchtung im Haushalt, das heißt also im alltäglichen Leben, sich kaum grundsätzlich geändert hat: Es gibt mehr Licht bei weniger Bedienungsaufwand, und im Verhältnis zu dem im Gesamtsystem der Energieproduktion inkorporierten technischen Wissen ist das Bedienungswesen vergleichsweise minimal. Abgesehen davon, daß dieses Beispiel auch als Exempel für soziale Differenzierungsprozesse dienen kann, hat es mit unzähligen anderen modernen Techniken die Eigenschaft gemeinsam, daß nicht die Verwendung im engeren Sinn, wohl aber die Herstellung und Betreibung der Technik, die Rückbindung an eine Infrastruktur, hochprofessionalisiert ist. Der vielleicht beste Beleg für diese Differenzierung ist die zunehmende Unfähigkeit jedes einzelnen, die von ihm verwendete Technik zu reparieren.

Aus dem Bereich alltäglicher Verwendungszusammenhänge kommt noch ein anderes, zunächst abseitig erscheinendes Beispiel in den Sinn, für das sich eine nahezu vollständige Professionalisierung feststellen läßt, auch wenn hier wiederum die Dinge nicht ganz einfach liegen: Musik und Spiel. An die Stelle der von Laien zur eigenen Erbauung und zum eigenen Vergnügen betriebenen Musik und des Spiels, die lange Zeit auch noch in Einheit mit der Herstellung der erforderlichen Instrumente erfolgte, ist die Rezeption der Medien wie Radio, Fernsehen und Tonträger aller Art getreten. In diesem Fall ist nicht nur – als erster Schritt – die Herstellung der Instrumente ausgelagert worden, sondern vor allem ist die Aktivität selbst an professionalisierte Gruppen übergegangen. Zwar sind Hausmusik und Spiel damit nicht verschwunden, aber sie sind zu sorgsam gehegten Aktivitäten einer schmalen sozialen Schicht geworden, die für ihre Pflege mit dem neuerlich erlangten Symbolwert belohnt wird. Während Volksmusik musealen Charakter bekommen hat und, wo überhaupt, von halbprofessionellen Gruppen weitergeführt wird, ist die Handlung des Musizierens und des Spiels auf die Inbetriebnahme des Fernsehers zur Betrachtung der *soap opera* oder des Abspielens der Kassette reduziert worden. Hinter den Medien stehen selbstverständlich hochprofessionalisierte Organisationen, die die erforderliche Technik betreiben und die mit ihnen produzierte, ungleich »bessere« *software* ins Haus bringen.

Eine andere Perspektive weist entgegengesetzte Entwicklungen auf: die Trivialisierung von Techniken, die ursprünglich auf einen professionalisierten Verwendungszusammenhang beschränkt waren. Unter den professionalisierten Techniken sind einige, die durch kommerzielle Verbreitung »ent-professionalisiert« werden. Das ist in der Regel nur möglich, wenn sie billiger, kleiner und einfacher handhabbar werden. Damit ist schon angedeutet, daß die Techniken, die das Potential von Alltagstechniken besitzen, geradezu eine vorgezeichnete Entwicklung von der professionalisierten Verwendung zur alltäglichen Verwendung und ihrer Trivialisierung durchlaufen. Wahrscheinlich wichtigstes Moment in diesem Prozeß ist, daß die Verwendung dieser Techniken in der ersten Phase noch das Verständnis der und damit das Wissen um die in ihnen inkorporierten Wissenselemente voraussetzt, daß dieses Verständnis dann graduell immer weniger erforderlich ist und schließlich nur noch schematisch für die Bedienung vorausgesetzt wird. Dieser Prozeß, Differenzierung wie im zuvor erwähnten Beispiel, wird von zwei Orientierungen gesteuert: der ökonomischen, wonach die möglichst weite Verbreitung der Technik entsprechend hohe Gewinne verspricht, und der Orientierung am Verwendungszusammenhang für den täglichen Gebrauch.

Betrachten wir einige Beispiele näher. Ein hervorragender Fall der Entprofessionalisierung einer Technik ist der Computer. Die ersten Rechner waren so groß und so teuer, daß sie schon deshalb nur für die Verwendung durch den Staat, genauer das Militär und allenfalls noch Industriekonzerne, geeignet waren und außerdem von Spezialisten bedient werden mußten, die mit der überaus komplizierten Programmtechnik vertraut waren. Die folgende technische Entwicklung verlief auf zwei Ebenen, im übrigen nicht immer synchron.

Auf der Ebene der *hardware* lief die Entwicklung auf Miniaturisierung hinaus, ermöglicht vor allem durch die Halbleitertechnik. Damit deutete sich schon früh die Perspektive einer Alltagsverwendung an. Haupthindernis einer weiten Verbreitung mußte jedoch von vornherein der Bedienungskomfort und die Anpassung an Verwendungsbedürfnisse sein, das heißt die *software*. Die *software* erwies sich dann auch bald als der ernste Engpaß der Entwicklung, was zum Beispiel die Bundesregierung zur Förderung der Informatik als Ausbildungsfach veranlaßte. Damit sollte zunächst nur das professionalisierte Bedienungspersonal (Programmierer) ausgebildet werden; zugleich war dies aber auch die Vorbedingung dafür, daß das notwendige *know how* für die Vereinfachung der Programme geschaffen werden konnte. Der weitere Entwicklungstrend wird am Beispiel der Diversifizierung der Computertechnologie erkennbar. Neben den Großrechnern, die weiterhin nur für eine institutionelle Klientel, staatliche Behörden, Großunternehmen, Universitäten und wissenschaftliche Institute sowie einen entsprechend professionalisierten Bedienungsstab entwickelt werden, findet sich nun ein auf viele Bedürfnisse ausgerichtetes Sortiment von Rechnern. Der »Volksempfänger« unter den Computern ist der Personalcomputer, der Textverarbeiter, für den IBM bezeichnenderweise ein Programm mit der Bezeichnung »Volkswriter« anbietet und der auch mit dem trivialsten Gebrauch, nämlich der Rezeptspeicherung für die Hausfrau, wirbt. Der Trend in der *software*-Entwicklung für diese Geräte ist ebenfalls eindeutig: Sind derzeit noch immer kleine Bücherregale notwendig, um die Bedienungsmanuale aufzunehmen, so wird daran gearbeitet, die Programmsprachen für die Alltagssprache zugänglich zu machen. Es ist ein nur nebensächlicher, aber symbolisch bedeutsamer Aspekt, daß mit dem Trend zum PC die ehedem englisch geprägten Programmkommandos zunehmend wieder in die Sprache der Verwender zurückübersetzt werden.

Ein anderes, wenngleich noch weniger spektakuläres Beispiel ist die Entwicklung von medizinischen Diagnoseinstrumenten und deren Entprofessionalisierung. Die Technisierung der Medizin hat in den vergangenen drei bis vier Jahrzehnten ungeheuere Fortschritte gemacht und zu vielen Diskussionen über ihre Konsequenzen für die ärztliche Praxis geführt. Das Schwergewicht dieser Entwicklung liegt auf Geräten, die von ihrer Anlage her immer auf den professionalisierten Gebrauch durch die mit am höchsten professionalisierte Gruppe, die Ärzte, beschränkt bleiben wird. Eine Ausnahme bilden dabei jedoch eine Reihe von Diagnoseinstrumenten, deren weitere Verbreitung ökonomisch profitabel erscheint. Blutdruckmeßgeräte werden hochdruckverdächtigen, streßgefährdeten Berufsgruppen per Postwurfsendung zum Kauf angeboten; verkleinerte Elektrokardiographen und Elektroenzephalographen – letztere unter der Bezeichnung *biofeedback* oder *brainmirror* – sind ebenfalls im Handel, desgleichen Mikroprozessoren für Diabetiker, die die Mahlzeiten im Hinblick auf die Diätvorschriften kontrollieren. Attali sieht eine Kommerzialisierung endoskopischer Kontrollinstrumente in näherer Zukunft, Sonden zum Verschlucken, die die Verfolgung des »Schauspiels am Körper« auf dem Bildschirm als Privatvorstellung ermöglichen werden. Die ärztliche Diagnose wird auf diese Weise durch technische Standardisierung und die Entprofessionalisierung der involvierten Technik aus dem Krankenhaus und der ärztlichen Praxis in den privaten Alltagsbereich verlagert. Voraussetzung ist auch hier die Vereinfachung der Geräte und vor allem die Standardisierung der Diagnosetätigkeit selbst. »Die Überwachung schließt die Messung einer Abweichung von Normalität, eine Denunziation des Übels ein. Wo Überwachung stattfindet, bildet sich also ein neues Übel heraus. Bisher war das Normale fließend, intuitiv, subjektiv; jetzt wird es quantitativ, deduktiv, objektiv.«[4]

Die Trivialisierung nicht nur des ärztlichen Diagnosewissens, sondern auch des Wissens über den indikatorischen Charakter der Meßgeräte im Bezug auf die gemessenen Körperfunktionen ist offenkundig; sie hat, denkt man an die publizistischen »Wellen« bezüglich der Verbreitung bestimmter Abweichungen von »Normalwerten« in der Bevölkerung, wahrscheinlich auch schon den professionalisierten Gebrauch von Techniken durch die Ärzte selbst ergriffen.

Nicht alle Gebrauchstechniken haben die Entwicklung von der professionalisierten zur alltäglichen Verwendung durchlaufen. Dies scheint, im Gegenteil, eher ein Sonderfall zu sein, möglicherweise einer, der in dem Maße zur Regel wird, in dem immer mehr Hochtechnologien dem alltäglichen Gebrauch zugänglich gemacht werden. Der weite und noch immer bedeutsamere Komplex der elektrischen Haushaltsgeräte hat eine professionelle Verwendung vor der alltäglichen nicht gekannt. Allerdings: bei näherer Betrachtung stößt man auf Grenzfälle, zum Beispiel die Entwicklung von der arbeitsintensiven traditionellen »Zuber«-Wäsche über das kurze Zwischenspiel der halbzentralisierten und in dem Sinne »quasi-professionalisierten« Erledigung durch die Wäschereien und Heißmangeln mit Großwaschmaschinen »zurück« zur individual-haushaltsgerechten Waschmaschine.[5] Aber auch für diese ist kennzeichnend, daß die (von vornherein konzipierte) alltägliche Verwendung den Orientierungsrahmen für das

Design und die technische Auslegung abgibt. Es ist bezeichnend, daß die entscheidende inhaltliche Ausprägung dieser Orientierung die »Idiotensicherheit« der Bedienung zu sein scheint: Kameras, Videogeräte, Staubsauger, Waschmaschinen und selbst Autos müssen, obgleich sie zum Teil eine komplexere Technik inkorporieren, so idiotensicher wie möglich sein, um sich gut zu verkaufen. Idiotensicherheit beinhaltet aber nicht nur die Orientierung an möglichst großer Bedienungssicherheit als abstraktes Prinzip, sondern auch die Einschätzung der Fähigkeit und Bereitschaft des prospektiven Verwenders, sich in die technische Funktionsweise der Geräte und Maschinen hineinzudenken und sie adäquat zu bedienen. Sie wird je nach Möglichkeit als sehr gering und gegen Null tendierend eingeschätzt. (Es wäre eine interessante Frage, ob Ingenieure (un-)bewußt Unterschiede geschlechtsspezifischer Verwendung machen.) In jedem Fall kann davon ausgegangen werden, daß eine konzipierte alltägliche Verwendung von Techniken einen orientierenden, die Technik prägenden Einfluß hat, der in die Umsetzung technischen Wissens mit eingeht und dessen allgemeines Prinzip die Trivialisierung des inkorporierten technischen und gegebenenfalls wissenschaftlichen Wissens ist.

Bei aller gebotenen Vorsicht gegenüber Spekulationen läßt sich im Anschluß an diese Beispiele die These formulieren, daß die Prozesse der Professionalisierung der Technik und die mit ihnen verbundenen Differenzierungen zugleich auch die Fälle repräsentieren, in denen die Technikentwicklung einen nachhaltigen Einfluß auf die Alltagswelt und deren kulturelle Ausprägung hat. Umgekehrt steht zu vermuten, daß in all den Fällen, in denen eine Trivialisierung bzw. Entprofessionalisierung der Technik stattfindet, die kulturellen Differenzierungen der entsprechenden Verwendungszusammenhänge einen Einfluß auf die Ausprägung der betreffenden Technik haben. Gesetzt den Fall, die Ausnahmen halten sich in Grenzen, um eine derartige Generalisierung und die Kategorien, auf denen sie beruht, gerechtfertigt und sinnvoll erscheinen lassen, bleibt die Frage, welche Mechanismen im Spiel sind, die erklären, warum es im einen Fall zu einer kulturellen Differenzierung von Technik kommt, im anderen Fall jedoch nicht.

3. Normierung der Technik – Normierung des Handelns?

Um es vorweg zu nehmen: eine eindeutige Antwort auf die Frage ist mir nicht bekannt. Ganz offenkundig wird man jedoch die möglichen Antworten an dem Ort suchen, den ich den Verwendungszusammenhang genannt habe, und hier wiederum muß sich das Interesse auf zwei Prozesse richten: die Aneignungsmuster derjenigen, die die Technik benutzen, bedienen, verwenden; und die Umsetzung der Wahrnehmungen dieser Muster seitens der Produzenten von Technik.

Über Aneignungsmuster wissen wir herzlich wenig Systematisches, außer über skurrile Fälle von *misplaced technology*, mißlungenem Technologietransfer in exotische Gegenden der Erde, die deshalb wenig aufschlußreich sind, weil die Transfersituation nicht den »normalen«, kontinuierlichen Aneigungsprozeß repräsentiert und nicht den Niederschlag kultureller Einflüsse auf Alltagstechniken erwarten läßt. Der australische Farmer, der seinen neuen Rolls Royce zurückschickt, weil er nicht mehr die breiten Trittbretter des Modells von 1925 hat, auf dem er die toten Schafe transportieren konnte, hätte auch dann kaum eine entsprechende Modelllinie initiiert, wenn es sich um eine wahre Geschichte handelte.

Was wir über die Aneignung von Gebrauchstechnik wissen, betrifft vor allem die ökonomische Seite des Prozesses, was aber zumindest eine interessante Schlußfolgerung erlaubt: gemeint sind Kaufentscheidungen und Qualitätsbeurteilungen für Konsumgüter. Bemerkenswert an diesem ansonsten für unseren Zusammenhang abseitigen Komplex ist, daß die etwa mit dem Ende des vorigen Jahrhunderts einsetzende Technisierung der Gebrauchsgüter, die erst nach dem Zweiten Weltkrieg eine stärkere Beschleunigung erfährt, Ende der zwanziger Jahre zur Herausbildung der ersten Ansätze einer Verbraucherorganisation geführt hat. Bekanntlich hat die Institutionalisierung dieses Typs von Organisation lange Zeit gebraucht und muß als noch immer nicht abgeschlossen gelten. Modell für diese Organisation waren die staatlichen Beschaffungsämter, deren vorrangiges Ziel die möglichst ökonomische Beschaffung von Gütern in großen Mengen war und ist. Erst in neuerer Zeit erstreckt sich die Tätigkeit der Verbraucherorganisationen auf Qualitätskontrollen und Tests nach anderen, bedienungs- und benutzungsbezogenen Kriterien, so daß man den Schluß ziehen kann, sie können auch dazu dienen, die unbefriedigten technologischen Bedürfnisse der Verbraucher identifizieren zu helfen, zumal vor dem Hintergrund der inzwischen allgemein verbreiteten Erkenntnis, daß die Technik nicht autonom, sondern sehr wohl auch responsiv gegenüber gesellschaftlichen Bedürfnissen ist.[6]

Wieweit auch immer die Realität dieser Einschätzung inzwischen entsprechen mag, zumindest läßt sich feststellen, daß auch die Technisierung der Gebrauchstechnik offenbar autonom genug war (und ist?), um eine ohnehin schon spät einsetzende *Organisation* der Aneignung zu erzwingen. Mit anderen Worten die Codierung der Aneignung wird ausdifferenziert und über den Weg der Selektion und Systematisierung an die Produzenten der Technik weitergegeben. Bezeichnenderweise, aber kaum überraschend geschieht dies mit Hilfe ökonomischer Mechanismen: durch die erhoffte und in Grenzen wohl auch erreichte Beeinflussung von Kaufentscheidungen – ein kruder selektiver Mechanismus.

Ein Mechanismus anderer Art, der zu ähnlichen Schlußfolgerungen führt, ist gleichsam zwischen Produktion und Aneignung wirksam: die Erstellung des sogenannten technischen Regelwerks. Die »Regeln der Technik«, die in den Regelwerken enthalten sind und die Technikproduktion normativ lenken, »bezeichnen den historischen, insbesondere auch den durch die technische und arbeitsorganisatorische Entwicklung sich ändernden Stand allgemeiner Produktionserfahrung sowie des theoretischen *know how*, das heißt, sie umreißen den verallgemeinerten Stand der technischen Entwicklung und ihrer Anwendung in der Praxis. Ihren normativen Bezug für technisches Handeln erlangen diese Regeln durch ein vereinheitlichtes Aufnahmeverfahren in die entsprechenden Regelwerke.«[7] Das Regelwerk ist also in erster Linie quasi die Institutionalisierung der Rückkoppelung technischer Entwicklung und Anwendung und deren normative Wendung. Die Normativierung wird sowohl durch Freiwilligkeit als auch durch staatliche Sanktionierung erreicht, und bei den freiwilligen Vereinbarungen kommt es zur »angemessenen Beteiligung der interessierten Kreise« (Industrie, Staat, Wissenschaft, technisch-wissenschaftliche Vereine und Verbraucher). Schuchardts Untersuchung der außertechnischen Zielsetzungen und Wertbezüge in der Entwicklung des deutschen technischen Regelwerks geht nun von der hier einschlägigen Hypothese aus, daß sich vor allem beim Vordringen der Technik in bislang nicht von der Technik geprägte Handlungsbereiche, den Sozialisations- und Freizeitbereich sowie den Haushalt, eine größere Sensibilität gegenüber den Folgewirkungen der Technik herauskristallisiert, und daß sich damit neue Wertorientierungen bzw. -ansprüche gegenüber der Technik aufspüren lassen müssen, die schließlich auch Eingang in die Normen des Regelwerks finden müßten.

Tatsächlich kann sie zeigen, daß die lange Zeit fast ausschließlich von ökonomischen und sicherheitstechnischen Erwägungen geprägten Normierungen eine Wandlung in doppelter Hinsicht erfahren haben. Für die Zeit ab Mitte der sechziger Jahre konstatiert sie eine Hinwendung zu Sicherheit, Produktgüte/Verbraucherschutz, Humanisierung und Umweltschutz sowie dazu, daß diese Zielsetzungen »nicht länger nur als vermittelte, von den eigentlichen technischen Zwecksetzungen abgehobene Orientierungsmuster in der Normung fungieren, sondern einen wesentlichen Stellenwert in dieser einnehmen«.[8] Darüber hinaus werden von der Normierung nun nicht mehr nur wie bisher üblich die produktiv genutzten Arbeitsmittel erfaßt, sondern zunehmend auch »Haushalts-, Sport- und Bastelgeräte« sowie Kinderlaufställe und Kinderbetten. Nach Einschätzung von Normungsexperten entfallen in der Bundesrepublik bereits 10 Prozent aller Normen auf neue Gebiete sowie auf Normen mit sozialen und humanen Wertorientierungen.

Zunächst einmal weisen diese Beobachtungen darauf hin, was sich auch aus der Betrachtung der Verbraucherorganisationen ergibt: daß nämlich die Konsumgüter zunehmend technisiert und damit auch zum Gegenstand der Reaktionen der Käufer und Benutzer werden. Aber so wie diese Reaktionen organisiert werden, geschieht es auch mit ihrer Umsetzung in die Technikproduktion. Die Normierung war schon vor der Existenz der Verbraucherorganisationen üblich, und diese sind gleichsam in der angemessenen institutionellen Verfassung in dieses Geschäft eingetreten. Es handelt sich um verallgemeinerte Verbraucherinteressen, die in verallgemeinerungsfähiger Form und nur in dieser umgesetzt werden. Dementsprechend sind auch die inhaltlichen Bereiche, auf die sich die Normierung neuerdings richtet, nicht ökonomische, aber gleichwohl auch kaum kulturspezifische: Sicherheit (das älteste nicht-ökonomische Kriterium technischer Normierung), Humanisierung (hauptsächlich ein ergonomisch bestimmtes Beurteilungskriterium) und Umweltschutz (bei dem noch nicht ausgemacht ist, inwieweit es biologisch, medizinisch oder nicht letztlich *auch* ökonomisch bestimmt wird). Zwar lassen sich Kriterien, wie »Humanisierung« und »Verbraucherschutz«, Werten der persönlichen Entfaltung und Entwicklung zuordnen, wie Schuchardt das tut, aber dabei darf nicht übersehen werden, daß diese Werte, vermittelt über die Wissenschaft – wie gut oder schlecht sie auch immer sein mag –, Eingang in die Normierung finden und aufgrund dessen selbst schon einem Normierungs- und Standardisierungsprozeß ausgesetzt waren.

So belegt die Geschichte der Entwicklung technischer Normen zweierlei: das Eindringen außertechnischer Zielsetzungen und Wertbezüge unterstreicht, daß sich die Technikentwicklung nicht autonom vollzieht, sondern in Reaktion auf gesellschaftliche Ansprüche; sie zeigt aber auch, daß die Technikentwicklung in ihrer frühindustriellen Phase sehr stark technologisch und ökonomisch geprägt war, und zwar so stark, daß in Konfliktfällen zwischen ökonomisch-technischen und außertechnischen Zielsetzungen die ersteren die Oberhand behielten, wie sich an Einzelfällen bis heute zeigen läßt. Die Ursache ist in der mächtigen Institutionalisierung der ökonomischen und technischen Orientierung gegenüber den sich in alltäglichen Verwendungszusammenhängen artikulierenden Interessen und Reaktionen auf die Technik zu sehen. Das wiederum erklärt historisch, daß diese nur über den Weg einer entsprechend hochindustrialisierten Form, nämlich über Verbraucherorganisationen, einen Einfluß auf die Gestaltung der Technik gewinnen konnten (die Gewerkschaften haben die analoge Funktion für die Produktionstechnik). Industriell hergestellte Gebrauchstechnik inkorporiert schon immer einen erheblichen Normierungsgrad, der durch die massenhafte Produktion und Verbreitung und die dahinter stehenden wirtschaftlichen Strukturen gegeben ist. Eine Prägung dieser Technik durch die kulturelle Spezifität des lokalen oder regionalen Verwendungszusammenhangs wird zunehmend unwahrscheinlicher. Es ist angesichts dessen nicht einmal überraschend, daß die zunächst bestehende Normenvielfalt bereits 1931 ihrerseits eine Vereinheitlichung erzwingt, in Form der »Richtlinien für den Aufbau von Normblättern«, deren Nachfolge die DIN 820 »Normungsarbeit« wurde und mit der das Normierungsverfahren reflexiv geschaltet wurde.

Der gleiche Sachverhalt, die Tendenz zur Normierung, läßt sich offenbar auch dort feststellen, wo noch am ehesten damit zu rechnen wäre, daß kulturelle Besonderheiten ihr entgegenstehen: im Bereich des technischen Design. Selle zufolge ist die Produktkultur des modernen Industriekapitalismus von zwei Grundströmungen gekennzeichnet. »Eine davon ist die durchgehende, wenngleich im Verhältnis variable, gleichzeitige Nutzung technischer und ästhetischer Phantasie. Kein Produkt tritt ohne ästhetischen Anteil und Symbolwirkung in die Öffentlichkeit. Die andere ist die lange übersehene Mitwirkung außertechnischer und außerästhetischer, das heißt spezifisch sozialer Anteile, am Codierungsprozeß. Zugespitzt heißt das, nicht Künstler und Techniker ›machen‹ das Produkt oder setzen seine Bedeutung fest, sondern diejenigen, die es unter ganz bestimmten Wertvorstellungen und Nutzungserwartungen gebrauchen.«[9] Überraschenderweise konstrastiert Selle dann jedoch die »Nationalisierung« der symbolischen Codierung einer ganzen Technikkultur, die sich in Deutschland in historischen Schüben von der Werkbundform um 1910 bis zur »Guten Form« um 1960 vollzieht, mit den übernationalen Präsentationsstilen technischer Produktion als Ergebnis weltweiter Zustimmung und Symbolgebrauchs, die sich seit Kriegsende durchzusetzen beginnen. Ob nun gerade die Heckflossen an Automobilen sich speziell auf die »Zustimmung« und den »Symbolgebrauch« im Sinne der Wertvorstellungen und der Nutzungserwartungen zurückführen lassen, wie Selle meint, mag dahingestellt sein. Wenn dem so wäre – wenn das von ihm konstatierte Scheitern von Nationalisierungsbestrebungen der technischen Formgebung eben darauf zurückzuführen ist –, dann ist das Interessante an diesem Prozeß ja gerade die kulturelle Entdifferenzierung oder, nicht prozessual gesprochen, der universalistische Charakter der Technik, der die Verwendungszusammenhänge prägt und nicht, wie Hughes behauptet, zur Herausbildung kultureller Stile der Technik führt. Für das Design von Techniken gilt wohl, daß sich in ihm zunehmend weniger kulturelle Differenzierungen niederschlagen, nicht zuletzt aufgrund der internationalen Organisations- und Kapitalstruktur des Produktionssystems, möglicherweise auch aufgrund der ästhetischen *Trend-setting*-Funktion der technologischen Führungsländer, und schließlich aufgrund ökonomischer Prinzipien, wie das bei dem Design von Autos im Windkanal sinnfällig geworden ist.

Die Symbolfunktion des Design differenziert schon gar nicht mehr zwischen ökonomischen Klassen (von ganz wenigen Ausnahmen des Luxuskonsums abgesehen), da das im Widerspruch zur massenhaften Verbreitung und Verwendung stehen würde. Das Design differenziert nicht mehr zwischen kulturell unterschiedenen Verwendungszusammenhängen, sondern zwischen historisch abfolgenden symbolischen Codierungen. Wenn sich jedoch die vermeintlich unterschiedlichen Verwendungszusammenhänge der Technik, die lokalen und regionalen Bedingungen und kulturellen Eigenarten, nicht mehr in Design niederschlagen, sondern vielmehr technisches Design, ebenso wie das technische Wissen, universalistische Züge bekommt, wenn die Gebrauchs- und Nutzungserwartungen an die Technik so aneinander angeglichen sind, daß sie nicht mehr stilprägend sind, dann bleibt der Einfluß des Alltagsgebrauchs der Technik auf die Entprofessionalisierung der Bedienung und die damit einhergehende Trivialisierung des inkorporierten Wissens beschränkt. Unterschiedliche Technikstile lassen sich dann immer weniger an Artefakten, allenfalls noch an technischen Systemen ausmachen, in denen noch die Reste kultureller Unterschiede anzutreffen sind.

Die mit der Betrachtung der Aneigungsmuster, ihrer Umsetzung in Form von Regelwerken und des sich bis in das Design auswirkenden Trends zur Normierung gegebenen Illustrationen legen es nahe, die Ausgangsfrage neu zu stellen. Entstehungs- und Verwendungszusammenhang der Technik sind zwar nicht prinzipiell voneinander getrennt, so daß es auch nicht darum gehen kann, ob eine autonome Technik die mit ihrer Verwendung konstituierten Handlungsabläufe grundsätzlich determiniert, genausowenig wie es weiterhilft, die Technik in unproblematischer Weise als gesellschaftlich konstituiert zu begreifen und daraus zu folgern, sie habe keinerlei Einfluß auf die mit ihrer Verwendung verbundenen Handlungsabläufe. Vielmehr ist es offenbar angemessener, die Technik als eine besondere Form sozialen Handelns zu verstehen, die eigenen Bedingungen der Institutionalisierung unterliegt. Die Besonderheit technischen Handelns ist, daß die Handlungserwartungen, die über die Produktion von Artefakten oder Verfahren vermittelt werden, ihrerseits von mächtigen Institutionen legitimiert werden, nämlich von Ökonomie und Wissenschaft. Beide vermitteln über das jeweilige technische Produkt spezifische Formen der Handlungsrationalität, der gegenüber konkurrierende bzw. konfligierende Rationalitäten, zum Beispiel kulturelle, nur geringe Durchsetzungchancen besitzen. Deshalb transzendieren spezifische Techniken in aller Regel spezifische Verwendungszusammenhänge; deshalb hat die Technik vermeintlich einen handlungsnormierenden Effekt, obgleich sie sich selbst normiertem Handeln verdankt, nämlich generalisierten ökonomischen Kalkülen und wissenschaftlicher Analyse der involvierten Sachzusammenhänge sowie der Wahrnehmung von Auswirkungen der Verwendung von Technik. Was als handlungsnormierende Gewalt der Technik erscheint, erweist sich bei näherem Hinsehen als die Asymmetrie des Institutionalisierungsgrades verschiedener sozialer Handlungsbereiche. Technologische Artefakte haben die Eigenschaft, daß sie aufgrund ihres Charakters als zweite Natur diese Asymmetrie und die mit ihr gesetzte Normierung des Handelns verfestigen, sei es, weil sie als »Natur« erscheint, der das Handeln auf eine spezifisch vernünftige Weise anzupassen ist, sei es, weil sie nicht beliebig ersetzbar und veränderbar erscheint.

Nur sehr selten sind die Motive, die in die Konzeption einer Technik eingehen, so eindeutig dokumentierbar, wie im Fall der niedrigen Brücken über den Wantagh Parkway in New York, mit denen der Stadtplaner Robert Moses die Busse der ärmeren und vor allem schwarzen Bevölkerung von den öffentlichen Parks auf Long Island fernhalten wollte.[10] Als ein ungewöhnlich klares Lehrbeispiel belegt der Fall nicht nur Winners These, daß Artefakte eine »eingebaute« Politik haben, sondern darüber hinaus, daß es sich selbst dann, wenn die Motive nicht so klar auf der Hand liegen, zu fragen lohnt, wer der Urheber und wer die Adressaten der Technik sind. Was das Beispiel *nicht* erkennen läßt und wo es eine irreführende Verschwörungstheorie der Technikentwicklung nahelegt, ist der Umstand, daß die Rollen des Technikproduzenten und derjenigen, die mit der Technik umzugehen haben, nicht immer in der gleichen Weise verteilt sind. Die zweite Natur der Technik wird auch die Umwelt derer, die sie allererst geschaffen haben.

Anmerkungen

1 Vgl. E. T. Layton, J. Millwrights and Engineers, »Science, Social Roles and the Evolution of the Turbine in America«, in: W. Krohn, F. T. Layton und P. Weingart (Hg.), *The Dynamics of Science and Technology. Sociology of the Sciences Yearbook*, Bd. 3, Dordrecht 1978, S. 61-88. Zum Begriff der Orientierungskomplexe in der Technikentwicklung und einem Versuch der systematischen Unterscheidung vgl. P. Weingart, »Strukturen technologischen Wandels. Zu einer soziologischen Analyse der Technik«, in: R. Jokisch (Hg.), *Techniksoziologie*, Frankfurt 1982, S. 112-141; T. P. Hughes, *Networks of Power*, Baltimore und London 1983.

2 Ein illustratives Beispiel des Verhältnisses von »universalistischen«, technischen Wissensbeständen und ökonomischen, geographischen, politischen und ausbildungsbezogenen Bedingungen gibt Leon Trilling anhand der Unterschiede in »Stil« und »Leistung« amerikanischer und sowjetischer Jagdflugzeuge: L. Trilling, »Styles of Military Technical Development. Soviet and US and Jet Fighters – 1945-1960, demnächst in: E. Mendelsohn, M. Roe Smith und P. Weingart (Hg.), *Science and the Military, Sociology of the Sciences Yearbook*, Dordrecht 1988.

3 Vgl. W. Schivelbusch, *Lichtblicke*, München 1983.

4 J. Attali, *Die kannibalische Ordnung*, Frankfurt 1981, S. 245.

5 Vgl. K. Hausen, »Große Wäsche, soziale Standards, technischer Fortschritt. Sozialhistorische Betrachtung und Überlegungen«, in: B. Lutz (Hg.), *Technik und sozialer Wandel. Verhandlungen des 23. Deutschen Soziologentages in Hamburg 1986*, Frankfurt 1987, S. 204-219.

6 So J. Mitchell, »The Consumer Movement and Technological Change«, in: International Social Sciences Journal 25 (1973) 3, S. 358-369.

7 W. Schuchardt, »Außertechnische Zielsetzungen und Wertbezüge in der Entwicklung des deutschen technischen Regelwerks«, in: *Technikgeschichte* 46 (1979) 3, S. 227 f.; vgl auch die Gesamtdarstellung G. Ropohl, W. Schuchardt und H. Lauruschkat, *Technische Regeln und Lebensqualität*, Düsseldorf 1984.

8 Ebd., S. 236.

9 G. Selle, »Technik und Design«, in: T. Buddensieg und H. Rogge (Hg.), *Die Nützlichen Künste*, Berlin 1981, S. 357.

10 Vgl. die Verwendung dieses Beispiels bei L. Winner, »Do Artifacts have Politics?«, in: *Daedalus* 109 (Winter 1980) 1, *Modern Technology: Problem or Opportunity?*, S. 123 f.

Werner Rammert
Technisierung im Alltag
Theoriestücke
für eine spezielle soziologische Perspektive

> »...während wir auf der Seite der Arbeit und
> Produktion durchaus wissen, mit welchen
> Strukturen, Akteuren und Rationalprinzi-
> pien wir zu rechnen haben, ist dies auf der
> jeweils gegenüberliegenden Seite, bei der ›Le-
> bensweise‹, weniger deutlich.«
>
> (Offe 1984, S. 38)

1. Technik im Alltag:
Soziales Problem und Forschungsthema

Daß sich mit neuen Werkzeug-, Transport- und Energiemaschi-
nen die industrielle Arbeitswelt verändert, ist seit der industriellen Revolution Bestandteil unseres kollektiven Wissens. Wie die
Technisierung der Produktion abläuft, welche Richtung sie
nimmt und welche Auswirkungen sie hat, wird von den Arbeits-
wissenschaften, der Betriebswirtschaft und der Industriesoziologie vielfältig und stetig erforscht.

Daß Schreib-, Rechen- und Kommunikationsmaschinen Anlaß
für die Reorganisation der Erzeugung, Verbreitung und Verwaltung von Informationen in öffentlichen und privaten Büros sind,
wird uns gegenwärtig wieder vor Augen geführt. Wie die Technisierung der Kommunikation, mit welchen Strategien und mit
welchen Konsequenzen vorangetrieben wird, wird überwiegend
noch analog zur Rationalisierung der industriellen Arbeit untersucht, unabhängig davon, ob es sich um Forschungstätigkeiten im
Labor, Informationstätigkeiten in den Medien, Dispositionstätig-
keiten in den Banken oder Organisationstätigkeiten in den Verwaltungen handelt. Allerdings entwickelt sich auch eine nicht
mehr am Paradigma der Produktionsrationalisierung orientierte
Forschung, die einmal den besonderen Bedingungen von Dienst-
leistungs»arbeit« (Berger/Offe 1980), ein andermal dem besonderen Charakter des Forschungshandelns (Krohn/Rammert 1985)

oder auch den Eigenheiten »politischer Rationalisierung« (Schmidt 1984) Rechnung trägt. Als gemeinsamer Nenner dieser Studien scheint sich die Orientierung an einem neuen Paradigma der reflexiven Rationalisierung herauszubilden, das sich auf Kommunikation statt Arbeit als Grundbegriff bezieht.

Daß sowohl Arbeits- und Transport- wie auch Kommunikations- und Unterhaltungsmaschinen unseren häuslichen Alltag mitbestimmen, gehörte bisher eher zum selbstverständlichen Wissen der Menschen. Was die Technisierung des Heizens, Kochens und Reinigens für die Haushaltsführung bedeutet, wie Telefon, Radio und Fernsehen neue Formen menschlicher Beziehungen und Lebensstile hervorgebracht haben, ist kaum explizites Thema soziologischer Forschung; Hinweise finden sich in vielen technik- und sozialhistorischen Arbeiten, besonders seit der »Entdeckung des Alltagslebens«, und in manchen ethnologischen Studien. Auch ein Teil der Konsum- und Medienforschung behandelt die Technisierung im Alltag ausschnitthaft.

Allerdings ist die Technisierung im Alltag mit dem gegenwärtig projektierten Innovationsschub wieder überraschend ins Zentrum des öffentlichen, praktischen und des theoretischen Interesses gerückt:

– Die mit der mikroelektronischen Technik mögliche Flexibilisierung der Produktion stellt die für die Moderne kennzeichnende zeitliche Abgrenzung von Arbeiten und Nicht-Arbeiten und die räumliche Trennung von Arbeitsplatz und Haushalt in Frage.

– Mit den neuen Informations- und Kommunikationsmedien nimmt der Druck auf die private Lebensgestaltung zu: Zur Teilhabe an sozialen Lebensformen werden vermehrt private Informationsarbeit, der Erwerb einer entsprechenden Kompetenz und die Investition in die technische Infrastruktur erforderlich.

– Für Bürgerinitiativen und andere neue soziale Bewegungen wird der Schutz der Privatsphäre und des kommunalen Lebensraums zunehmend zum Bezugspunkt politischer Sensibilisierung und Aktion.

– Sowohl die Erprobung alternativer Lebens- und Arbeitsformen als auch eine allmähliche Werteverlagerung von der protestantischen Kultur des beruflichen Arbeitslebens zur existentialistischen »Arbeit« an der Kultivierung des Lebens signalisieren eine Renaissance des Interesses am Alltagsleben.

In der sozialwissenschaftlichen Theoriediskussion zeichnen sich analoge Verschiebungen ab:

– In der sozialwissenschaftlichen Literatur verlieren die Themen »Arbeit« und »Industrie« ihre Zentralität (Touraine 1972, Gorz 1983, Offe 1984) und gewinnen die Themen »Kommunikation« und »Kultur« an Bedeutung.

– Die neueren soziologischen Theoriearbeiten gehen entweder explizit von Alltags-, Lebenswelt- und *Ordinary-language*-Philosophien aus (Berger, Luckmann, Waldenfels; Winch, Cicourel, Bourdieu, Giddens) oder beziehen sie stark in ihre Rekonstruktionsansätze ein (Habermas, Luhmann, Touraine).

Die anstehenden Technisierungsschübe und die aufbrechenden technikkritischen Debatten lassen es dringlich erscheinen, sich mit den praktischen Fragen der Technisierung im Alltag auch wissenschaftlich zu beschäftigen. Sozialwissenschaftliche Technikforschung könnte über die strittigen Sachverhalte, zum Beispiel über Verwendungsweisen, Folgen und Sozialverträglichkeit neuer Techniken, und auch über die interessierte Schaffung und Definition dieser Sachverhalte durch die sozialen Akteure, zum Beispiel über Nutzungsstrategien und Gestaltungskonzepte, aufklären.

Zusätzlich läßt es die Existenz verschiedener »Theoriestücke« in der gegenwärtigen soziologischen Diskussion meiner Ansicht nach zu, eine spezielle Forschungsperspektive (Joerges 1979, Hörning 1985a, 1985b) zu begründen, die weder auf eine nach »Technik und Industrie« und »Technik und Organisation« dritte und nachgeordnete Rubrik »Technik und Kultur« oder »Technik und Mensch« beschränkt sein muß, noch nur eine Residualgröße von wichtigen, aber lediglich aneinandergereihten Themen darstellt. In den folgenden Ausführungen werde ich versuchen, vor dem Hintergrund der soziologischen Theoriediskussion zentrale Begriffe für eine alltagsanalytische Perspektive vorzustellen und leitende Problemstellungen für empirisch-historische Forschungen zu entwickeln.

Im alltäglichen Sprachgebrauch meinen wir zu wissen, was das
Wort »Alltag« bedeutet: Es ist das Gewöhnliche, das nichts Be-
sonderes aufweist und jeden Tag gleichförmig geschieht. In der
Soziologie ist die Verwendung des Alltagsbegriffs weniger eindeutig und mit der großen Gefahr von Mißverständnissen verbunden: Seine Nutzung variiert von einer einfachen Kategorie für
Beschreibung und Abgrenzung eines sozialen Bereichs bis hin
zum anspruchsvollen Kernbegriff eines theoretischen Paradigmas.

Es genügt sicherlich nicht, in Anlehnung an gängige Unterscheidungen, Alltäglichkeit als »privates« Leben im Kontrast zur »er-
habenen, offiziellen« Welt oder als »Alltagshandeln« in Abset-
zung vom »Sonntagshandeln« – wie Elias ironisch anmerkt (Elias
1978, S. 28) – oder zur »Feiertäglichkeit« und »Außergewöhn-
lichkeit« zu bestimmen (vgl. Kosik 1967, S. 71). Ebensowenig
gewinnt der Alltagsbegriff durch eine sozialräumliche Abgrenzung der Alltagswelt als Bereich der Freizeit vom betrieblichen
Arbeitsbereich, als Sphäre des Konsums von der Sphäre der Produktion oder gar als kulturelle Lebenswelt vom Zivilisationssy-
stem an theoretischer Präzision. Eine einfache soziologische Kategorie scheint der Alltagsbegriff nicht zu sein. Und trotzdem
verweisen die hier aufgezeigten Antinomien auf das Wissen um
eine *Differenz* von Alltäglichem und Nicht-Alltäglichem, deren
Verarbeitung die Richtung soziologischer Theoriebildung maßgeblich zu beeinflussen scheint.

In der phänomenologischen Denktradition, im symbolischen In-
teraktionismus und im Existentialismus haben etwa die Begriffe
der »Lebenswelt« oder des »Alltagslebens« paradigmatische Bedeutung für die Analyse menschlichen Handelns in der physikali-
schen und sozialen Welt. Sie wurden von Husserl als »die stets in
fragloser Selbstverständlichkeit vorgegebene Welt der sinnlichen
Erfahrung und alles von ihr genährten Denklebens« (1982, S. 83)
oder von Heidegger als »durchschnittliche Alltäglichkeit des Da-
seins« und möglichkeitsblindes »Besorgen« (1984, S. 43 f., 191 ff.)
bestimmt.

»... die menschliche Welt offenbart sich dem alltäglichen Bewußtsein als
fertige Welt der Apparaturen, Einrichtungen, Relationen und Beziehun-

gen, in der sich die gesellschaftliche Bewegung des Individuums als Unternehmungslust, Beschäftigtsein, Eingespanntsein etc. mit einem Wort als Besorgen abspielt« (Kosik 1967, S. 65).

Als systematische Charakteristika dieses phänomenologischen Begriffs von Alltäglichkeit lassen sich die selbstverständliche Vertrautheit mit dem räumlichen Milieu, mit dem sachlichen Inventar, mit den zeitlichen Rhythmen und mit den sozialen Interaktionen herausstellen.

Phänomenologische Reflexion, symbolische Interaktionsanalyse und ethnomethodologisches Experimentieren zielen auf die Entschlüsselung dieser Alltagswelt, da sie als »oberste« und »vorrangige« Wirklichkeit allen übrigen Wirklichkeiten vorausgehen soll. Diese wiederum erscheinen dann als »umgrenzte Sinnprovinzen, als Enklaven in der obersten Wirklichkeit« (Berger und Luckmann 1969, S. 28) mit einer geschlossenen Sinnstruktur. Die Differenz von Alltagswirklichkeit und den anderen abgegrenzten Wirklichkeiten wird in diesen Ansätzen zu einem Fundierungsverhältnis. Das Alltagswissen wird in den Rang eines Paradigmas für soziale Prozesse erhoben. Dadurch entsteht die Gefahr, sich in der Analyse auf die Mikrowelten sozialer Situationen zu beschränken und für die Eigendynamik einmal rationalisierter Lebenswelten und ausdifferenzierter Handlungssysteme kein theoretisches Sensorium mehr zu entwickeln.

In seiner Theorie kommunikativen Handelns schlägt Habermas einen Ausweg aus dieser Engführung des handlungstheoretischen Paradigmas vom Alltagsleben vor. Für ihn fungiert die »Lebenswelt« als unausgesprochenes Reservoir von kulturellem Hintergrundwissen, das sich in verschiedenen Lebensformen ausdrükken kann. Sobald sie jedoch in explizite Äußerungen eingeht, verliert sie ihre hintergründige Gewißheit und wird in den gesellschaftlichen Rationalisierungsprozeß hineingezogen. Dieser entfaltet durch die Herausbildung von symbolisch generalisierten Medien, wie Macht und Geld, und durch die Ausdifferenzierung von systemisch integrierten Handlungsbereichen, wie Wirtschaft und Politik, seine eigene Dynamik. In dieser Rationalisierungstheorie der Moderne wird die Lebenswelt in einem spannungsreichen Verhältnis zu den ausdifferenzierten mediengesteuerten Systemen gesehen. Gesellschaft wird doppelt begriffen, einmal aus der Teilnehmerperspektive handelnder Subjekte als »*Lebenswelt einer sozialen Gruppe*«, zum anderen aus der Beobachterperspektive eines Unbeteiligten als ein »*System von Handlungen*«, denen nach ihrem Beitrag zur Bestandssicherung ein funktionaler Wert zukommt (vgl. Habermas 1981, Bd. 2, S. 179). System und Lebenswelt stehen sich nicht als zwei Bereiche gegenüber: Es handelt sich nicht um eine sozialräumliche Distanz zum Beispiel zwischen Fabrik und Familie oder zwischen staatlich organisierter Öffentlichkeit und privater Intimsphäre. System und Lebenswelt bezeichnen vielmehr eine *Differenz von Perspektiven*, einer systemorientierten Beobachterperspektive und einer akteurorientierten, an Prozessen der Rationalisierung interessierten Teilnehmerperspektive.

Ein soziales Phänomen »im Alltag« zu untersuchen soll dann heißen, die aus der Spannung zwischen System und Lebenswelt erwachsenden Probleme im Hinblick auf die beteiligten sozialen Akteure und ihre materialen Rationalitätsstandards zu rekonstruieren, sie auf die ausdifferenzierten, stärker formalisierten Handlungssysteme zu beziehen und nach den paradoxen Effekten der formalen Rationalisierung und der Systemdifferenzierung für die Lebenswelt zu fragen.

Diese alltagsanalytische Perspektive unterscheidet sich in Methode und Problemstellung von der systemischen Perspektive, soziale Phänomene unter funktionalen Gesichtspunkten in organisierten Handlungssystemen zu untersuchen. Hierbei stünden die systeminternen Differenzierungen und Probleme der Systemintegration im Vordergrund. Es würde nach dem Beitrag zur Leistungssteigerung und zur Selbststeuerungskapazität formal organisierter Sozialsysteme, wie Unternehmen oder Verwaltungen, gefragt werden. Die industrie- und organisationssoziologische Technikforschung, zum Beispiel, hat bisher ihre Fragestellungen überwiegend unter dieser Perspektive formuliert. Aus alltagsanalytischer Perspektive stünden Probleme des Einbaus technischer Artefakte in die täglichen Handlungsabläufe und betrieblichen Abteilungskulturen sowie der Umgangsweise mit ihnen in nicht formalisierten Machtspielen im Vordergrund.

Für unsere Überlegungen hier im Hinblick auf eine spezielle Forschungsperspektive zur »Technisierung im Alltag« wählen wir einen anderen sozialen Bereich, an dem die Spannungsprobleme zwischen System und Lebenswelt exemplarisch theoretisch entwickelt und am empirischen Beispiel illustriert werden sollen, nämlich die häusliche und kommunitäre Lebenspraxis.

1.2 Der Wandel des Lebensstils und der sozialen Beziehungen in der kommunitären Praxis

Wie kann der Bereich der kommunitären Lebenspraxis näher bestimmt werden? Negativ könnte dieser Handlungsbereich durch die Abwesenheit erwerbsmäßiger Arbeitsformen, formaler Organisationsstrukturen und generalisierter Regulative gekennzeichnet werden. Positiv formuliert können darunter die Praktiken und Sozialbeziehungen des privaten und öffentlichen Lebens verstanden werden: von der Intimkultur über die häuslich-familialen Lebensformen bis zu den kommunitären Beziehungen im Freundes-, Nachbar- und regionalen und politischen Kulturkreis. Lassen sich in der systemischen Perspektive Handlungszusammenhänge nach einzelnen Rationalitätsstandards und nach dem Vorrang funktionsspezifisch generalisierter Kommunikationsmedien abgrenzen, so gilt im Kontrast dazu für die Alltagsperspektive, daß diese Standards hier miteinander vermischt, von den sozialen Akteuren neu ausgehandelt, in ihrer Bedeutung redefiniert und unter nicht-universellen Gesichtspunkten in die Lebenspraxis und ihr spezifisches Relevanzsystem eingebaut werden. Es entstehen unterschiedliche Kombinationen von Praktiken, Normen und Werten, die sich zu spezifischen »Lebensstilen« herauskristallisieren.

Lebensstile bilden sich durch die Fixierung von fruchtbaren Antworten auf gemischte Problemlagen unter den sozialen Akteuren heraus. In ihnen werden Mehrdeutigkeiten und Betroffenheiten von Lagen und Situationen in eine Haltung oder einen »Habitus« (Bourdieu 1979, S. 165, 178 ff.) übersetzt, der durch seine Struktur den Modus möglicher Praktiken bestimmt. Der Habitus des »Genießens« erzeugt andere Verhaltensweisen als der Habitus des »Konsumierens«, auch wenn er auf die gleichen technischen Produkte trifft. Sich Dingen in der Haltung des »Vernehmens« und »Pflegens« zu nähern oder sie als Bedarfsgüter mit der Haltung des »Verfügens« und »Vernutzens« zu behandeln, kann verschiedene Kultursphären radikal voneinander scheiden.

Unter diesem Aspekt kann mit dem Habitus-Konzept der Eigensinn kommunitärer Lebenspraxis gegenüber systemischen Imperativen der Ökonomie oder Politik erfaßt werden. Für die Analyse der Technisierung im Alltag ergibt sich daraus die leitende

Problemstellung, *inwieweit die in die häusliche und kommuni-*
täre Lebenspraxis eindringenden Techniken in die vorhandenen
Lebensstile integriert werden können. Bedeutsame Untersuchungsfelder wären hier zum Beispiel Wandel und Kontinuität
der zwischengeschlechtlichen, der intergenerationellen, der in-
nerverwandtschaftlichen Beziehungen und der Haltungen zur
Kontaktaufnahme, zur Intimität, zur Unterhaltung, zur Bildung
oder zum politischen Engagement. Hat die Haushaltstechnik zur
Symmetrisierung der Frauen- und Männer-Beziehung beigetragen? Ist durch die Fernsehtechnik die Kinder-Erwachsenen-
Distanz verringert worden? Hat das Telefon die kommunikativen
Netzwerke verschoben oder vergrößert?
Das Habitus-Konzept hat jedoch noch eine zweite Seite: Es ist
nicht nur *modus operandi* für die Lebenspraktiken, sondern
gleichzeitig auch »strukturierte Struktur« (Bourdieu 1982,
S. 279). Der Habitus ist Ausdruck spezifischer Lebensbedingungen, der Position in ihnen und der damit verbundenen Praxisfor-
men und anzueignenden Dinge. Unter diesem Aspekt läßt sich
die Durchdringung der mehrdeutigen Lebenspraxis mit den Rationalitäten der eindeutig organisierten Handlungssysteme begreifen. Als zweite zentrale Problemstellung für die Technisierung im Alltag kann formuliert werden: *In welcher Weise bringen*
die mit den technischen Geräten und Systemen vermittelten Ge-
brauchsweisen und Aneignungsbeziehungen einen bestimmten
Lebensstil mit und *schreiben ihn mit der Anwendungsmethode*
unmerklich fest? Haben Rundfunk und Fernsehen unsere Haltung zu sprachlichen und bildlichen Informationen verändert?
Haben Kopier- und Aufzeichnungstechniken unsere Haltung zu
Originalität und Aktualität verwandelt? Wird die Umstellung auf
computerisierte Informations- und Kommunikationssysteme unsere sinnliche, erfahrungsorientierte und subjektivierte Denkhal-
tung zum Verschwinden bringen?
Sowohl der erstgenannte Aspekt der kreativen und eigensinnigen
Praktiken und kultivierenden Stilbildung als auch der letztge-
nannte Aspekt der Interpenetration systemischer Rationalisierungsstandards sind Elemente der Reproduktion der Sozialbeziehungen im Alltag. Beide zusammen und ihr spannungsreiches
Verhältnis zueinander gehören zum Gegenstandsbereich sozialwissenschaftlicher Forschung zur Technisierung im Alltag. Setzte
man auf Technikentwicklung nur im Rahmen eines alternativen

Lebensstils und eines alternativen Milieus, verkürzte sich der Blick um die Probleme systemischer Reproduktion. Sähe man die Technik nur als Vehikel der Interpenetration systemischer Rationalität in den Alltag, könnte die theoretische Sensibilität für den eigenen Anteil der Akteure an der »kolonialistischen« Abhängigkeit (vgl. Rammert 1987 a) zu schnell verloren gehen. *Technisierung im Alltag zu untersuchen bedeutet – so können wir jetzt präzisieren –, den Wandel kommunitärer Sozialbeziehungen und des Umgangs mit Techniken in ihnen im Spannungsfeld von lebenspraktischer eigensinniger Stilisierung und systemspezifischer einsinniger Rationalisierung zu analysieren.*

2. Technisierung im Alltag: Entlastung oder Kolonialisierung?

Bei dem Stichwort Technik im Alltag fällt uns zuerst eine Reihe von Gegenständen des häuslichen Bereichs ein, wie Rasierapparat, Waschmaschine, Bügelautomat oder Telefon, Radiogerät, Fernsehapparat, Phono- und Videoanlage, Kleincomputer. Man könnte sie auch als Geräte der »Kleintechnologie« zusammenfassen. Aber die Unterscheidung von »Groß- und Kleintechnologie« erweist sich als wenig hilfreich. Bei genauerer Betrachtung fallen uns die Anschlüsse an die Wasser- und Energieversorgung, das Telefonnetz und die Sendeanlagen auf: Steckdosen, Leitungen, Rohre, Kabel und Antennen erinnern daran, daß auch die Technik im Haushalt an größere technische Systeme angebunden ist. Vorläufig wollen wir unter »Technisierung« jeden Einbau materieller Artefakte in Handlungsabläufe und deren Ausbau zu soziotechnischen Handlungskomplexen verstehen. Auf die Frage nach der Bedeutung der Technisierung für die menschliche Lebenspraxis sind Antworten in zwei Richtungen gegeben worden: Betonen die einen die Entlastung und Leistungssteigerung, sehen die anderen vornehmlich die Kolonialisierung und Kontraproduktivität von Technisierungsprozessen.

Die Vertreter der *Entlastungs-These* argumentieren hauptsächlich funktionalistisch. Bei Gehlen werden sowohl die »übernatürliche Technik«, die magischen Praktiken als auch die »eigentliche Werkpraxis« aus ihrer psychischen und physischen Entlastungsfunktion erklärt:

»Wohl aber zeigt die *Gesamtentwicklung* der Technik eine hintergründige, bewußtlos, aber konsequent verfolgte Logik, die sich allein mit den Begriffen der fortschreitenden *Objektivation* menschlicher Arbeit und Leistung sowie der zunehmenden *Entlastung* des Menschen beschreiben läßt ...« (Gehlen 1957, S. 19).

In dieser gattungsevolutionären Perspektive folgt die Technisierung den Mustern der Verstärkung und Ersetzung der menschlichen Organleistungen, indem die Menschen unbewußt Modelle bestimmter Lebensvorgänge schaffen.

Bemerkenswert für unser Thema ist noch ein weiteres Moment der Entlastung, das Gehlen anführt, nämlich daß die Techniken die Tendenz zur Gewohnheitsbildung, Routine und zum Selbstverständlichwerden des Effektes haben. Technisierung wirkt demnach nicht nur durch das *Ersetzen* menschlicher Handlungsfunktionen durch materielle Artefakte, sondern auch durch das *Anschließen* von Handlungen an technische Systeme entlastend.

Die Routinisierung der Bewegungen, die Rhythmisierung der Handlungszeiten und die Algorithmisierung der geistigen Reaktionen begünstigen – so könnte man formulieren – einen »technischen Habitus«, der zur Leistungssteigerung durch Veralltäglichung der Anforderungen und durch Freisetzung für ungewohnte Herausforderungen führt. Popitz, Bahrdt und andere haben diesen Prozeß am Beispiel des »Fahrens« einer Maschine als Form der »Habitualisierung« beschrieben. Wesentlich ist dabei die »Themenverschiebung« von den einzelnen Handlungsvollzügen, wie Betätigen von Hebeln, Ablesen von Instrumenten usw., eben dem Bedienen der Maschinen, zum Ablauf des technisch vermittelten Arbeitsprozesses. Diese Konzentration wird durch das Abblenden der einzelnen Handlungsmomente aus dem Bewußtsein erreicht, das dadurch entlastet wird (vgl. Popitz, Bahrdt u. a. 1957, S. 117 ff.).

In soziotechnischen Handlungskomplexen kann also analytisch sinnvoll zwischen *Habitualisierung* und *Technisierung* unterschieden werden. Dieser Unterschied sollte nicht durch eine weitergehende Abstraktion, wie sie Luhmann mit seinem Technisierungskonzept als »Steigerung« schlechthin anstrebt, wieder aufgehoben werden. Bei ihm liegt in Anknüpfung an Husserl das Wesen des Technischen »in der Entlastung sinnverarbeitender Prozesse des Erlebens und Handelns von der Aufnahme, Formulierung und kommunikativen Explikation aller Sinnbezüge, die impliziert sind« (Luhmann 1975, S. 71). Demnach fielen die Steigerungs-, Idealisierungs und Schematisierungsleistungen aller ausdifferenzierten Kommunikationsmedien, ihrer binären Codes und selektiven Kettenbildungen in den Bereichen der Macht, der Logik und des Geldwesens unter das Phänomen der Technisierung. Der mit dieser weiten Technisierungskonzeption erzielte Gewinn an Themen scheint nach erster Prüfung mit der Einebnung der Differenz zwischen menschlichen Handlungsvollzügen und mechanischen Operationen zu teuer erkauft. Habitualisierungen unterliegen der Aneignung und Kontrolle der Handlungssubjekte, Technisierungen können von außen mit systemischem Zwang auf sie einwirken.

Die Vertreter der *Kolonialisierungs-These* folgen ebenfalls weitgehend strukturalistischen oder funktionalistischen Argumentationsweisen. Von der phänomenologischen Zivilisationskritik wird die Landnahme durch Technisierung als illegitimer Raubbau an der Lebenswelt, als Verengung der Anschauung, als Heraustreiben der Kontingenz aus der Lebenswelt, als Verwandlung ursprünglich lebendiger Sinnbildung zur Methode (vgl. Husserl 1982; Blumenberg 1981, S. 24, 32) und als Dominantwerden technischer Kategorien in der Lebenswelt (Freyer 1960) angesehen. Es werden die Struktur einer sich verselbständigenden technologischen Rationalität und die Tendenz einer Perfektionierung von Techniken zugrundegelegt, die alle Lebensbereiche erfassen und nach ihrer »Logik« transformieren (vgl. exemplarisch Ellul 1964).

In der marxistischen Kapitalismuskritik wird die Technik als Medium der Vergesellschaftung begriffen. Als ökonomische Struktur infiziere sie alle Lebensbereiche mit der Verwertungslogik und subsumiere nicht nur die lebendige Arbeitskraft im Produktionsprozeß unter die Logik des Kapitals, sondern tendenziell auch die Konsum- und Freizeitaktivitäten.

In der herrschaftskritischen Variante wird stärker auf die mit der Technisierung transportierten asymmetrischen Beziehungen zwischen Betreibern und Betroffenen, Experten und Laien, Besitzern und Kunden, Produzenten und Käufern abgehoben: Mit »Großtechnologien« werde die Abhängigkeit der einzelnen vom Funktionieren der technischen Systeme zunehmend vergrößert und die Möglichkeit zu alternativer Technikwahl verringert. In der feministischen Version wird die Technisierung als Ausdruck der patriarchalischen Struktur analysiert: Wie die Technisierung nach dem »männlichen Modell« die Natur zum Gegenstand von Beherrschung und Ausbeutung mache, so könne sie auch als Versuch zur Kolonialisierung der Frauen, ihrer natürlichen Fähigkeiten des Gebärens und ihres schonenden und pflegenden Naturverhältnisses interpretiert werden (vgl. Bammé u. a. 1983, S. 311 ff.).

In diesen Kritiken vermischen sich häufig die Kritik jeglicher Rationalisierungsbestrebungen der Lebenswelt und die davon analytisch zu trennende Kritik des Ausmaßes und der Weise der Rationalisierung. Ebensowenig wie die Rationalisierung der Kooperation, die über die Prozesse der Organisierung, Technisierung und Verwissenschaftlichung der industriellen Produktion die Arbeitswelt verändert, schon für sich als Ursache von Ausbeutung, Fremdbestimmung und Entfremdung angesehen werden kann, bedeutet die Rationalisierung der Kommunikation, die zur Ausdifferenzierung wissenserzeugender, -verarbeitender, -sammelnder und -vermittelnder Handlungssysteme mit den dazugehörigen technischen Geräten geführt hat, automatisch die Zersetzung lebensweltlicher Kultur (vgl. zum Computer: Rammert 1988).

Die Problematik der Moderne ist nicht die Differenz von Lebenswelt und systemisch stabilisierten Handlungszusammenhängen schlechthin, wie von ihren konservativen und neokonservativen Kritikern unterstellt wird. Vielmehr geht es um die Steuerbarkeit der systemischen Eigendynamiken und um die soziale Integrierbarkeit ihrer Produkte aus der Perspektive der beteiligten Akteure. Außerdem können die Beziehungen zwischen systemischer Technologieentwicklung und lebensweltlicher Technikanwendung nicht einfach durch die Analyse von Strukturlogiken erklärt werden. Eine differenzierte sozialwissenschaftliche Analyse der Technisierung im Alltag erfordert eine Identifikation der verschiedenen daran beteiligten Akteure, wie Erfinder, Hersteller, Anwender, Verbraucher und Gesetzgeber, die Analyse ihrer Technisierungsstrategien und kulturellen Modelle und schließlich der historisch wechselnden Machtkonfigurationen und Handlungspotentiale.

Die bisherigen Antworten auf die Frage nach der Entlastung oder Kolonialisierung durch die Technisierung geben keine befriedigende Auskunft:

– So sehen beide – trotz ihrer Gegensätzlichkeit – den Technisierungsprozeß einseitig aus der Perspektive der Entwicklung und Produktion neuer Technologien, deren Dominanz sie einfach behaupten.
– Sie unterstellen in der einen oder anderen Weise jeweils eine Strukturlogik, die den Verlauf der Technisierungsprozesse bestimmt, ohne das strukturbildende Handlungspotential der Akteure zu berücksichtigen (vgl. Rammert 1986).
– Gegenüber allgemeinen Handlungsfunktionen und ökonomischen Interessenlagen bleiben die kulturellen Modelle der Bedürfnisinterpretation und die historischen Prozesse der Lebensstilbildung weitgehend ausgeblendet.
Für Untersuchungen zur Technisierung im Alltag kann die Frage nach der Entlastung oder Kolonialisierung jetzt in der folgenden Weise präzisiert werden:
Unter welchen Bedingungen haben soziale Akteure keine Möglichkeiten mehr, die systemischen Technisierungsprozesse an ihren kulturellen Modellen zu orientieren?
Unter welchen Bedingungen können sich soziale Akteure neue technische Artefakte aneignen und in ihren alltäglichen Lebensstil eigensinnig einbauen?

3. Lebensstile und Technikaneignung im häuslichen Alltag: Universalisierung oder Distinktion?

Wenn es um die Analyse von Technisierungsprozessen in der Moderne geht, hat bisher fast durchweg die industrielle Produktionstechnik im Vordergrund gestanden. Die Stufen ihrer Entwicklung von einfachen Geräten und Verfahren zu komplexen technologischen Aggregatsystemen und die Formen ihrer Entwicklung als Mechanisierung, Chemisierung und Elektrifizierung der Produktion sind minutiös für jeden Industriezweig empirisch nachgezeichnet und die Bedingungen ihrer Durchsetzung durch verschiedene theoretische Ansätze erklärt worden.
Demgegenüber wissen wir recht wenig über die Prozesse der Mechanisierung des Wohnens, der Chemisierung des Waschens und der Elektrifizierung der Haushaltsgeräte. Es ist nicht einmal ein Bewußtsein von der radikalen Umwälzung unserer Lebens-

führung seit unserer Großelterngeneration vorhanden: vom Kohleherd, der gleichzeitig zum Kochen und Heizen diente, zur Differenzierung von Elektro- oder Gasherd und Zentralheizungssystemen; von Kochkessel, Zinkwanne und Waschbrett zur vollautomatischen Waschmaschine; oder vom gelegentlichen Tanzmusikabend zur ständig präsenten heimischen Musikanlage, vom außergewöhnlichen Theater- oder Kinoerlebnis zum alltäglichen Fernseh- und Videokonsum sowie schließlich vom zeitaufwendigen Behördengang und Verwandtschaftsbesuch zum schnellen Telefonkontakt. Diese technischen Geräte sind von Generation zu Generation so in den jeweiligen Lebensalltag hineingewachsen, daß sie von der jeweils jüngeren Generation als selbstverständliches Inventar ihres Lebensraums übernommen worden sind.

Diese alltägliche Geschichte der Technisierung ist gegenüber der industriellen weitgehend »anonym« verlaufen, wie Sigfried Giedion, einer ihrer wenigen Erforscher und Erzähler, anmerkt (Giedion 1984). Daß sie gegenwärtig aus dieser Anonymität heraustritt und zunehmend die öffentliche Aufmerksamkeit auf sich zieht, hängt im wesentlichen mit dem Entwicklungspotential der Informations- und Kommunikationstechnologien und den gegensätzlichen kulturellen Entwürfen der sozialen Akteure zusammen:

– Von den Unternehmen und Wirtschaftspolitikern wird der Haushalt als interessanter *Gegenstand industrieller Erneuerungs- und Wachstumsstrategien* entdeckt; einige Wissenschaftler, wie Gershuny oder Toffler (1980), nehmen sogar an, daß seine Ausstattung mit investiven langlebigen Konsumgütern, mit denen Dienstleistungen selbst produziert werden können, eine fünfte große Aufschwungwelle auslösen werde. Eine jetzt mögliche Aufhebung der Trennung von Haushalt und Büro könnte die zeitliche Flexibilität der betrieblichen Arbeitskraftnutzung erhöhen und die fixen Kosten senken.

– Von den Bürger-, Ökologie-, Frauen- und Alternativbewegungen werden der Haushalt und die ihn einbettende kommunitäre Lebenspraxis zum *Ort individueller Autonomie- und kollektiver Widerstandsstrategien* erklärt; ob es sich um den Bürgerprotest gegen aufgezwungene Großprojekte, ob es sich um die Verbraucherkritik an industrialisierten und chemisierten Nahrungsmitteln, ob es sich um die feministische Herausforderung geschlecht-

Tabelle 1 Die Sparquote der privaten Haushalte (Bundesrepublik Deutschland)

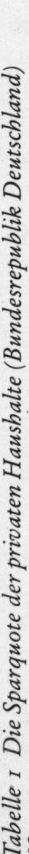

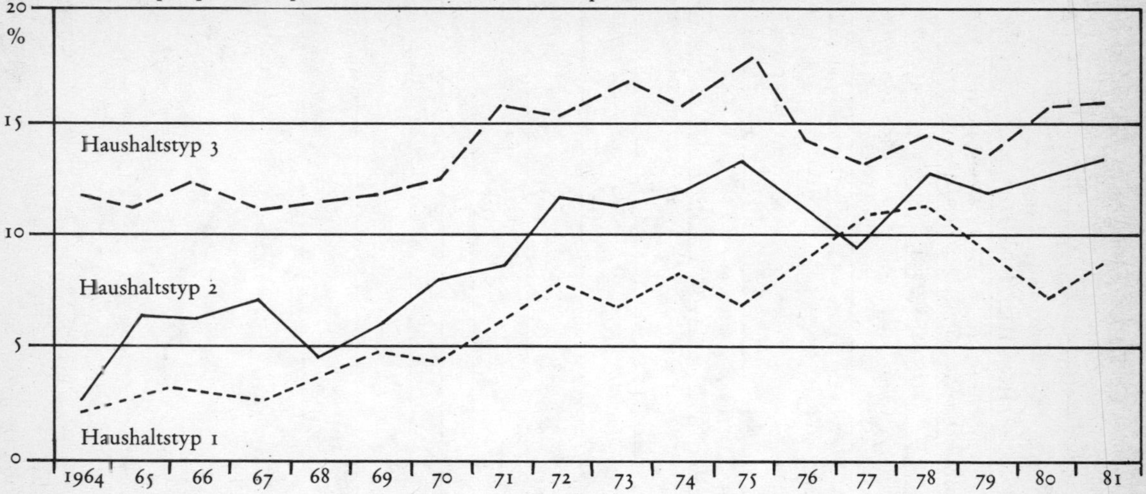

Haushaltstyp 1: Zwei-Personen-Haushalte von Renten- und Sozialhilfeempfängern mit geringem Einkommen

Haushaltstyp 2: Vier-Personen-Haushalte mit mittlerem Einkommen des Ehemannes

Haushaltstyp 3: Vier-Personen-Haushalte von Beamten und Angestellten mit höherem Einkommen

Quelle: Statistisches Bundesamt, Fachserie 15, 1980, S. 8; 1981, S. 9. Aus: Strümpel 1985, S. 53.

Tabelle 2 Ausgewählte Geräte und Anlagen in den Haushalten 1960-1979 (in Prozent)

	1960 Alle HH	1967 Alle HH	HT1	HT2	IIT3	1970 Alle HH	HT1	HT2	HT3
PKW	31 (1962)	48 (1966)	2,0	41,5	76,5	61 (1971)	2,9	51,0	83,0
Fahrrad			23,0	71,8	70,1		21,1	74,5	77,1
Telefon	21 (1962)	25 (1966)	4,7	10,9	72,0	41 (1971)	12,3	19,9	76,6
SW-Fernseher	44 (1962)	68 (1966)	53,4	77,4	68,2	82 (1971)	78,9	89,9	82,2
Farbfernseher					0,5	8 (1971)	1,2	3,5	4,1
Kühlschrank	57 (1962)	78 (1966)	48,0	90,4	98,7	86 (1971)	78,4	94,4	98,2
Gefrierschrank			1,4	6,4	6,7	28 (1971)	4,7	18,5	17,8
Waschvoll-automat		26 (1966)	2,7	27,4	38,8	60 (1971)	11,7	37,5	49,6
Geschirr-spülmasch.	1 (1962)	3 (1966)		0,5	5,4	6 (1971)		2,1	9,7
Elektroherd						41 (1971)	61,4	73,0	77,9
Gasherd							57,7	42,9	40,6
Kohleherd							81,9	58,1	30,5
Elektr. Heimwerker									
Wohnfläche (qm) je Person	19,7	21,4 (1965)				23,8 (1968)			

1973 Alle HH	HT1	HT2	HT3	1976 Alle HH	HT1	HT2	HT3	1979 Alle HH	HT2	HT3
67	5,3	69,4	89,6	76,2	7,4	76,2	93,5		81,9	95,9
	29,5	88,6	87,9		37,4	92,5	96,9		95,2	96,9
	20,5	36,6	87,9	97*	39,3	57,3	93,3		81,2	96,9
77	84,1	87,3	83,8	77	75,5	76,7	78,4		58,3	69,9
18	4,5	10,9	20,0	42	24,5	42,2	40,5		69,2	60,8
91	92,4	96,9	98,1	97	93,9	96,6	99,3		95,4 (1978)	97,1 (1978)
	7,6	37,7	41,1	58	18,4	57,8	64,3		66,7 (1978)	75,7 (1978)
	25,0	49,1	57,5		29,4	63,2	61,4		75,6	68,9
25,2 (1972)	0,8	2,6	26,6	13	0,6	13,0	44,8		26,6	59,6
	62,9	76,1	84,4		66,9	75,6	85,9		80,7	89,7
	50,0	28,3	22,6		33,1	26,2	16,1			
	62,9	31,7	7,8		41,7		17,6		3,8	
	5,3	21,6	30,7		8,6	38,1	56,8		38,7	57,7
25,2 (1972)										

* nach Scheuch 1977, S. 72.
Quellen: Scheuch 1972, S. 72 f.; Pohlmeier 1980, S. 30; Ballerstedt und Glatzer 1979, S. 121, 127; Joerges und Kiene, S. 23 f., Zapf 1978, S. 628. Aus: Joerges 1981 a, S. 173; zu den Haushaltstypen HT1–HT3 vgl. Legende zu Tabelle 1.

licher Arbeitsteilung oder ob es sich um die alternative Abkehr von industrieller Arbeit und privatistischem Familienleben handelt – der Ort der Verweigerung und des Protestes, der Ansatzpunkt für die Kreation und Erprobung alternativer Arbeits- und Lebensprojekte wird im Alltagsleben gesehen.

Wenn wir etwas darüber wissen wollen, unter welchen Bedingungen die neuen Technologien zu den Vehikeln der Subsumtion auch des häuslichen Alltags unter die »Logik des Kapitals« werden und unter welchen Bedingungen eine Orientierung der Technisierung an vielfältigen Kulturen und eine eigensinnige individuelle Technikaneignung möglich sind, sollten wir einen Blick zurück in die neuere Geschichte der Technisierung werfen und uns fragen, ob sich Gründe und Tatsachen für eine Tendenz zur Universalisierung oder zur Distinktion finden lassen.

Für die *Universalisierungs-These* können verschiedene empirische Sachverhalte und Argumente in Anschlag gebracht werden. Wirft man zuerst einmal einen Blick auf Statistiken zur Ausstattung der Haushalte in der BRD mit langlebigen Konsumgütern, so fällt eine in den letzten Jahrzehnten rapide zunehmende Erhöhung der Ausstattung mit technischen Geräten und eine starke Angleichung zwischen den einzelnen Haushalten auf (vgl. Tabellen 1 und 2). Nur die 1-2-Personenhaushalte der Renten- und Sozialhilfeempfänger (Haushaltstyp 1) fallen aus dem einheitlichen Bild des modernen, mit hochwertigen technischen Gütern ausgestatteten Haushalts heraus. Aber zwischen Arbeiter-, Angestellten-, Beamten- und Selbständigenhaushalten lassen sich in dieser Hinsicht keine großen Differenzen mehr feststellen.

Diese statistischen Angaben vermitteln den Eindruck, daß sich die von Schelsky schon in den fünfziger Jahren wegen der Mobilität zwischen den Klassen ausgerufene »nivellierte Mittelstandsgesellschaft« (Schelsky 1954) in bezug auf die alltägliche Lebensform gegenwärtig wirkliche Gestalt annimmt. Wodurch kann diese Entwicklung zur Vereinheitlichung der alltäglichen Lebensform erklärt werden?

Sowohl Karl Marx' These von der tendenziellen Subsumtion traditioneller Sphären unter die Logik der Kapitalverwertung als auch Max Webers These von der sukzessiven Rationalisierung aller Lebensbereiche im Prozeß der Modernisierung können uns Anknüpfungspunkte für die Erklärung bieten. Für beide war die Trennung von häuslichem Leben und betrieblich organisierter freier Arbeit eines der konstitutiven Elemente des okzidentalen Kapitalismus: Die Menschen konnten unter Absehung ihrer sonstigen Lebenszusammenhänge als zeitlich verfügbare und entlohnbare freie Arbeitskräfte behandelt werden, wodurch sich ein nur an den Rationalitätsstandards der Kapitalverwertung orientierendes Wirtschaftssystem herausbilden konnte. Die nicht kapitalistisch organisierten kommunitären und häuslichen Lebenszusammenhänge blieben ihren eigenen traditionellen Orientierungen überlassen, da sie nur als Instanz der Erzeugung, Disziplinierung und Erholung von Arbeitskraft interessierten.

Erst relativ spät wurde der Haushalt von den kapitalistischen Unternehmern nicht nur als Arbeitskraftressource, sondern auch als Käufer und Konsument industrieller Massengüter erkannt. Wie die Freisetzung der Menschen zu reinen Anbietern ihrer Arbeitskraft auf dem Arbeitsmarkt die Zerstörung ihrer traditionellen Reproduktionsweisen voraussetzte, so erforderte die Umorientierung von der traditionellen Selbstversorgung zum Konsum industriell bereitgestellter Güter und Dienstleistungen im Arbeiterhaushalt eine Schwächung und Auflösung der Eigeninitiative und Gemeinschaftsproduktion. Nach den Untersuchungen über die deutsche Wirtschaftsgeschichte von Burkart Lutz »war ... bis zur Mitte des 20. Jahrhunderts ... die große Mehrzahl der Arbeitnehmer des industriell-marktwirtschaftlichen Sektors in Haushaltsführung und Lebensweise dem traditionellen Sektor noch aufs engste verbunden« (Lutz 1984, S. 214). Für die Umstellung auf den Massenkonsum industrieller Güter und damit auf eine neue Lebensweise in den privaten Haushalten macht er das mit den in der Nachkriegszeit schnell steigenden Löhnen zusätzlich verfügbare Einkommen, die Verdrängung traditioneller Leistungen, wie Schneiderarbeit und Hausarbeit, durch massenindustriell gefertigte Güter, wie Konfektionsware und elektrische Haushaltsgeräte, und die Industrialisierung und Großkommerzialisierung der Lebensmittelversorgung verantwortlich (1984, S. 216 f.).

Der Massenwohlstand der Nachkriegsperiode mit seiner Angleichung der alltäglichen Lebensformen wird als das Ergebnis der »inneren Landnahme« des traditionellen Sektors durch den industriell-marktwirtschaftlichen Sektor ökonomisch-strukturalistisch erklärt. Wie dieser sektorale Strukturwandel über die ökonomischen Akteure und ihre jeweiligen Strategien in Gang gesetzt und in welche Richtung orientiert worden ist, kann dieser subsumtionstheoretische Ansatz nicht angeben, der seiner Intention nach auch nur die Veränderung von Chancenkonstellationen erklären will.

Für die Erklärung der zunehmenden Ausstattung der Haushalte mit industriellen Massengütern unterhalb dieser Ebene gibt meiner Ansicht nach der akteurorientierte Ansatz von Jonathan Gershuny einige aufschlußreiche und anschließbare Ideen. Er wendet sich ebenso wie Lutz gegen die Annahmen der postindustriellen Dienstleistungstheoretiker. Ein Anwachsen der Ausgaben der Haushalte für Konsum und Dienstleistungen nach dem Engelschen Gesetz und eine Expansion der darauf gründenden Dienstleistungswirtschaft kann er aufgrund der statistischen Angaben nicht feststellen. Wenn die Einkommensverteilung gleichmäßiger und das individuelle Einkommen größer wird, nimmt erstens die Bereitschaft zur Verrichtung von Diensten ab; gleichzeitig steigen ihre Kosten. Zweitens fragen immer mehr Leute komplizierte Luxusartikel nach (vgl. Gershuny 1981, S. 107). Zudem steigert die Nachfrage nach Individualität und persönlicher Wahlmöglichkeit die Tendenz zum Ersatz der persönlichen Dienstleistung durch Güter: Statt Kinos oder Theater zu besuchen, werden Rundfunk-, Phono-, Fernseh- und Videogeräte gekauft. Statt Haushaltsdienste in Anspruch zu nehmen, werden elektrische Haushaltsmaschinen angeschafft. Statt Transportdienste zu nutzen, werden zunehmend eigene Fahrzeuge erstanden.

In der Konsequenz kritisiert er die Ausschließlichkeit der vorherrschenden »arbeitsplatzorientierten Technikauffassung«, nach der sich der technische Wandel vor allem in neuen Produktionssystemen niederschlage, die Produktionskosten senke, dadurch auch die relativen Preise und dann das Konsumverhalten ändere. Nach dieser produktorientierten Sicht beeinflußt die Technologie die Lebensstile nur durch die Veränderung der Preise und der zum Kauf angebotenen Güterzuschnitte (vgl. Gershuny 1983, S. 1). Gershuny plädiert für eine ergänzende »haushaltsorientierte Technikauffassung«, nach der die Befriedigung der verschiedenen Bedürfnisse eines Haushalts einem Wandel der technischen und organisatorischen Mittel der Versorgung unterliegt. Danach bestimmt die jeweilige »Versorgungsweise« des Haushalts (mode of provision) das Ausgabenmuster für Endgüter (1983, S. 2). Ein solcher Wechsel von Versorgungsweisen, der »soziale Innovation«

genannt wird, wie die Ablösung der traditionellen durch die neue Lebensweise, wird als Ursache für die lange Prosperitätswelle in der Nachkriegszeit verantwortlich gemacht.

In diesem Ansatz wird der Haushalt als eigenständiger bedeutsamer ökonomischer Akteur angesehen, der nach ökonomisch rationalen Kalkülen über die Art und Verteilung der Befriedigung seiner Bedürfnisse entscheidet: Bei entsprechend hohem Einkommen ist es für ihn rational, nicht eigene Leistungen zu erbringen, sondern Dienste zu kaufen. Je höher allerdings der Preis für Dienste im Vergleich zu Gütern, desto rationaler ist es, eher Güter als Dienste zu kaufen. Und je produktiver die Güter, desto rationaler ist es, sie zu kaufen (Gershuny 1983, S. 4 ff.).

Mit diesen Sätzen können sowohl die Unterschiede von Versorgungsweisen verschiedener Haushalte durch ihre jeweiligen kritischen Einkommensgrößen wie auch die Angleichung und universelle Durchsetzung einer Versorgungsweise trotz weiter bestehender Einkommensunterschiede erklärt werden. Aber lassen sich mit diesem ökonomischen Akteur-Modell auch der Lebensstil und die Technikaneignung im häuslichen Alltag hinreichend erklären? Meines Erachtens liegt eine erste Beschränkung dieses Ansatzes in der Reduzierung der vielfältigen häuslichen Lebenspraktiken auf ökonomische Haushaltsentscheidungen. Lebenspraktiken sind nicht einfach Resultate optimal gewählter Versorgungsweisen. Die Herausbildung neuer Lebensstile entsteht zwar im Zusammenhang ökonomischer Bedingungen, kann jedoch nicht durch diese erklärt werden: Denn mit welchem kulturellen Orientierungsmodell günstige ökonomische Lagen genutzt werden, entscheidet über die weitere Entwicklung, wie Max Weber schon am Beispiel des protestantischen Modells für die Entstehung des okzidentalen Kapitalismus nachgewiesen hat; günstige ökonomische Lagen hat es auch schon in anderen historischen Situationen und in anderen geographischen Regionen gegeben. Auch die Entstehung des neuen alternativen Lebensstils kann nicht aus der ungünstigen ökonomischen Lage hergeleitet werden; kulturelle Umdeutungen und Selbstorganisierungsprozesse neuer sozialer Bewegungen spielen dabei sicherlich eine entscheidenere Rolle.

Eine zweite Beschränkung des Ansatzes liegt in der Unterstellung rationaler Entscheidungen nach dem Utilitaritätsprinzip. Lebensstile werden jedoch nicht rational entschieden. Lebensstile lassen sich auch nicht nach Regeln produzieren oder vorsätzlich machen (vgl. Habermas 1954, S. 24). Sie bilden sich kulturell als gelungener Versuch der Vermittlung zwischen Systemforderungen und eigenen Wünschen an der Schnittstelle zwischen System und Lebenswelt heraus.

Will man die These der tendenziellen Universalisierung des technisierten häuslichen Alltagslebens weiterhin aufrechterhalten und nicht die kaum vertretbare Entwicklungslogik einer universalen Kultivierung unterstellen, so müßte man nach einem kulturellen Modell von Produktions-, Konsum- und Lebensweise fahnden, das – aus welchen Gründen auch immer – von allen sozialen Akteuren akzeptiert und praktiziert wird. Da jedoch die Interpretation und Ausrichtung eines kulturellen Modells ständiger Konfliktgegenstand zwischen verschiedenen historischen Akteuren ist und da auch aus Brüchen mit dem alten kulturellen Modell neue Konfliktlinien um die Definition eines neuen kulturellen Modells entstehen, scheint es mir im Augenblick nicht plausibel zu sein anzunehmen, daß sich eine »eindimensionale« Alltagsstruktur und Technikaneignung durchsetzt.

Diese kritischen Überlegungen lenken die Aufmerksamkeit auf die gegenläufig vorgehende *Distinktions-These*. In ihr wird eine grundsätzliche Offenheit und Vielfältigkeit von möglichen Technisierungsstilen unterstellt und von dieser Annahme her nach den Bedingungen von Vereinheitlichung und Differenzierung gefragt.

Eine *einheitliche* Struktur der technisierten kommunitären Lebenspraxis kann demnach nur als historisches Resultat einer Orientierung der Akteure an einem gemeinsam geteilten kulturellen Modell erklärt werden. Beispielsweise waren die Abkehr vom traditionell und zum Teil romantisch bestimmten Modell häuslich-familiärer Lebensweise und die Neuausrichtung am modernen und pragmatischen *american way of life* in der Bundesrepublik nach Kriegsende sicherlich wichtige Voraussetzungen für die rasante Investition in langlebige Konsumgüter, wie sie der Kühlschrank, die Einbauküche, der Fernseher und das Auto typisch darstellen. Diese Neuorientierung schuf erst die »Akzeptanz« für einen technisierten Lebensstil und damit für eine erwartbare Marktnachfrage. Und erst dieser Sachverhalt ließ den Unternehmen die Investition in die industrielle Massenproduktion der »weißen Güter« profitabel erscheinen. Denn die meisten technischen Geräte und auch die kostensenkenden Massenproduktionsverfahren waren schon in der Zwischenkriegszeit – zum Teil schon vor dem Ersten Weltkrieg – bekannt und in den USA bereits weit verbreitet. Diese rein technologischen und ökonomischen Sachverhalte können also nicht die unterschiedlichen Zeitpunkte und Geschwindigkeiten dieser Technisierung der privaten Lebensführung erklären. Erst die radikale Auflösung der traditionellen Bindungen und Wertvorstellungen und die Herausbildung eines neuen kulturellen Modells von Leistung und Konsum im Nachkriegsdeutschland waren die entscheidenden Auslöser dieser Entwicklung (vgl. Rammert 1987 b, S. 11 f.).

Eine *differenzierte* Struktur der Technikaneignung im Alltag läßt sich auf verschiedenen Ebenen nachweisen. Als Ursachen kommen nicht nur ökonomische Klassenunterschiede, sondern auch subkulturelle und individuelle Distinktionspraktiken in Frage.

Auf der Ebene des Erwerbs und des Einbaus hochwertiger technischer Güter in die alltägliche Lebensführung läßt sich bei genauerer Analyse der oben angegebenen Statistiken eine unterschiedliche Verteilung nach Erwerbslagen feststellen. Doch folgt sie hier weniger der üblichen Klassengliederung, sondern verläuft entlang kritischer Einkommenslinien, von denen ab es für den Haushalt rationaler ist, teurere Haushaltsinvestitionen vorzunehmen, um dann in Verbindung mit Eigenarbeit bestimmte Dienstleistungen billiger und autonomer zu erlangen. Höhere Einkommensschichten unterscheiden sich von dieser breiten Mitte häufig dadurch, nicht selbst mit diesen Geräten zu arbeiten, sondern dazu Hauspersonal anzustellen. Der Erwerb auch eines gehobenen Mittelklassewagens beispielsweise ist für die breite Mitte heute möglich; die Einstellung eines Chauffeurs macht jedoch den »feinen Unterschied« aus.

Aber auch innerhalb des breiten Spektrums hochwertig technisierter Haushalte entstehen auf einer zweiten Ebene durch die Auswahl spezifischer Typen von Geräten erhebliche Unterschiede. Diese lassen sich nur zum Teil auf die Höhe des verfügbaren Einkommens zurückführen. Die Kaufentscheidungen folgen überwiegend den mit dem überkommenen Lebensstil verbundenen normativen Vorstellungen und Wertpräferenzen. Die Markt- und Werbeforschung bemüht sich nicht ohne Grund um die vielen unterschiedlichen Zielgruppen, deren »Lebensgefühle« sich im lauten demonstrativen Konsum (Veblen 1971) oder im stillen exklusiven Luxus, im »high-tech«-Professionalismus oder in der ökonomischen Sparversion, im männlichen »Power-Look« oder in der femininen Zurückgenommenheit der technischen Funktion ausdrücken.

Die Wahl zwischen verschiedenen Produkttypen erfolgt weder allein nach ihrer technischen Leistungsfähigkeit noch nach ihrer Wirtschaftlichkeit, sondern der bewußt gewählte individuelle Stil oder das unbewußt übernommene subkulturelle Lebensmodell bestimmen die Präferenzstruktur der unterschiedlichen Haushalte. Mit jedem Kauf wird der eigene Lebensstil produziert und bestätigt – und auch gleichzeitig von anderen abgegrenzt. Die Distinktion von anderen verläuft dabei nicht mehr vorrangig an der ökonomisch bestimmten Klassenlinie, sondern an den kulturell definierten Klassifizierungen von *exklusiv* versus *massenhaft*, von *professionell* versus *laienhaft*, von *ästhetisch geschmackvoll* versus *kitschig* usw.

Eine dritte Ebene der Distinktion läßt sich anhand der unterschiedlichen Art und Weise der Verwendung gleicher technischer Geräte feststellen. Es ist zwar richtig, daß technische Geräte aus der Sicht der vom Hersteller intendierten Funktionsgestaltung ein bestimmtes Nutzungsverhalten als rational nahelegen; dadurch werden jedoch keineswegs einheitlich wirkende Zwänge auf die Anwender ausgeübt: Die Reiselimousine kann zum Rennwagen umfunktioniert werden, mit der Luxusküche lassen sich einfache Dosengerichte kochen, mit der Billigkamera professionelle Qualitätsfotos aufnehmen; der Lerncomputer kann zum Werkzeug der »Hacker«, die private Videoanlage zum kollektiv genutzten Videokino werden. Die Vorstellungen von ökonomischer, technologischer oder praktischer Rationalität differieren sowohl zwischen Technikentwickler und Technikanwender als auch zwischen den verschiedenen Anwendergruppen. Es hat den Anschein, als ob mit zunehmender Universalisierung der technischen Geräte eine Vervielfältigung ihrer Anwendungsstile einhergeht. Auf jeden Fall steigen mit ihrer Universalität die Chancen, in die verschiedenen Lebenswelten dauerhaft integriert und zum allgemein akzeptierten und selbstverständlich genutzten technischen Inventar in unserem Alltag zu werden.

Die hier angesprochenen Tendenzen zunehmender Differenzierung mit ihren Chancen steigender Individualisierung bedeuten jedoch keineswegs eine Strukturlosigkeit und Beliebigkeit der

Technisierungspraktiken. Die Betonung ihrer Kontingenz richtet sich nur gegen die vereinfachenden Unterstellungen einer Strukturlogik kapitalistischer Kolonialisierung oder kultureller Universalisierung. Mit der Alltagsperspektive soll der Blick für die Strukturierungsprozesse im Spannungsfeld zwischen System und Lebenswelt geschärft werden. Dabei geht es *erstens* um die Transformation von systemisch begründeten Ungleichheiten in die Sozialbeziehungen der kommunitären Lebenspraktiken. Es ist eine Frage der empirischen Untersuchung, inwieweit sich in den Alltagstechnologien und den damit verbundenen Technikpraktiken sozialstrukturelle Verhältnisse reproduzieren.

Zweitens geht es um die Möglichkeit einer eigensinnigen Technikpraxis, der Kreation eines Anwendungsstils oder Erzeugung einer sozialen Bewegung, in der Freiräume gegenüber den systemischen Vorgaben gewonnen werden oder durch die Ausbildung eigener Systemstrukturen Druck auf ihre Umorientierung ausgeübt wird.

Unter dem ersten Problemkomplex können die Bedingungen und Formen der Veralltäglichung von Techniken, unter dem zweiten Problemkomplex die Gründe für die Entstehung krisenhafter Entwicklungen und technikbezogener Neuerungsbewegungen behandelt werden.

4. Technischer Wandel im Alltag: Zwischen Veralltäglichung und Krise

Die Ausgangsfrage nach Funktion und Folgen der Technik für die Lebenswelt – ob Entlastung oder Kolonialisierung – haben wir in die Untersuchungsfrage nach den sozialen Beziehungen zwischen den relevanten Akteuren der technikerzeugenden Systeme und der technikanwendenden Kulturen umgeformt. Der These einer einsinnigen Rationalisierung – ob einer ökonomischen oder technologischen – haben wir die These einer eigensinnigen Veralltäglichung, deren Aneignungspraktiken und Verwendungsstile auf unterschiedlichen Haltungen und kulturellen Modellen beruhen, entgegengesetzt. Welche Folgen haben diese Perspektivverschiebungen für eine Untersuchung des technischen Wandels im Alltag?

Im letzten Abschnitt unserer Überlegungen wollen wir uns mit den Bedingungen und Formen der Veralltäglichung von Techniken befassen. Sie scheinen uns den Schlüssel zum Verständnis einiger Krisenphänomene an die Hand zu geben.

Für die Krise der Veralltäglichung sind der Anstieg der Ohnmacht – und Angstgefühle und die gesunkene Akzeptanz gegenüber neuen Technologien ebenso Symptome wie die Entstehung neuer politischer Protest- und kultureller Alternativbewegungen. Diese entzünden sich nicht über Klassenprobleme, sondern erzeugen sich selbst über Konflikte der Koordination zwischen funktionalen Erfordernissen der Systeme und lebensweltlichen Bedürfnissen der Akteure.

Probleme der Veralltäglichung kann es nicht geben, solange Techniken des alltäglichen Bedarfs von den Personen einer kulturellen Gruppe selbst erzeugt und variiert werden. Denn die Entwürfe für die neuen Techniken entstehen dann direkt aus der alltäglichen Technikpraxis. Sie stehen mit den vorherrschenden kulturellen Normen und Werten in Einklang. Radikale Neuerungen werden in der Regel als Abweichung von der integrierenden Kultur der Gemeinschaft negativ sanktioniert. Davon zeugen nicht nur die Ausschlüsse und harten Bestrafungen von Erfindern, wie sie die Handwerkerzünfte zu Beginn der Moderne vornahmen, sondern zum Beispiel auch die Verspottung und Ablehnung der Fotografierpraxis in der ländlich-bäuerlichen Kultur bis Mitte unseres Jahrhunderts (vgl. Bourdieu u. a. 1983). In solchen kulturell integrierten Bereichen nehmen die Veränderungen der technischen Geräte wie des praktischen Umgangs mit ihnen einen unmerklichen und eher evolutionären Charakter an. Die über Jahrhunderte hinweg »feine« Variation und Differenzierung sowohl der Handwerkszeuge in den einzelnen Berufskulturen als auch der Haushalts- und Küchengeräte in traditionellen Regionalkulturen belegen diese Aussage.

Erst mit der Ausdifferenzierung der Kontexte von Technikerzeugung und Technikanwendung kann das Koordinationsproblem als Krise der Veralltäglichung virulent werden. Die leitenden Orientierungskomplexe für die alltäglichen Technikpraktiken können sich bei den erzeugenden Akteuren von denen der anwendenden Akteure radikal unterscheiden. Sind die ersteren in ein Handlungssystem eingebunden, das sich nach den ökonomischen Rationalisierungsstandards kapitalistischer Verwertung selbst organisiert, reproduzieren und erzeugen die letzteren mit ihren

Praktiken Orientierungsweisen, in denen unterschiedliche Rationalitätsstandards miteinander koordiniert, eigensinnig vermischt, abgegrenzt und material bewertet werden. Die alltäglichen Lebenspraktiken lassen sich im Unterschied zu den funktionalen Handlungssystemen nicht auf irgendeinen Typ formaler Rationalität reduzieren; von diesen grenzen sie sich durch ihre Orientierungsvielfalt ab, die sich in Kultivierungsstilen verdichtet, aber keinen Fortschritt im Sinne formaler Rationalisierung darstellen kann.

Bevor wir vor diesem Hintergrund nach den Bedingungen und Formen der Krise technischen Wandels im Alltag fragen, wollen wir uns mit den unterschiedlichen Mechanismen der Koordination beschäftigen.

Der Mechanismus des *Marktes* gründet in der universalisierten Tauschbeziehung. Er vermittelt zwischen dem Warenangebot der Produzenten und der Nachfrage der Haushalte. In gewisser Weise wird die Wahl der Konsumenten durch Spektrum, Qualität und Preis der angebotenen Waren vorstrukturiert; allerdings kommen bei funktionierendem Marktmechanismus die individuellen Präferenzen der Technikkonsumenten voll zum Tragen. Nur kollektiv nützliche und nicht profitabel herstellbare Güter werden von ihm nicht erfaßt.

Mit dem Marktmechanismus läßt sich der technische Wandel in den häuslichen und kommunitären Lebenspraktiken nur sehr bedingt erklären: Die Innovation und die Verbilligung von Produkten sind zwar wichtige Faktoren für das Tempo ihrer Verbreitung, setzen jedoch schon ein vorhandenes Bedürfnis bei den Nachfragern voraus, das durch Marktförderung und Werbung nur geweckt oder verstärkt werden kann. Zur Entstehung von Krisen trägt das Marktversagen insofern bei, als der Markt erstens kein Sensorium für kollektiv nützliche Güter entwickeln kann und zweitens für ökologisch und sozial unverträgliche Masseneffekte von Produktionsmethoden und individuellen Konsumstilen keine Stoppregeln kennt.

In der Lösung dieser Defizite liegt die Stärke des Koordinationsmechanismus der *Organisation*. Er basiert auf der Autoritätsbeziehung des politischen Systems gegenüber dem Staatsbürger und der formalen Organisation gegenüber dem einzelnen Mitglied. Durch Schaffung bestimmter Infrastrukturen für die Technisierung des Alltags, wie Verkehrsnetzen und Telekommunikationskanälen, durch Gesetzgebung und Aufstellen von Normen schafft auch der Staat zunehmend Vorentscheidungen über die Ausgestaltung der privaten Lebensräume. Über die Wahl alternativer politischer Programmatiken haben die Bürger auf der einen Seite die Akteure des politischen Systems dazu ermächtigt; auf der anderen Seite können sie nicht über die technologischen Prioritäten, über die Einzelheiten der Implementation und die Koordinierung unterschiedlicher Interessen bestimmen.

Der Organisationsmechanismus kann den technischen Wandel insoweit erklären, als er die notwendigen Voraussetzungen für die geregelte und bequeme Anwendung neuer technischer Geräte schafft. Was wäre die Haushaltsmaschinerie ohne Steckdose, was wären die Unterhaltungsapparate Radio und Fernsehen ohne Sendeanstalten und öffentlich-rechtliche Programme? Die Technisierung der Leistungs- und Unterhaltungsfunktion im Alltag wird dadurch zwar erleichtert, die grundsätzliche Bereitschaft, diese Technisierungen zu akzeptieren und ihre Produkte in die Lebenspraktiken zu integrieren, kann jedoch dadurch nicht erklärt werden.

Krisenhafte Entwicklungen entstehen dann durch Organisationsversagen, wenn von den Akteuren schnelle Veränderungen der eingeschlagenen Entwicklungspfade oder spezifische Problemlösungen für Individuen und Gruppen verlangt werden. Krisen der Veralltäglichung von Technik können jedoch nicht allein mit dem Hinweis auf »Staatsversagen«, »Großtechnologie« oder »Bürokratiezwang« erklärt werden. Über Legitimität und Legitimitätsverlust dieses Koordinationsmechanismus wird in einer anderen gesellschaftlichen Sphäre entschieden.

Diesen dritten Koordinationsmechanismus wollen wir als *kulturelles Modell* bezeichnen. Er fußt auf der sinnstiftenden und überredenden Kommunikationsbeziehung, wodurch Dingen und Artefakten, Sach- und Sozialverhältnissen eine symbolische Bedeutung verliehen und bestimmte Praktiken als heilig, vernünftig, nützlich, normal oder moralisch ausgezeichnet werden. Kulturelle Modelle tragen zur sozialen Integration ausdifferenzierter Handlungssysteme bei, indem sie eine gemeinsame Moral, einen Ethos oder einen Habitus herausbilden und dadurch Spannungen und Unsicherheiten durch modellhafte Stilbildung regeln. Die normale Veralltäglichung neuer Techniken kann mit einem gemeinsam geteilten und gebilligten kulturellen Modell technischer

Praxis in verschiedenen Handlungssphären erklärt werden. Die mit der »technologischen Produktion« verbundenen Wissensorganisationen und Denkstile der Moderne sind zum Hintergrundwissen auch der nicht daran unmittelbar Beteiligten und auch für von der Produktion getrennte Sphären des Alltagslebens geworden (vgl. Berger u. a. 1975, S. 27 ff.). Wenn eine neue Technik aus dem Produktionssystem in den Alltag eindringt, stößt sie immer schon auf eine »technologische Mentalität«, die ihre Aufnahme erleichtert. Mit jeder Integration eines technischen Elements, das jeweils das gesamte Modell repräsentiert, wird der technologische Habitus reproduziert und bekräftigt. Es entsteht ein eigenartiger Sog zur Mechanisierung und Elektrifizierung aller Tätigkeiten, der unter Effizienzgesichtspunkten zu häufig skurrilen Produkten führt, wie dem elektrischen Austernöffnermesser oder dem Spaghettiproduktionsautomaten.

Auch die Verbreitung von Koch-, Audio- und Videogeräten von professioneller Qualität, von Fahrzeugen mit Rennfahreigenschaften, die jedoch in der Regel für eine laienhafte Praxis benutzt werden, kann nicht mit ökonomischem Kalkül oder technischer Nützlichkeit im Alltag erklärt werden. Die Teilnahme an den Spitzenwerten technischer Kultur und ihre demonstrative Äußerung als distinguierter Lebensstil können als Motive zum Beispiel für die studiomäßige Ausstattung der heimischen Audio-Video-Anlage oder für die Anschaffung von deutschen »Spitzenfahrzeugen« in Ländern mit strengen Geschwindigkeitsbeschränkungen, wie den USA und Japan, gelten.

In unserer bisherigen Darstellung mag der Anschein erweckt worden sein, es handele sich beim kulturellen Modell um ein monolithisches, evolutionär gerichtetes und universelles Muster von Normen und Werten der Modernisierung, wie es in der struktur-funktionalistischen Theorie bei Parsons entwickelt worden ist. Doch wir hatten schon weiter oben in Anlehnung an Touraine herausgestellt, daß es sich dabei um von historischen Akteuren getragene Orientierungsweisen der Lebensführung handelt, welche die Form des Wirtschaftens, die Art der Weltanschauung und die Ausdrucksweise kulturellen Schaffens betreffen (vgl. Touraine 1976, S. 109 ff.). Sie werden uns immer erst dann bewußt und zum thematisierten Problem, wenn sie entweder zum Hindernis für die Verbreitung neuer technischer Systeme oder zum Katalysator der massenhaften Verbreitung einer neuen technischen Kultur werden. Es kommt also im wesentlichen unter zwei Bedingungen zu krisenhaften Erscheinungen:

1. Wenn neue technische Geräte entweder durch ihre radikale Andersartigkeit oder durch massiertes Auftreten als geschlossene Ensembles den gewohnten Lebensstil der Akteure in Frage stellen, sich nicht ohne größere Umstellungen in ihren vertrauten Alltag integrieren lassen.

Da ist die Durchsetzung des Katalysator-Autos einfacher als der Umstieg auf öffentliche Verkehrssysteme; nicht der Bildschirm, der Kleincomputer oder das Telefon, sondern ihre Verkoppelung zu einem Heimarbeitsplatz erzeugen Ängste und Unruhe.

2. Wenn neue technische Artefakte durch ihre massenhafte Integration in den Alltag zu unvorhergesehenen Folgeproblemen auf der Systemebene führen, die von Bewegungen des Protests und der Erneuerung aufgegriffen werden.

Beispiele hierfür sind zur Genüge bekannt: Luftverschmutzung durch individuelle Heizsysteme und Automobile, Straßenverstopfung, Wasserverunreinigung, Verödung familialer und öffentlicher Kommunikation.

Beide Typen von Krisen der Veralltäglichung entstehen im Spannungsfeld zwischen System und Lebenswelt der Akteure. Sie unterscheiden sich darin, daß der erste Krisentyp durch das Aufeinanderprallen zweier *distinktiver* Ausgestaltungen innerhalb eines kulturellen Modells, der zweite jedoch durch die *universelle* Verbreitung eines kulturellen Modells erzeugt wird.

Der *erste Krisentyp* wird häufig als »Akzeptanzproblem« beschrieben. Richtig daran ist die Betonung der Akteurperspektive. Allerdings wird sie häufig auf die schematische Beziehung von neuen technischen Systemen zu traditionellen Vorstellungen und eingespielten Lebensweisen verkürzt. In dieser einlinigen Sichtweise steckt implizit immer noch die *Cultural-lag*-These von W. F. Ogburn (1922, 1957), nach der technische Fortschritte sich häufig schneller als die moralischen Ordnungen und kulturellen Anpassungen entwickeln. Nach unserer Bestimmung geht es jedoch nicht um die Expansion des Systems in die Lebenswelt und auch nicht um das Nachhinken der Kultur hinter der Technik. Es handelt sich bei diesem Krisentyp um den Konflikt unterschiedlicher Orientierungsinteressen innerhalb eines kulturellen Modells, die einerseits von den technikproduzierenden Akteuren und andererseits vom gewohnten Lebensstil und den eingespielten sozialen Beziehungen der technikanwendenden Akteure repräsentiert werden. Sogenannte Akzeptanzkrisen beruhen also nicht auf der atavistischen Angst vor dem Neuen und Fremden, sondern können den geplanten Verschleiß, die indifferente Unangemessenheit der Produkte und sogar die Rückständigkeit der technischen Lösungen hinter den soziokulturellen Herausforderungen signalisieren. *Akzeptanzprobleme sind daher besser als Probleme einer machtasymmetrischen Kommunikationsbeziehung zu begreifen, für deren Lösung nicht bessere Werbe- und Propagandatechniken zu entwickeln sind.* Solche Krisen lassen sich am ehesten dadurch überwinden, daß Räume für die praktische und experimentelle Aneignung der Techniken im Alltag eingerichtet werden und daß Zeiten für den Aufbau einer neuen alltäglichen Lebensweise gewonnen werden. Dadurch würden die Rationalitätsstandards der unterschiedlichen beteiligten sozialen Akteure in den öffentlichen Diskurs treten können.

Der *zweite Krisentyp* betrifft die Probleme der ökologischen und sozialen »Verträglichkeit«, allerdings aus der Perspektive des Systems betrachtet. Hier geht es gerade nicht um die Gegensätze zwischen Akteuren, sondern um die bruchlose Verkoppelung der unterschiedlichen Perspektiven durch ein gemeinsam geteiltes kulturelles Modell, das dadurch seine ganze Entwicklungsdynamik entfalten kann. Es ist also der universale Erfolg der Veralltäglichung und Diffusion einer Technik und der damit verbundenen Lebensweise, der zu den krisenhaften Erscheinungen führt. Die Probleme ähneln denen einer »Monokultur«: Zu einem bestimmten Zeitpunkt nicht so effektive, jedoch grundsätzlich sinnvolle Alternativen werden verdrängt oder gar zerstört, so daß unter veränderten Bedingungen nicht mehr darauf zurückgegriffen werden kann. Die Abhängigkeit vom institutionalisierten System wird gesteigert. Dessen Empfindlichkeit und Störanfälligkeit ist mit zunehmend dramatischen Folgen verbunden. Seine Sicherung und Erhaltung kosten mehr Energie und Aufwand, als es letztlich selber hervorbringt. *Krisen der sozialen oder ökologischen Verträglichkeit fassen wir als Systemprobleme der Kontraproduktivität auf, die bei monopolisierten Problemlösungen zu inversen Beziehungen zwischen Aufwand und Leistung führen.*

Die mit dem ausdrücklichen oder stillen Einverständnis der Akteure vollzogene Verselbständigung und Verallgemeinerung einer technischen Problemlösung zu einem universellen und monopolartigen Energieversorgungs-, Verkehrs- oder medizinischen Behandlungssystems bedeutet auch eine Entkoppelung von den Gestaltungs- und Kontrollansprüchen der Akteure. Zudem erschwert das gemeinsam geteilte kulturelle Modell von energieintensivem Wohlstand, Komfort und professioneller Versorgung die Früherkennung von Schadens- und Umkehrentwicklungen der Nutzenbilanz. Als Krisensymptom können dann kulturelle Erneuerungsbewegungen angesehen werden, insofern sie die Systemkritik in eine Kritik des Lebensstils und kulturellen Modells selbst überführen und durch alternative Lebenspraktiken und kommunitäre Beziehungen Ansätze für eine andersartige Kultivierung von Arbeit und Leben erproben. Typisch dafür sind vor allem die Reorganisation der sozialen Beziehungen von Produzent und Konsument, von Professionellem und Laien, von politischem Establishment und Bürger, von »Arbeitsmann« und »Hausfrau«.

Auf diese Weise wirken die Erneuerungsbewegungen wie ein Immunsystem, das zu weit gehende Abkoppelungen einsinniger systemischer Entwicklungen wieder in den Bereich der sozialen Akteure zurückholt. Sie nehmen die Gestalt von neuen politischen und sozialen Bewegungen an, wenn sie dabei die Errungenschaften der Ausdifferenzierung nicht aus dem Blick verlieren. Krisenlösungen nehmen dann den Charakter der Neuorganisation der sozialen Beziehungen an, indem zum Beispiel in die Systeme Warn-, Sicherheits- und Stoppregeln eingebaut werden und indem Räume für mehrere kulturelle Varianten von lebenspraktischen Problemlösungen geschaffen oder offengehalten werden.

Eine Untersuchungsperspektive für die Technisierung im Alltag hat nach unseren Überlegungen daran festzuhalten, daß trotz der überwiegenden Anonymität des technischen Wandels in diesem Bereich er nicht allein aus der systemischen Perspektive als technische Evolution verstanden werden kann. Ebensowenig hilfreich ist es, die wenigen dramatischen und öffentlich debattierten Krisenentwicklungen in diesem Bereich nur als Interessenkonflikte der sozialen Akteure oder noch reduzierter als Akzeptanzprobleme zu behandeln. Der hier vorgestellte alltagsanalytische Ansatz impliziert eine Verschränkung von System- und Akteursperspektive:

– Der Prozeß der Veralltäglichung neuer Techniken setzt immer eine Beteiligung der Akteure an der Entwicklung voraus, entweder durch stilles Einverständnishandeln oder als offene kulturelle Überzeugungsbewegung, die beide auf der Koordinations- und Interpenetrationsleistung des »kulturellen Modells« basieren.

– Krisenhafte Entwicklungen können zwar dadurch unterschieden werden, ob sie von der Distinktion der Akteurinteressen oder von der Universalität eines kulturellen Systems ihren Ausgang nehmen; aber für die Analyse des ersten Krisentyps ist es ebenso erforderlich, die divergierenden Akteurinteressen auf ein gemeinsam geteiltes kulturelles Modell zu beziehen, wie es für die Analyse des zweiten Krisentyps notwendig ist, die Systemprobleme über die Wahrnehmung und Interpretation der Akteure zu untersuchen.

Die bisher locker miteinander verknüpften Theoriestücke stützen die anfangs geäußerte Ansicht, daß sich eine spezielle theoretisch-analytische Alltagsperspektive für die Untersuchung von Technisierungsprozessen entwickeln läßt. Die hier aufgegriffenen Problemstellungen und Präzisierungen von Fragestellungen können nur als Anregung zur kritischen Diskussion oder zur weiteren Präzisierung verstanden werden. Die analytischen Unterscheidungen und theoretischen Konzepte sind erst am historischen und empirischen Material auf ihre Fruchtbarkeit und Haltbarkeit zu überprüfen. Sie legen es nahe, die Untersuchungsfelder an zentralen Problemen im Spannungsfeld von System und Lebenswelt anzulegen, um dort Prozesse der Veralltäglichung und der krisenhaften Entwicklungen der kommunitären Lebenspraktiken und Sozialbeziehungen durch Technisierungsprozesse zu rekonstruieren.

Kumulierte Bibliographie

Altmann, N. u. a. (1986), »Ein neuer Rationalisierungstyp. Neue Anforderungen an die Industriesoziologie«, in: *Soziale Welt* 37, S. 189-207.

Aglietta, M. (1979), *Theory of Capitalist Regulation. The U.S. Experience*, London: New Left Books.

Asendorf, Ch. (1984), *Batterien der Lebenskraft. Zur Geschichte der Dinge und ihrer Wahrnehmung im 19. Jahrhundert*, Gießen: Anabas-Verlag.

Attali, J. (1981), *Les trois mondes. Pour une théorie de l'après-crise*, Paris: Fayard.

Ball, D. W. (1968), »Toward a Sociology of Telephones and Telephoners«, in: M. Truzzi (Hg.), *Sociology and Everyday Life*, Englewood Cliffs, N. J.: Prentice Hall, S. 59-75.

Bammé, A. u. a. (1983), *Maschinen-Menschen. Mensch-Maschinen. Grundrisse einer sozialen Beziehung*, Reinbek: Rowohlt.

Baudrillard, J. (1974), *Das Ding und das Ich. Gespräch mit der täglichen Umwelt*, Wien: Europa.

Bausinger, H. (²1986), *Volkskultur in der technischen Welt*, Frankfurt/New York: Campus 1961.

Beck, U. (1986), »Der anthropologische Schock. Tschernobyl und die Konturen der Risikogesellschaft«, in: *Merkur* 40, S. 653-663.

Benz-Overhage, K./G. Brandt/Z. Papadimitriou (1982), »Computertechnologien im industriellen Arbeitsprozeß«, in: *Kölner Zeitschrift für Soziologie und Sozialpsychologie*, Sonderheft 24.

Berger, J./C. Offe (1980), »Die Entwicklungsdynamik des Dienstleistungssektors, in: *Leviathan*, Heft 1, S. 41-75.

Berger, P./T. Luckmann (1969), *Die gesellschaftliche Konstruktion der Wirklichkeit. Eine Theorie der Wissenssoziologie*, Stuttgart 1966.

Berger, P. u. a. (1975), *Das Unbehagen in der Modernität*, Frankfurt.

Bergmann, W. (1981), »Lebenswelt, Lebenswandel des Alltags oder Alltagswelt? Ein grundbegriffliches Problem alltagssoziologischer Ansätze«, in: *Kölner Zeitschrift für Soziologie und Sozialpsychologie* 33, S. 50-72.

Biervert, B./M. Held (Hg.) (1987), *Ökonomische Theorie und Ethik*, Frankfurt/New York: Campus.

Blumenberg, H. (1981), *Wirklichkeiten, in denen wir leben*, Stuttgart.

Böhme, G. (1984), *Wissenschaft – Technik – Gesellschaft*. THD Schriftenreihe Wissenschaft und Technik, Bd. 25, Darmstadt (darin insbesondere H. Bockhorn/G. Böhme/J. Grebe, »Das Konzept Stoffwechsel«, ebd., S. 111-128).

Boesch, E. E. (1980), *Kultur und Handlung*, Bern/Stuttgart/Wien: Huber.

Boesch, E. E. (1983), *Das Magische und das Schöne. Zur Symbolik von Objekten und Handlungen*, Stuttgart: Frommann-Holzboog.

Bolenz, E. (1987), *Untersuchungen zur Funktion, Entwicklung und Organisation verbandlicher Normung in Deutschland*. Report Wissenschaftsforschung 33, Universitätsschwerpunkt Wissenschaftsforschung, Bielefeld.

Bose, C. E. u. a. (1984), »Household Technology and the Social Construction of Housework«, in: *Technology and Culture* 25, S. 53-82.

Bourdieu, P. (1976), »Kulturelle Reproduktion und soziale Reproduktion«, in: K. H. Hörning (Hg.), *Soziale Ungleichheit*. Darmstadt/Neuwied: Luchterhand, S. 223-230.

Bourdieu, P. (1979), *Entwurf einer Theorie der Praxis*, Frankfurt: Suhrkamp 1976.

Bourdieu, P. (1981), »Men and Machines«, in: K. Knorr-Cetina/A. V. Cicourel (Hg.), *Advances in Social Theory and Methodology*, Boston/London/Henley: Routledge, S. 304-317.

Bourdieu, P. (1982), *Die feinen Unterschiede*, Frankfurt: Suhrkamp.

Bourdieu, P. (1983), *Eine illegitime Kunst. Die sozialen Gebrauchsweisen der Photographie*, Frankfurt: Suhrkamp.

Braun, J. (1988), *Stoffwechseltechnik. Zur Soziologie und Ökologie der Waschmaschinen*, Berlin: Edition Sigma.

Bunge, M. (1966), »Technology as Applied Science«, in: *Technology and Culture* 7, S. 331-347.

Child, J. (1972), »Organizational Structure, Environment and Performance. The Role of Strategic Choice«, in: *Sociology* 6, S. 1-22.

Douglas, M. (1982), »Goods as a System of Communication«, in: dies., *In the Active Voice*, Boston/London/Henley: Routledge, S. 16-33.

Douglas, M./Isherwood, B. (1979), *The World of Goods. Towards an Anthropology of Consumption*, London: Penguin.

Dreyfus, H./S. Dreyfus (1986), *Mind over Machine. The Power of Human Intuition and Expertise in the Era of the Computer*, New York: Free Press.

Durkheim, E. (1961), *Die Regeln der soziologischen Methode*, Neuwied: Luchterhand.

Edge, D. O. (1973), »Technological Metaphor«, in: D. O. Edge/J. N. Wolfe (Hg.), *Meaning and Control*, London: Tavistock, S. 31-59.

Elias, N. (1978), »Zum Begriff des Alltags«, in: K. Hammerich/M. Klein (Hg.), *Materialien zur Soziologie des Alltags. Kölner Zeitschrift für Soziologie und Sozialpsychologie*, Sonderheft 20.

Elias, N. (1984), *Über die Zeit*, Frankfurt: Suhrkamp.

Ellul, J. (1964), *The Technological Society*, New York: Knopf.

Freyer, H. (1923), *Theorie des objektiven Geistes. Eine Einleitung in die Kulturphilosophie*, Leipzig/Berlin.

Freyer, H. (1960), *Über das Dominantwerden technischer Kategorien in der Lebenswelt*, Mainz: Akademie der Wissenschaften und der Literatur.

Fürstenberg, F./P. Herder-Dornreich/H. Klages (Hg.) (1984), *Selbsthilfe als ordnungspolitische Aufgabe*, Baden-Baden: Nomos.

Geertz, C. (1983), *Dichte Beschreibung. Beiträge zum Verstehen kultureller Systeme*, Frankfurt: Suhrkamp.

Gehlen, A. (1957), *Die Seele im technischen Zeitalter. Sozialpsychologische Probleme in der industriellen Gesellschaft*, Hamburg 1949.

Gershuny, J. (1981), *Die Ökonomie der nachindustriellen Gesellschaft. Produktion und Verbrauch von Dienstleistungen*, Frankfurt/New York: Campus.

Gershuny, J. (1983), *Social Innovation and the Devision of Labour*, Oxford: Oxford University Press.

Gerwin, D. (1981), »Relationships Between Structure and Technology«, in: P. Nystrom/W. Starbuck (Hg.), *Handbook of Organization Design*, Bd. 2, Cambridge: Cambridge University Press, S. 3-38.

Geser, H. (1982), »Gesellschaftliche Folgeprobleme und Grenzen des Wachstums formaler Organisationen«, in: *Zeitschrift für Soziologie* 2, S. 113-132.

Giedion, S. (1982), *Die Herrschaft der Mechanisierung. Ein Beitrag zur anonymen Geschichte*, Frankfurt: EVA.

Glatzer, W./R. Berger-Schmitt (Hg.) (1986), *Haushaltsproduktion und Netzwerkhilfe. Die alltäglichen Leistungen der Haushalte und Familien*, Frankfurt/New York: Campus.

Glatzer, W./I. Ostner (1987), »Technik und Alltag. Einführung in die Thematik«, in: B. Lutz (Hg.), *Technik und sozialer Wandel*, Frankfurt/New York: Campus, S. 199-203.

Gorz, A. (1983), *Wege ins Paradies*, Berlin: Rotbuch.

Gottl-Ottlilienfeld, F. von (1923), *Wirtschaft und Technik*, Tübingen.

Graumann, C. F. (1974), »Psychology and the World of Things«, in: *Journal of Phenomenological Psychology* 4, S. 398-404.

Graumann, C. F. (1980), »Verhalten und Handeln – Probleme einer Unterscheidung«, in: W. Schluchter (Hg.), *Verhalten, Handeln und System*, Frankfurt: Suhrkamp, S. 16-31.

Habermas, J. (1954), »Die Dialektik der Rationalisierung. Vom Pauperismus in Produktion und Konsum«, in: *Merkur* 8, S. 701-724.

Habermas, J. (1981), *Theorie des kommunikativen Handelns*, 2 Bände, Frankfurt: Suhrkamp.

Habermas, J. (1986), »Entgegnung«, in: A. Honneth/H. Joas (Hg.), *Kommunikatives Handeln*, Frankfurt: Suhrkamp.

Hack, I./L. Hack (1985), *Die Wirklichkeit, die Wissen schafft*, Frankfurt/New York: Campus.

Hammerich, K./M. Klein (Hg.) (1978), *Materialien zur Soziologie des*

Alltags. Kölner Zeitschrift für Soziologie und Sozialpsychologie, Sonderheft 20.

Hareven, T. K. (1981), *Family Time and Industrial Time. The Relationships Between the Family and Work in a New England Industrial Community*, Cambridge/New York: Cambridge University Press.

Haselberg, P. von (1962), *Funktionalismus und Irrationalität*, Frankfurt: EVA.

Haug, W. F. (1972), *Warenästhetik, Sexualität und Herrschaft*, Frankfurt: Fischer.

Hausen, K. (1978), »Technischer Fortschritt und Frauenarbeit im 19. Jahrhundert. Zur Sozialgeschichte der Nähmaschine«, in: *Geschichte und Gesellschaft* 4, S. 148-169.

Hausen, K. (1987), »Große Wäsche, soziale Standards, technischer Fortschritt. Sozialhistorische Beobachtungen und Überlegungen«, in: B. Lutz (Hg.), *Technik und sozialer Wandel*, Frankfurt/New York: Campus, S. 204-219.

Heidegger, M. (^{15}1982), *Sein und Zeit*, Tübingen: Niemeyer 1927.

Heinze, R. G. (Hg.) (1986), *Neue Subsidiarität – Leitidee für eine zukünftige Sozialpolitik?*, Opladen: Westdeutscher Verlag.

Helle, H. J. (1968), »Symbolbegriff und Handlungstheorie«, in: *Kölner Zeitschrift für Soziologie und Sozialpsychologie* 20, S. 17-37.

Helle, H. J. (^{2}1980), *Soziologie und Symbol. Verstehende Theorie der Werte in Kultur und Gesellschaft*, Berlin: Duncker & Humblot.

Hirschmann, A. O. (1982), »Rival Interpretations of Market Society: Civilizing, Destructive or Feeble?«, in: *Journal of Economic Literature* 20, S. 1436-1484.

Hochgerner, J. (1986), *Arbeit und Technik. Einführung in die Techniksoziologie*, Stuttgart: Kohlhammer.

Holz, H. H. (1975), »Technik und gesellschaftliche Wertordnung«, in: S. Moser/A. Huning (Hg.), *Werte und Wertordnungen in Technik und Gesellschaft*, Düsseldorf: VDI-Verlag.

Honneth, A. (1984), »Die zerrissene Welt der symbolischen Formen. Zum kultursoziologischen Werk Pierre Bourdieus«, in: *Kölner Zeitschrift für Soziologie und Sozialpsychologie* 36, S. 147-164.

Hörning, K. H./H. Bücker-Gärtner (1982), *Angestellte im Großbetrieb. Loyalität und Kontrolle im organisatorisch-technischen Wandel*, Stuttgart: Enke.

Hörning, K. H. (1983 a), »Social Structure, Life-Styles and Man-Object Relationships«, in: L. Uusitalo (Hg.), *Consumer Behaviour and Environmental Quality*, London/New York: Gower, S. 17-36.

Hörning, K. H. (1983 b), »Qualifikation im Widerspruch: Angestellte und ihre Tätigkeiten im technisch-organisatorischen Wandel«, in: M. Haller/W. Müller (Hg.), *Beschäftigungssystem im gesellschaftlichen Wandel*, Frankfurt/New York: Campus, S. 243-263.

Hörning, K. H. (1985 a), »Wie die Technik in den Alltag kommt und was die Soziologie dazu zu sagen hat«, in: W. Rammert u. a. (Hg.), *Technik und Gesellschaft. Jahrbuch 3*, Frankfurt/New York: Campus, S. 13-35.

Hörning, K. H. (1985 b), »Technik und Symbol. Ein Beitrag zur Soziologie alltäglichen Technikumgangs«, in: *Soziale Welt* 36, S. 186-207.

Hörning, K. H. (1987), »Technik und Alltag: Plädoyer für eine Kulturperspektive in der Techniksoziologie«, in: B. Lutz (Hg.), *Technik und sozialer Wandel*, Frankfurt/New York: Campus, S. 310-314.

Husserl, E. (²1982), *Die Krisis der europäischen Wissenschaften und die transzendentale Phänomenologie*, Hamburg: Meiner.

Japp, K. B. (1987), »Neue soziale Bewegungen: Technisierung und Identität«, in: B. Lutz (Hg.), *Technik und sozialer Wandel*, Frankfurt/New York: Campus, S. 534-544.

Joerges, B. (1977), *Gebaute Umwelt und Verhalten. Über das Verhältnis von Technikwissenschaften und Sozialwissenschaften am Beispiel der Architektur und der Verhaltenstheorie*, Baden-Baden: Nomos.

Joerges, B. (1978), »Die Armen zahlen mehr – auch für Energie«, in: *Zeitschrift für Verbraucherpolitik* 2, S. 155-165.

Joerges, B. (1979), »Überlegungen zu einer Soziologie der Sachverhältnisse. ›Die Macht der Sachen über uns‹ oder ›Die Prinzessin auf der Erbse‹«, in: *Leviathan* 7, S. 125-137.

Joerges, B. (1981 a), »Berufsarbeit, Konsumarbeit, Freizeit. Zur Sozial- und Umweltverträglichkeit einiger struktureller Veränderungen in Produktion und Konsum«, in: *Soziale Welt* 2, S. 168-195.

Joerges, B. (1981 b), »Zur Soziologie und Sozialpsychologie alltäglichen technischen Wandels«, in: G. Ropohl (Hg.), *Interdisziplinäre Technikforschung*, Berlin: Erich Schmidt Verlag, S. 137-151.

Joerges, B. (1983), »Konsumarbeit – Zur Soziologie und Ökologie des ›informellen Sektors‹«, in: J. Matthes (Hg.), *Krise der Arbeitsgesellschaft? Verhandlungen des 21. Deutschen Soziologentages in Bamberg 1982*, Frankfurt/New York: Campus.

Joerges, B. (1985 a), »Unsere tägliche Energie … Zum ›technischen‹ und ›sozialen‹ Umgang mit Energie«, in: *Soziale Welt* 36, S. 208-225.

Joerges, B. (1985 b), »Eigenarbeit unter industriellen Bedingungen«, in: R. Brun (Hg.), *Erwerb und Eigenarbeit. Dualwirtschaft in der Diskussion*, Frankfurt: Fischer, S. 29-45.

Kern, H./M. Schumann (1984), *Das Ende der Arbeitsteilung?*, München: Beck.

Klaus, G./M. Buhr (Hg.) (1975), *Philosophisches Wörterbuch*, Berlin: das europäische buch.

Kob, J. (1966), »Werkzeug, Konsumgut, Machtsymbol: Zur Soziologie des Automobils«, in: *Hamburger Jahrbuch für Wirtschafts- und Gesellschaftspolitik* 11, S. 184-192.

Kosík, K. (1967), *Die Dialektik des Konkreten*, Frankfurt: Suhrkamp.

Koslowski, P. (1987), *Die postmoderne Kultur. Gesellschaftlich-kulturelle Konsequenzen der technischen Entwicklung*, München: Beck.

Krämer, S. (1982), *Technik, Gesellschaft und Natur*, Frankfurt/New York: Campus.

Kramer, H. (1981), »Hausarbeit und taylorisierte Arbeit«, in: *Leviathan*, Sonderheft 4.

Krohn, W./W. Rammert (1985), »Technologieentwicklung. Autonomer Prozeß und industrielle Strategie«, in: B. Lutz (Hg.), *Soziologie und gesellschaftliche Entwicklung*, Frankfurt/New York: Campus, S. 411 ff.

Langer, S. K. (1965), *Philosophie auf neuem Wege. Das Symbol im Denken, im Ritus und in der Kunst*, Frankfurt: Fischer.

Lenk, H./G. Ropohl (1978), »Technik im Alltag«, in: K. Hammerich/M. Klein (Hg.), *Materialien zur Soziologie des Alltags. Kölner Zeitschrift für Soziologie und Sozialpsychologie*, Sonderheft 20, S. 265-298.

Linde, H. (1972), *Sachdominanz in Sozialstrukturen*, Tübingen: J. C. B. Mohr.

Linde, H. (1982), »Soziale Implikationen technischer Geräte, ihrer Entstehung und Verwendung«, in: R. Jokisch (Hg.), *Techniksoziologie*, Frankfurt: Suhrkamp, S. 1-31.

Luhmann, N. (1975), *Macht*, Stuttgart: Enke.

Lutz, B. (1983), »Technik und Arbeit. Stand, Perspektiven und Probleme industriesoziologischer Technikforschung«, in: *Forschung in der Bundesrepublik Deutschland*, hg. im Auftrag der DFG von Ch. Schneider, Weinheim: Verlag Chemie, S. 167-187.

Lutz, B. (1984), *Der kurze Traum immerwährender Prosperität. Eine Neuinterpretation der industriell-kapitalistischen Entwicklung in Europa des 20. Jahrhunderts*, Frankfurt/New York: Campus.

Lutz, B. (Hg.) (1987), *Technik und sozialer Wandel*, Frankfurt/New York: Campus.

MacCormac, E. R. (1986), »Men and Machines: The Computational Metaphor«, in: C. Mitcham/A. Huning (Hg.), *Philosophy and Technology II: Information Technology and Computers in Theory and Practice*, Dordrecht/Boston: Reidel, S. 157-170.

MacKenzie, D./J. Wajcman (Hg.) (1985), *The Social Shaping of Technology*, Milton Keynes: Open University Press.

Malsch, Th. (1987), »Die Informatisierung des betrieblichen Erfahrungswissens und der ›Imperialismus der instrumentellen Vernunft‹«, in: *Zeitschrift für Soziologie* 16, S. 77-91.

Manning, P. K. (1977), *Police Work*, Cambridge, Mass.: MIT Press.

Marburger, P. (1979), *Die Regeln der Technik im Recht*, Köln: Heymanns.

Marx, K. »Rede auf der Jahresfeier der ›People's Paper‹ am 14. April 1856 in London«, in: K. Marx/F. Engels, *Ausgewählte Werke in zwei Bänden*, Bd. 1, Berlin 1966, S. 331-333.

Marx, K. (1858), *Grundrisse der Kritik der politischen Ökonomie*, Berlin 1974.

Marx, K. (1867), *Das Kapital*, Band 1, in: K. Marx/F. Engels, *Werke*, Bd. 23, Berlin 1959 ff.

Matthiesen, U. (1983), *Das Dickicht der Lebenswelt und die Theorie des kommunikativen Handelns*, München: Fink.

McLuhan, M. (1968), *Die Gutenberg Galaxis. Das Ende des Buchzeitalters*, Düsseldorf: Econ.

Merill, R. S. (1968), »The Study of Technology«, in: D. L. Sills (Hg.), *Encyclopedia of the Social Sciences*, Bd. 15, New York: Macmillan, S. 576-589.

Mitcham, C. (1978), »Types of Technology«, in: P. T. Durbin (Hg.), *Research in Philosophy and Technology*, Bd. 1, Greenwich, S. 229-294.

Mommsen, W. J. (1985), »Max Weber. Persönliche Lebensführung und gesellschaftlicher Wandel in der Geschichte«, in: P. Alter u. a. (Hg.), *Geschichte und politisches Handeln*, Stuttgart: Klett-Cotta, S. 261-281.

Münch, R. (1980), »Über Parsons zu Weber. Von der Theorie der Rationalisierung zur Theorie der Interpenetration«, in: *Zeitschrift für Soziologie*, Heft 10.

Naschold, F. (1985), *Die Gestaltung von Arbeit und Technik*. Papier für die technologiepolitische Konferenz des DGB 1985 in Bonn.

Neusüß, C. (1980), »Der ›freie Bürger‹ gegen den Sozialstaat«, in: *Probleme des Klassenkampfes*, Heft 39.

Noble, D. T. (1978), »Social Choice in Machine Design: The Case of Automatically Controlled Machine Tools«, in: *Politics and Society* 3/4.

Offe, C. (1984), *»Arbeitsgesellschaft«. Strukturprobleme und Zukunftsperspektiven*, Frankfurt/New York: Campus.

Offe, C. (1986), »Die Utopie der Nulloption«, in: P. Koslowski/R. Spaemann/R. Löw (Hg.), *Moderne oder Postmoderne?* CIVITAS Resultate, Bd. 10, Heidelberg: Verlag Chemie.

Offe, C./R. G. Heinze (1986), »Am Arbeitsmarkt vorbei. Überlegungen zur Neubestimmung ›haushaltlicher‹ Wohlfahrtsproduktion in ihrem Verhältnis zu Markt und Staat«, in: *Leviathan* 14, S. 471-495.

Ogburn, W. F. (1922), *Social Change. With Respect to Culture and Original Nature*, New York.

Ogburn, W. F. (1957), »Cultural Lag as Theory«, in: *Sociology and Social Research* 41, S. 167-173.

Ogburn, W. F. (1972), »Die Theorie des ›Cultural Lag‹«, in: H. P. Dreitzel (Hg.), *Sozialer Wandel*, Neuwied/Berlin: Luchterhand, S. 328-338.

Ouchi, W. G. (1980), »Markets, Bureaucracies and Clans«, in: *Adminstrative Science Quarterly* 25, S. 129-141.

Parsons, T. (1951), *The Social System*, New York: Free Press.

Perrow, Ch. (1967), A Framework for Comparative Analysis of Organizations«, in: *American Sociological Review* 32, S. 194-208.

Perrow, Ch. (1972), *Complex Organizations. A Critical Essay*, Glenview: Scott, Foresman.

Pflüger, J./R. Schurz (1987), *Der maschinelle Charakter. Sozialpsychologische Aspekte des Umgangs mit Computer*, Opladen: Westdeutscher Verlag.

Popitz, H./H. P. Bahrdt u. a. (1957), *Technik und Industriearbeit. Soziologische Untersuchungen in der Hüttenindustrie*, Tübingen: J. C. B. Mohr.

Rammert, W. (1982), »Technik und Gesellschaft«, in: G. Bechmann u. a. (Hg.), *Technik und Gesellschaft. Jahrbuch 1*, Frankfurt/New York: Campus.

Rammert, W. (1983), *Soziale Dynamik der technischen Entwicklung*, Opladen: Westdeutscher Verlag.

Rammert, W. (1986), »Akteure und Technologieentwicklung – oder wie ließe sich Touraines Aussage von der ›Rückkehr des Akteurs‹ für die techniksoziologische Forschung nutzen?«, in: K. Batrölke u. a. (Hg.), *Möglichkeiten der Gestaltung von Arbeit und Technik in Theorie und Praxis*, Bonn, S. 27-36.

Rammert, W. (1987a), »Vom Umgang der Soziologen mit der Technik. In Distanz zum Artefakt und mit Engagement für die Deutung«, in: *Soziologische Revue* 10, S. 44-55.

Rammert, W. (1987b), *The Crisis of Everyday Life and the Computer*. Fakultät für Soziologie, Forschungsschwerpunkt Zukunft der Arbeit, Arbeitsberichte Nr. 26, Bielefeld.

Rammert, W. (1987c), »Der nicht zu vernachlässigende Anteil des Alltagslebens selbst an seiner Technisierung«, in: B. Lutz (Hg.), *Technik und sozialer Wandel*, Frankfurt/New York: Campus.

Rammert, W. (1987d), »Mechanisierung des privaten Haushalts: Grenzen ökonomischer Rationalisierung und Tendenzen sozialer Innovation«, in: *Österreichische Zeitschrift für Soziologie* 12, 4, S. 6-20.

Rammert, W. (1988), »Paradoxien der Informatisierung – oder: Bedroht die Computertechnik die Kommunikation im Alltagsleben?«, in: R. Weingarten (Hg.), *Information ohne Kommunikation* (im Druck).

Ropohl, G (1976), »Die historische Funktion der Technik aus der Sicht der Technikwissenschaften«, in: *Technikgeschichte* 43, 2, S. 125-134 (insbesondere S. 132).

Ropohl, G. (1979), *Eine Systemtheorie der Technik. Zur Grundlegung der Allgemeinen Technologie*, München/Wien: Hanser.

Ropohl, G. (Hg.) (1981), *Interdisziplinäre Technikforschung. Beiträge zur Bewertung und Steuerung der technischen Entwicklung*, Berlin: Erich Schmidt.

Ropohl, G. (1982), »Zur Kritik des technologischen Determinismus«, in: F. Rapp/P. T. Durbin (Hg.), *Technikphilosophie in der Diskussion*, Braunschweig/Wiesbaden: Vieweg, S. 3-17.

Ropohl, G. (1983), »Technik als Gegennatur«, in: G. Grossklaus/E. Oldemeyer (Hg.), *Natur als Gegenwelt. Beiträge zur Kulturgeschichte der Natur*, Karlsruhe: Loeper, S. 87-100.

Ropohl, G. (1985), *Die unvollkommene Technik*, Frankfurt: Suhrkamp.

Ropohl, G./W. Schuchardt/H. Lauruschkat (1984), *Technische Regeln und Lebensqualität. Analyse technischer Normen und Richtlinien*, Düsseldorf: VDI-Verlag.

Sahlins, M. (1981), *Kultur und praktische Vernunft*, Frankfurt: Suhrkamp.

Scardigli, V. u. a. (1982), »Information Society and Daily Life«, in: L. Bannon u. a. (Hg.), *Information Technology. Impact on the Way of Life*, Dublin, S. 37-54.

Schelsky, H. (1954), »Die Aufstiegsbedürfnisse in der nivellierten Gesellschaft«, in: *Universitas* 9.

Schivelbusch, W. (1977), *Geschichte der Eisenbahnreise. Zur Industrialisierung von Raum und Zeit im 19. Jahrhundert*, München: Hanser.

Schmalenbach, H. (1927), »Soziologie der Sachverhältnisse«, in: *Jahrbuch für Soziologie* 3, S. 39 ff.

Schmidt, G. (1984), *Rationalisierung und Politik. Einige Überlegungen zum Wandel der industriellen Beziehungen in modernen kapitalistischen Gesellschaften*. Fakultät für Soziologie, Forschungsschwerpunkt Zukunft der Arbeit, Bielefeld.

Schmutzer, M. E. A. (1987), *Paradigma Informatik*, Wien: Manz.

Schütz, A. (1964), »The Well-Informed Citizen. An Essay on the Social Distribution of Unknowledge«, in: *Collected Papers*, Bd. 2, Den Haag: Elsevier, S. 121-134.

Schütz, A./T. Luckmann (1984), *Die Strukturen der Lebenswelt*, Bd. 2, Frankfurt: Suhrkamp.

Schwartz-Cowan, R. S. (1983), *More Work for Mother. The Ironies of Household Technology from the Open Hearth to the Microwave*, New York: Basic Books.

Schwartz-Cowan, R. S. (1987), »The Consumption Junction. A Proposal for Research Strategies in the Sociology of Technology«, in: W. Bijker/Th. P. Hughes/T. Pinch (Hg.), *The Social Construction of Technology. New Directions in the Sociology and History of Technology*, Cambridge, Mass.: MIT Press, S. 261-280.

Seebass, G./R. Tuomela (Hg.) (1985), *Social Action*, Dordrecht: Reidel.

Selle, G. (1981), »Technik und Design«, in: T. Buddensieg/H. Rogge (Hg.), *Die nützlichen Künste*, Berlin: Quadriga, S. 353-358.

Seyfarth, C. (1979), »Alltag und Charisma bei Max Weber. Eine Studie zur Grundlegung der ›verstehenden Soziologie‹, in: W. M. Sprondel/R. Grathoff (Hg.), *Alfred Schütz und die Idee des Alltags in den Sozialwissenschaften*, Stuttgart: Enke, S. 155-177.

Siemens AG (1987), *Internationale Fernsprechstatistik 1987*, München.

Simmel, G. (1957), »Die Großstädte und das Geistesleben«, in: ders., *Brücke und Tür*, Stuttgart: Koehler, S. 227-242.

de Sola Pool, I. (Hg.) (1978), *The Social Impact of the Telephone*, Cambridge, Mass.

Sombart, W. (1911), »Technik und Kultur«, in: *Archiv für Sozialwissenschaft und Sozialpolitik* 33, S. 305-347.

Sorge, A. (1985), *Informationstechnik und Arbeit im sozialen Prozeß*, Frankfurt/New York: Campus.

Sprondel, W. M. (1979), »›Experte‹ und ›Laie‹: Zur Entwicklung von Typenbegriffen in der Wissenssoziologie«, in: W. M. Sprondel/R. Grathoff (Hg.), *Alfred Schütz und die Idee des Alltags in den Sozialwissenschaften*, Stuttgart: Enke, S. 140-154.

Steinmüller, W. (1981), »Die zweite industrielle Revolution hat eben begonnen«, in: *Kursbuch*, Heft 66.

Stiftung Warentest (Hg.) (1984), Test Heimcomputer, in: *test* 19, Heft 10, S. 917-926.

Stinchcombe, A. L. (1986), »Reason and Rationality«, in: *Sociological Theory* 4, 2, S. 151-166.

Strümpel, B. (1985), »Lebensstil und Arbeitsmotivation deutscher Erwerbspersonen«, in: M. Dierkes/B. Strümpel (Hg.), *Wenig Arbeit – aber viel zu tun. Neue Wege der Arbeitsmarktpolitik*, Opladen: Westdeutscher Verlag, S. 51-66.

Thrall, C. A. (1982), »The Conservative Use of Modern Household Technology«, in: *Technology and Culture* 23, S. 175-194.

Thurn, H. P. (1978), »Grundprobleme eines sozialwissenschaftlichen Konzepts der Alltagsstruktur«, in: *Kölner Zeitschrift für Soziologie und Sozialpsychologie* 30, S. 1-46.

Toffler, A. (1980), *Die dritte Welle. Zukunftschancen, Perspektiven für die Gesellschaft des 21. Jahrhunderts*, München.

Touraine, A. (1972), *Die postindustrielle Gesellschaft*, Frankfurt: Suhrkamp 1966.

Touraine, A. (1976), *Was nützt Soziologie?*, Frankfurt: Suhrkamp.

Türk, K. (1983), Sammelrezension, in: W. Rammert u. a. (Hg.), *Technik und Gesellschaft, Jahrbuch 2*. Frankfurt/New York: Campus, S. 228-238.

Turkle, S. (1984), *Die Wunschmaschine. Vom Entstehen der Computerkultur*, Reinbek: Rowohlt.

Veblen, Th. (1971), *Theorie der feinen Leute. Eine ökonomische Untersuchung der Institution*, München; Original: *The Theory of the Leisure Class*, New York: Penguin 1979 (zuerst 1899).

Virilio, P. (1978), *Fahren, fahren, fahren*, Berlin: Merve.

Virilio, P. (1986), *Krieg und Kino. Logistik der Wahrnehmung*, München: Hanser.

Volpert, W. (1985), *Risiken der Datenverarbeitung für unser Denken und*

Handeln. Medizinisch-wissenschaftliche Buchreihe, Heft 11, Berlin: Schering AG.

Waldenfels, B. (1985), *In den Netzen der Lebenswelt*, Frankfurt: Suhrkamp.

Weber, M. (1924), »Diskussionsrede zu W. Sombarts Vortrag über Technik und Kultur.« Erste Soziologentagung Frankfurt 1910, in: M. Weber, *Gesammelte Aufsätze zur Soziologie und Sozialpolitik*, Tübingen: J. C. B. Mohr, S. 449-456.

Weber, M. (^{3}1968), *Gesammelte Aufsätze zur Wissenschaftslehre*, Tübingen: J. C. B. Mohr.

Weber, M. (^{6}1972), *Gesammelte Aufsätze zur Religionssoziologie*, Bd. 1, Tübingen: J. C. B. Mohr.

Weber, M. (^{5}1976), *Wirtschaft und Gesellschaft*, Tübingen: J. C. B. Mohr.

Weiß, J. (1975), *Max Webers Grundlegung der Soziologie*, München: Dokumentation.

Weizenbaum, J. (1977), *Die Macht der Computer und die Ohnmacht der Vernunft*, Frankfurt: Suhrkamp.

von Weizsäcker, C. F. (1981), *Deutlichkeit*, München.

Welter, R. (1986), *Der Begriff der Lebenswelt. Theorien vortheoretischer Erfahrungswelt*, München: Fink.

Winner, L. (1980), »Do Artifacts Have Politics?«, in: *Daedalus* 109, S. 121-136.

Zapf, W./S. Breuer/J. Hampel (1987), »Technikfolgen für Haushaltsorganisation und Familienbeziehungen«, in: B. Lutz (Hg.), *Technik und sozialer Wandel*, Frankfurt/New York: Campus, S. 220-232.

Hinweise zu den Autoren

Bernd Biervert, Prof. Dr. rer. pol., geb. 1941; Studium der Wirtschaftswissenschaft, Soziologie und Literaturwissenschaft in Bonn und Köln; Lehrtätigkeiten unter anderem an den Universitäten Augsburg, Hohenheim und Witten-Herdecke; ordentlicher Professor für Volkswirtschaftslehre an der Bergischen Universität-GH Wuppertal.
Arbeitsgebiete: Theoretische und empirische Sozialökonomie, Geschichte ökonomischer Denkformen.
Zahlreiche Buch- und Zeitschriftenveröffentlichungen im In- und Ausland; zuletzt: *Organisierte Verbraucherpolitik. Zwischen Ökonomisierung und Bedürfnisorientierung* (zusammen mit K. Monse und R. Rock), Frankfurt/New York 1984; *Ökonomische Theorie und Ethik* (Hg., zusammen mit M. Held), Frankfurt/New York 1987.

Karl H. Hörning, geb. 1938 in Heidelberg, Studium der Soziologie und Wirtschaftswissenschaften, Promotion 1966 an der Universität Mannheim, Habilitation 1972 an der Universität Bochum. Seit 1979 Professor für Soziologie an der Technischen Hochschule Aachen. Forschungsaufenthalte an der Harvard University, der Stanford University, dem Wissenschaftszentrum Berlin sowie Gastprofessor an der Columbia University.
Hauptarbeitsgebiete: Wirtschafts- und Industriesoziologie, Theorien sozialen Wandels und sozialer Ungleichheit, soziologische Technikforschung.
Wichtige Veröffentlichungen: *Secondary Modernization* (1970), *Der »neue« Arbeiter* (Hg., 1971), *Gesellschaftliche Entwicklung und soziale Schichtung* (1976), *Soziale Ungleichheit* (Hg., 1976), *Angestellte im Großbetrieb* (Koautor, 1982).

Bernward Joerges, Studium der Psychologie, Soziologie und Politikwissenschaften in Tübingen, Bonn, Bombay und Saarbrücken; Diplom in Psychologie, Promotion und Habilitation in Soziologie, Fellow am Wissenschaftszentrum für Sozialforschung Berlin seit 1979, apl. Professor für Soziologie an der Technischen Universität Berlin seit 1982, Gastprofessuren an der London School of Economics und der Universität Uppsala.
Wichtige Veröffentlichungen: *Das Problem der Alphabetisierung in Entwicklungsländern* (1966, zusammen mit E. E. Boesch u. a.); *Community Development in Entwicklungsländern* (1969); *Beratung und Technologietransfer* (1976); *Gebaute Umwelt und Verhalten* (1977); *Verbraucherverhalten und Umweltbelastung* (Hg., 1982), *Public Policies and Private Ac-*

tions: a Multinational Study of Local Energy Conservation Schemes (Hg., mit G. Gaskell, 1987).

Kurt Monse, Dr. rer. oec., geb. 1950; Studium der Wirtschaftswissenschaft an der Universität Köln; Promotion 1983; Projektleiter in der Forschungsgruppe Sozialökonomischer Wandel, Bergische Universität Wuppertal.
Arbeitsschwerpunkte: Sozioökonomie, wirtschafts- und sozialwissenschaftliche Technikforschung.
Wichtige Veröffentlichungen: *Organisierte Verbraucherpolitik. Zwischen Ökonomisierung und Bedürfnisorientierung* (zusammen mit R. Rock, B. Biervert), Frankfurt/New York 1984; »Post-Fordismus: Vor einem neuen Konsummodell?«, in: *mehrwert*, Heft 29, 1987; »Dienstleistungsinformatisierung und neue Kundenbeziehungen«, in: *Verbraucherpolitische Hefte*, Herbst 1987 (zusammen mit anderen).

Werner Rammert, Dr., geb. 1949, arbeitete von 1973-1975 an der Universität Bielefeld und an der Northwestern University in Chicago zur Wissenschafts- und Technikforschung, forschte 1975–1978 am SOFI Göttingen zur Arbeits- und Industriesoziologie und lehrt seit 1978 Organisations- und Techniksoziologie an der Fakultät für Soziologie in Bielefeld. Er ist Mitherausgeber der *Zeitschrift für Soziologie* und der Jahrbücher *Technik und Gesellschaft*. Derzeit leitet er ein Forschungsprojekt zum Thema »Computernutzung im Alltag«.
Buchveröffentlichungen: *Technik, Technologie und technische Intelligenz in Geschichte und Gesellschaft* (1975); (mit Littek und Wachtler, Hg.), *Einführung in die Arbeits- und Industriesoziologie* (1982); *Soziale Dynamik der technischen Entwicklung* (1983); *Technikentwicklung im Unternehmen: Strategie, Organisation und Praktiken der Produktinnovation* (1988); *Computerwelten-Alltagswelten: Wie verändert der Computer das soziale Leben?* (im Druck).

Günter Ropohl, geb. 1939, Dr.-Ing. habil., Professor für Allgemeine Technologie am Institut für Polytechnik/Arbeitslehre der Johann Wolfgang Goethe-Universität Frankfurt am Main (seit 1981); Promotion in Fertigungstechnik (Stuttgart 1970), Habilitation für Philosophie und Soziologie der Technik (Karlsruhe 1978), Professor für Philosophie und Soziologie der Technik (Karlsruhe 1979-1981) und Leiter des Studium Generale (Karlsruhe 1979-1987, seit 1981 kommissarisch); Gastdozent und Kursdirektor für Technik und Gesellschaft am Inter-University Centre (Dubrovnik, Jugoslavien, seit 1983).
Wichtige Veröffentlichungen: *Flexible Fertigungssysteme* (1971); *Eine Systemtheorie der Technik* (1979); *Die unvollkommene Technik* (1985); *Technik und Ethik* (Mithg., 1987); Beiträge zur Fertigungstechnik, zur

Systemtheorie und Systemtechnik, zur Philosophie und Soziologie der Technik, zur Technikbewertung sowie zur Allgemeinen Technologie und deren Didaktik.

Peter Weingart, geb. 1941; Studium der Soziologie und Ökonomie in Freiburg, Berlin und Princeton. Seit 1973 Professor an der Fakultät für Soziologie, Universität Bielefeld.
Arbeitsschwerpunkte: Wissenschaftssoziologie, Wissenschaftspolitik.
Veröffentlichungen: *Die amerikanische Wissenschaftslobby* (1970); *Politische Soziologie* (mit O. Stammer, 1972); *Wissensproduktion und soziale Struktur* (1976); *Umweltforschung – die gesteuerte Wissenschaft* (mit G. Küppers und P. Lundgreen, 1978); *Die Vermessung der Forschung* (mit M. Winterhager, 1984); *Rasse, Blut und Gene. Die Geschichte der Eugenik in Deutschland* (mit J. Kroll und K. Bayertz, 1988) sowie zahlreiche Herausgeberschaften und Artikel.

Strauss, A.: Spiegel und Masken. stw 109

Tibi: Der Islam und das Problem der kulturellen Bewältigung sozialen Wandels. stw 531

Wahl/Gravenhorst: Wissenschaftlichkeit und Interessen. stw 398

Weingarten/Sack/Schenkein (Hg.): Ethnomethodologie. stw 71

Welker (Hg.): Theologie und funktionale Systemtheorie. stw 495

Wiggershaus (Hg.): Sprachanalyse und Soziologie. stw 123